Amos 24

고급 구조방정식모델링

배병렬

도서출판 청람

머리말

Amos로 고급분석을 하기 위한 구조방정식모델링(structural equation modeling) 책의 필요성을 느낀 것이 본서를 집필하게 된 동기이다. 국내에 출판된 대부분의 Amos 책들은 일반적인 수준 또는 모델을 대상으로 한 분석에 초점이 맞추어져 있다. 그러므로 고급분석을 하고자 하는 독자들의 욕구를 충족시켜줄 수 있는 책의 수요가 충분히 있을 것으로 판단하였다.

이 책의 독자는 Amos에 대해 기본적인 지식이 있는 것으로 가정하였다. 그런 면에서 Amos로 경로도를 그리는 과정에 대해서는 생략하고, 분석방법 및 결과를 해석하는 데 초점을 맞추어 기술하였다. Amos의 기본적인 모델 및 지식에 관해서는 졸저(2017)를 참고하기 바란다.

고급분석에 어떤 것을 포함할 것인가? 많은 것을 포함하기에는 저자의 능력에서 벗어나기도 하고, Amos로 분석하는 데 한계가 있기도 하다. 결론적으로 다음과 같은 내용을 이 책에 담고자 하였다.

1. 최근에 패널자료(panel data)를 여러 기관에서 구축하고 있어, 패널자료를 이용한 연구가 활발히 이루어지고 있다. 그런 점에서, 종단자료(longitudinal data)를 이용한 다양한 분석에 대해 기술하였다. 분석에 이용된 패널자료는 '한국청소년패널(KYPS)'의 실제 자료를 이용하여 설명하였다.
2. 최근 top journal에서 공통방법분산(common method variance: CMV)과 관련된 분석을 요구하는 것이 대세이나. 사회과학 및 행동과학의 연구에서 자료를 수집할 때 일반적으로 설문지에 의한 자기보고방식(self-report method)이 주류를 이룬다. 이 방식에 의해 자료를 수집하는 경우 CMV를 신난하는 것이 필수적인 요구사항이 되고 있다. 그러한 요구에 부응하기 위해 CMV를 진단하는 것에 대해 기술하였다.
3. 최근에 조절효과와 매개효과를 결합한 조절된 매개효과(moderated mediation)와 매개된 조절효과(mediated moderation)에 관해 활발히 연구가 이루어지고 있다. Hayes의 'PROCESS' 매크로가 공개되면서 이를 이용한 연구가 많이 이루어지고 있다. 이 책에서는 이를 Amos로 분석하기보다는 PROCESS로 분석하는 것에 초점을 맞추었다.

Amos로 틀리게 분석하기보다는 정확하게 분석하는 것이 올바른 접근법이라고 판단했다. 이와 관련하여 저자의 책(2015)에 수록된 내용을 수정·보완하였다.

4 측정동일성검증(measurement invariance testing)과 잠재평균분석(latent mean analysis)에 대해 기술하였다. 집단 간의 평균차이를 검증하는 $t-$검증이나 ANOVA에 비해 측정오차를 통제한 상황에서 집단 간 평균차이를 검증하는 잠재평균분석이 더 정확한 평균을 추정할 수 있다. 이를 '두 집단의 예'와 '세 집단의 예'를 통해 설명하였다.

5 베이지언 추정(Bayesian estimation)과 범주형 자료분석(categorical data analysis)에 대해 기술하였다. 최근에 베이지언 통계학에 관해 관심이 커지고 있다. 그런 점에서 베이지언 추정에 의한 모수추정에 대해 기술하였다. 또한 범주형 자료분석에 대해서도 기술하였다.

6 비선형효과(nonlinear effect) 및 혼합모델링(mixture modeling)에 대해 기술하였다. 일반적으로 분석되는 선형관계가 아닌 비선형관계를 분석하는 것에 대해 기술하였다. 혼합모델링과 관련하여 혼합회귀분석(mixture regression analysis), 잠재계층분석(latent class analysis) 등에 관해 기술하였다.

7 통계적 검정력, 교차타당성 분석 및 MTMM 자료분석에 대해 기술하였다. 모델평가에 있어 중요하나 흔히 무시되고 있는 주제가 통계적 검정력이다. 통계적 검정력(statistical power)은 잘못된 귀무가설을 기각할 확률을 의미한다. 모델이 다른 표본에서 재현(replicate)될 수 있는 정도를 검토하는 것을 교차타당성 분석(cross-validation analysis)이라 한다. 개념타당도를 평가하기 위한 방법 가운데 하나인 다속성-다방법(multitrait-multimethod)에 대해 기술하였다.

이 책이 고급분석에 필요한 독자들의 욕구를 조금이라도 충족시켜주기를 바랄 뿐이다.

2018년 3월

배병렬

차례

CHAPTER 1

측정동일성검증, 잠재평균분석

CHAPTER 2

공통방법분산

CHAPTER 3

종단자료분석(I)

CHAPTER 4

종단자료분석(II)

CHAPTER 5 베이지언 SEM, 범주형 자료분석

CHAPTER 6 조절된 매개효과

CHAPTER 7

매개된 조절효과

CHAPTER 8

비선형효과분석, 혼합모델링

CHAPTER 9

검정력 분석, 교차타당성 분석, MTMM 분석

CHAPTER 1

측정동일성검증, 잠재평균분석

1. 측정동일성검증 및 잠재평균분석의 의의
2. 측정동일성검증 및 잠재평균분석: 두 집단의 경우
3. 측정동일성검증 및 잠재평균분석: 세 집단의 경우

CHAPTER

1 측정동일성검증, 잠재평균분석

1. 측정동일성검증 및 잠재평균분석의 의의

1.1 측정동일성검증의 의의

다중집단에서 평균구조(mean structure)를 포함한 측정모델의 분석이 가능하다. 평균구조를 포함한 측정모델을 통해 측정동일성(measurement invariance)을 검증할 수 있고, 이를 기초로 집단 간 잠재변수의 평균차이를 분석할 수 있다. 이를 **잠재평균분석(latent mean analysis)**이라 한다. 이 분석에 사용되는 입력자료는 행렬자료인 경우 각 집단의 공분산행렬과 평균(상관행렬인 경우 표준편차 및 평균)이 필요하고 또는 원자료가 필요하다.

X^g를 집단 g에서의 관측변수의 $p\times1$ 벡터, ξ^g를 잠재변수의 $m\times1$ 벡터, δ^g를 측정오차의 $p\times1$ 벡터, τ^g를 문항절편의 $p\times1$ 벡터, Λ^g를 요인적재량의 $p\times m$ 행렬이라고 가정하면, 측정모델은 다음과 같은 식으로 나타낼 수 있다.

$$X^g = \tau^g + \Lambda^g\xi^g + \delta^g$$

이 식에서 평균부분은 다음 식으로 표현된다.

$$\mu^g = \tau^g + \Lambda^g\kappa^g$$

공분산부분은 다음 식으로 표현된다.

$$\Sigma^g = \Lambda^g \Phi^g \Lambda'^g + \Theta^g$$

측정동일성(measurement equivalence)은 측정문항들이 여러 집단에 걸쳐 동일한 속성을 측정하고 있는가의 문제로 **측정불변성(measurement invariance)**이라고도 한다.

측정동일성은 동일성의 '수준'과 '정도'에 의해 구분된다. 동일성의 수준에 따라 형태동일성, 메트릭동일성, 스칼라동일성, 요인분산동일성, 오차분산동일성 등으로 나눌 수 있다. 형태동일성 → 메트릭동일성 → 스칼라동일성으로 갈수록 보다 엄격한 제약을 요구한다. 동일성의 정도에 따라 완전동일성과 부분동일성으로 나눌 수 있다.

1) 동일성의 수준

(1) 형태동일성

측정동일성은 다음과 같은 일련의 검증을 통해 이루어진다. 가장 먼저 형태동일성을 검증한다. **형태동일성(configural invariance)**은 집단 간에 동일한 관측변수가 동일한 잠재변수에 적재되는지를 알아보는 것이다. 즉 비교하고자 하는 집단의 요인구조가 동일한지를 평가하는 것이다.

이를 위해 각 집단별로 경쟁모델을 고려한 후, 모델들 간의 적합도를 검토한다. 그리고 각 집단별로 경쟁모델 중에서 가장 적합한 모델이 동일하게 선정되는지를 확인한다. 이렇게 선정된 모델을 기초로 집단에 대해 어떤 등가제약도 가하지 않은 모델을 동시에 분석하여 양호한 적합도를 얻는다면 형태동일성의 조건이 충족된다. 형태동일성의 조건이 충족되지 않는다면 다음 단계로의 검증을 진행할 수 없다.

(2) 메트릭동일성

메트릭동일성(metric invariance)은 집단별로 요인계수가 동일한지를 검증하는 것이다. 이를 **약한 동일성(weak invariance)**이라고도 한다.

$$\Lambda^1 = \Lambda^2 = \ldots = \Lambda^G$$

메트릭동일성이 충족되어야 각 집단에서 얻은 자료를 비교할 수 있다. 메트릭동일성을 검증하기 위해 형태동일성에서 확인된 기초모델(baseline model)과 요인계수에 대해 등가제약을 가한 모델 간에 χ^2차이검증을 실시한다. χ^2차이검증 결과 통계적으로 유의적이지 않다면 메트릭동일성이 성립된다고 본다. 메트릭동일성이 충족되어야 문항들의 차이 점수를 집단에 걸쳐 비교하는 것이 의미가 있다.

(3) 스칼라동일성

스칼라동일성(scalar invariance)은 잠재변수에서 같은 값을 갖는 응답자는 소속된 집단에 관계없이 같은 관측변수의 값을 가져야 함을 의미한다. 스칼라동일성은 메트릭동일성에 절편(intercept)이 동일하도록 한 제약이 추가된다. 이를 **강한 동일성(strong invariance)**이라고도 한다.

$$\tau^1 = \tau^2 = \ldots = \tau^G$$

집단 간 잠재변수의 평균을 비교하기 위해서는 스칼라동일성이 확보되어야 한다.

(4) 오차분산동일성

오차분산동일성(error variance invariance)은 측정오차의 분산이 집단에 걸쳐 동일하다는 제약을 주는 것을 의미한다. 이를 **엄격한 동일성(strict invariance)**이라고도 한다.

$$\Theta^1 = \Theta^2 = \ldots = \Theta^G$$

(5) 요인분산동일성

요인분산동일성(factor variance invariance)은 요인분산이 집단에 걸쳐 동일하다는 제약을 주는 것을 의미한다.

$$\Phi^1 = \Phi^2 = \ldots. = \Phi^G$$

2) 동일성의 정도

측정동일성은 동일성의 정도에 의해 **완전동일성(full invariance)**과 **부분동일성(partial invariance)**으로 나눌 수 있다. 완전동일성은 측정동일성이 집단 간에 완전히 동일함을 의미하고, 부분동일성은 어느 정도 다름을 의미한다.

동일성의 수준 및 정도를 검증하는 데에는 두 모델 간의 χ^2차이검증과 CFI 또는 TLI의 변화가 이용된다. 즉 두 모델 간에 χ^2차이검증을 통해 유의적인 차이가 없으면 자유도가 큰 모델을 채택한다. 예를 들어, 형태동일성 모델을 검증한 결과 $\chi^2=180.225$, $df=57$, 메트릭동일성 모델을 검증한 결과 $\chi^2=182.556$, $df=64$를 얻었다면 $\Delta\chi^2=2.331$, $\Delta df=7$로 유의적이지 않아 메트릭동일성이 충족된다고 결정한다. 또는 두 모델 간에 CFI 또는 TLI 지수를 비교해 ΔCFI가 0.01 또는 ΔTLI가 0.01보다 작으면 보다 제약을 가한 모델(즉, 자유도가 작은 모델)을 기각할 수 없다고 결정한다.

1.2 잠재평균분석의 의의

잠재평균분석(latent mean analysis)은 측정동일성검증을 통해 집단 간에 측정동일성이 확보되어야 한다는 선제하에 잠재변수의 평균을 분석하는 것이다. 어느 수준까지가 측정동일성이 확보되었다고 할 수 있는가에 관해서는 학자들 간에 의견이 일치하지 않고 있다.

전통적으로 집단 간 차이를 분석하는 t-검증이나 ANOVA 등은 측정오차에 의해 영향을 받는 관측변수에 의해 분석되기 때문에 잘못된 결론을 내릴 수도 있으나, 측정오차가 통제된 잠재변수에 의해 평균을 비교하는 잠재평균분석은 보다 정확한 결론을 낼 수 있다.

잠재평균분석에서는 '1'이라는 상수를 각 요인에 대한 독립변수로 사용하며, 여기에서

그림 1-1 잠재평균분석을 위한 경로도

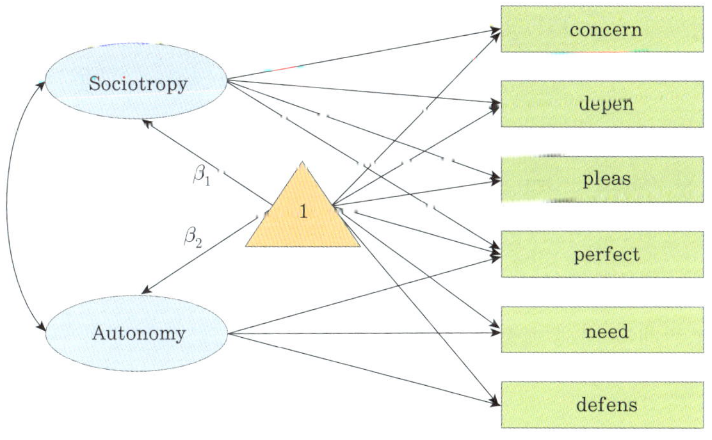

추정되는 회귀계수가 잠재평균이 된다. 즉, $\eta=\beta(1)+\epsilon$이 된다. 이 식에서 η는 요인, β는 회귀계수, ϵ은 오차를 의미한다. 요인의 잠재평균 $E(\eta)$는 $E(\eta)=\beta+E(\epsilon)$이 되는데, 오차의 평균 $E(\epsilon)=0$이라는 가정하에 $E(\eta)=\beta$가 되어 추정되는 잠재변수의 평균이 된다. 잠재평균분석을 그림으로 제시하면 [그림 1-1]과 같다. [그림 1-1]에서 ④은 평균을 추정한다는 의미를 갖는다.

[그림 1-1]에서 β_1은 'Sociotropy'의 평균이 되고, β_2는 'Autonomy'의 평균이 된다. 잠재평균분석에서 요인의 평균은 직접 추정이 불가능하며, 한 집단의 잠재평균을 0으로 고정한 상태에서(이를 **준거집단(reference group)**이라 함), 다른 집단(추정집단)의 잠재평균을 추정하는 것만 가능하다. 즉, $E(\eta)-E(\eta_R)=\beta-\beta_R=\beta$가 되어 준거집단의 잠재평균을 0으로 고정한 상태에서 추정된 다른 집단의 잠재평균 β는 준거집단의 잠재평균과의 상대적 차이가 된다. 예를 들어, 추정집단의 평균이 -5라면 이는 준거집단에 비해 5포인트가 낮음을 의미한다.

2. 측정동일성검증 및 잠재평균분석: 두 집단의 경우

Kline(2005, 2011)에 제시된 예를 통해 측정동일성검증 및 잠재평균분석에 대해 학습하기로 한다. Kline은 Sabatelli & Bartle-Haring(2003)의 연구를 인용하여 잠재평균분석에 대해 설명하고 있다. 저자의 『Amos 21 구조방정식모델링』은 Kline(2005)의 설명에 기초하고 있으나, 이 책은 Kline과 다른 관점에서 기술하고자 한다.

잠재평균분석에 대한 접근법은 학자들 간에 의견이 일치하지 않고 있다. 어떤 학자는 스칼라동일성까지 검증하고 잠재평균분석을 할 수 있다고 주장하고, 어떤 학자는 오차분산공분산까지 검증하고 잠재평균분석을 할 수 있다고 주장한다. 많은 제약을 가한 상태에서 잠재평균분석을 하면 보다 정확한 값을 얻을 수 있다.

Sabatelli & Bartle-Haring(2003)은 103쌍의 부부를 대상으로 '원가족과의 경험(family-of-origin experience: foe)'과 '결혼적응(marital adjustment: mariadju)'의 두 가지 요인을 측정하였다. '원가족과의 경험'은 부부가 성장하면서 '아버지', '어머니' 또는 '부-모 간'의 관계에 대해 어떻게 지각하였는지에 관한 회상을 3개의 관측변수를 이용하여 측정하였고, '결혼적응'은 부부관계에 있어서 '문제점'과 '친밀감'에 대한 평가를 2개의 관측변수를 이용하여 측정하였다. 점수가 높을수록 원가족과의 경험 또는 결혼적응이

좋음을 의미한다. [그림 1-2]는 Sabatelli & Bartle-Haring(2003)의 연구모델을 나ㅌ 이다.

그림 1-2 Sabatelli & Bartle-Haring(2003)의 연구모델

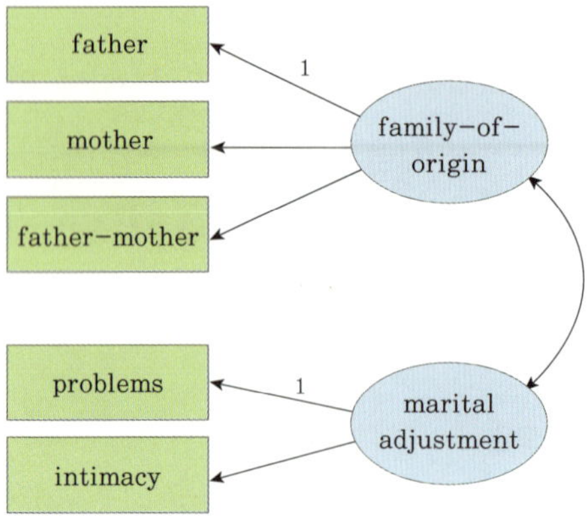

이 모델을 대상으로 측정동일성검증 및 잠재평균분석을 실시하기로 한다. 이를 위한 연구문제는 다음과 같다.

① 남편과 부인집단에 대해 5개의 관측변수들이 '원가족과의 경험'과 '결혼적응'을 동일하게 측정하는가? 이 연구문제에 대한 답이 '측정동일성검증'이다.

② 남편과 부인집단 간에 '원가족과의 경험'과 '결혼적응'의 평균은 차이가 있는가? 이 연구문제에 대한 답이 '잠재평균분석'이다.

2.1 측정동일성검증

1) 형태동일성검증

1 [Analyze] 메뉴에 있는 [Manage Groups]를 클릭하거나, 그룹관리창에 있는 [Group number 1]을 더블클릭한다. [Group Name]에 집단이름을 기입한다. [husband] 또는 [남편]이라고 입력한 다음, [New] 버튼을 클릭하여 새로 나타난 창에 [wife] 또는 [아내]라고 입력한다. **자료파일에 저장된 각각의 파일을 끌어들이기 위해서는 [Manage Groups] 창에서 [Group Name]을 반드시 먼저 만들어야 한다.** [Group Name]은 [Data Files]에 저장된 파일명과 일치하지 않아도 된다.

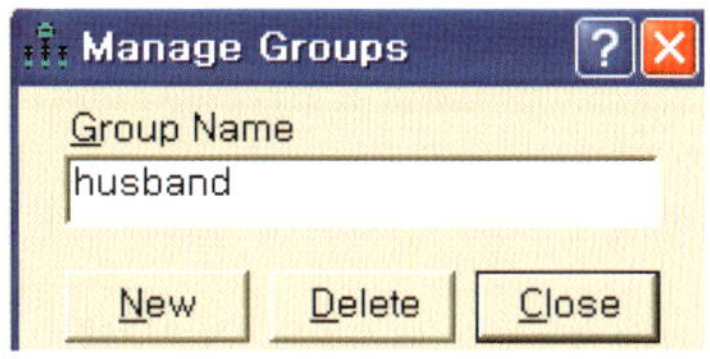

2 [File] 메뉴의 [Data Files]를 클릭하거나, 도구상자에 있는 자료파일선정 아이콘( )을 클릭하여 각각의 자료를 연결한다. 남편 자료는 [husband.sav], 아내 자료는 [wife.sav]로 저장되어 있다. 형태동일성검증을 위한 모델은 [그림 1-3]과 같다.

그림 1-3 형태동일성검증모델

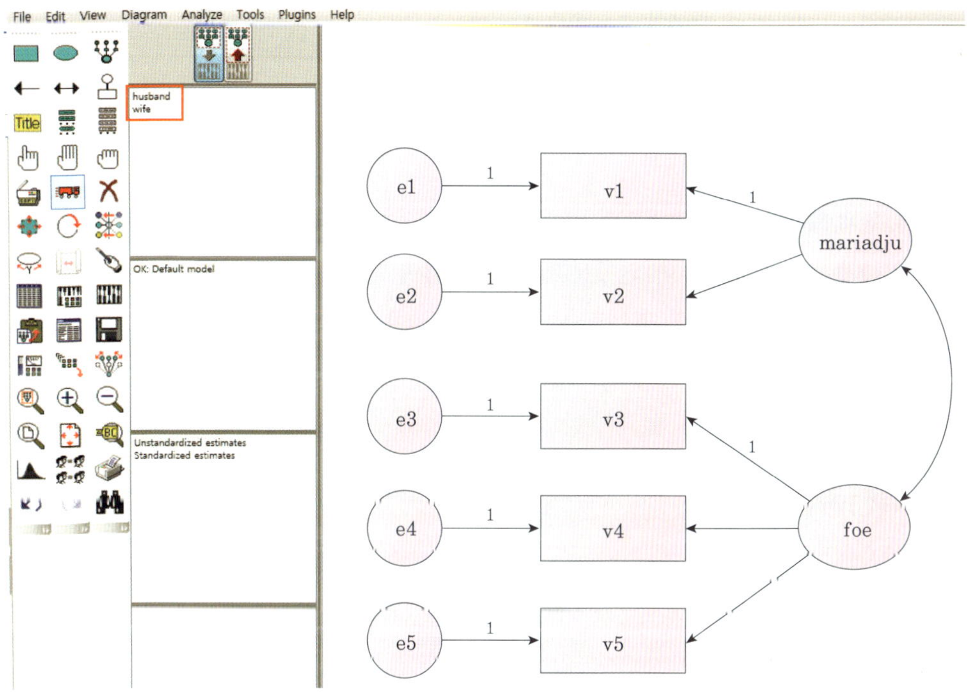

3 [input 1-1]은 형태동일성검증을 위한 모델설정을 나타낸 것이다.

input 1-1 형태동일성검증 모델

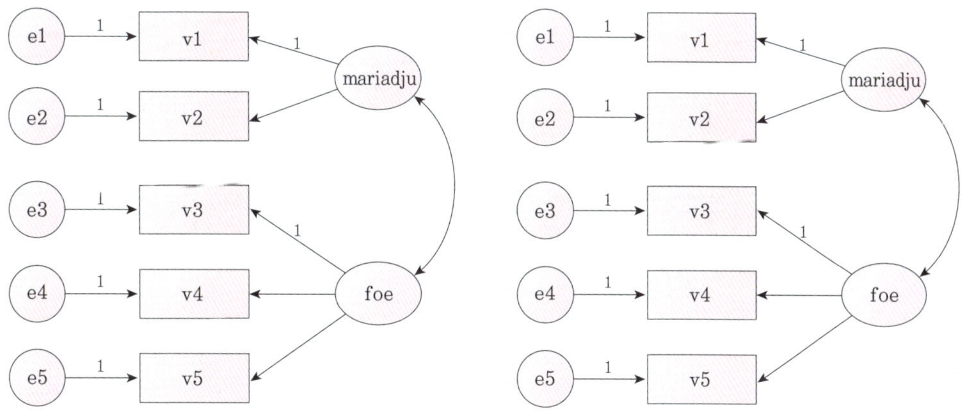

[남편] [아내]

주의사항

측정동일성검증 시 집단에 걸쳐 준거변수를 동일하게 해야 한다는 점에 주의한다. 이 예에서는 두 집단에 걸쳐 'v1'과 'v3'을 준거변수로 설정하였다.

4 추정치계산 아이콘(▦)을 클릭하여 실행한다. [input 1-1]을 실행하면 $\chi^2(8)=5.966$, TLI=1.013, CFI=1.000의 모델적합도가 나와 형태동일성이 충족된다.

output 1-1 형태동일성검증결과

CMIN

Model	NPAR	CMIN	DF	P	CMIN/DF
Default model	22	5.966	8	.651	.746

Baseline Comparisons

Model	NFI Delta1	RFI rho1	IFI Delta2	TLI rho2	CFI
Default model	.986	.964	1.005	1.013	1.000

2) 메트릭동일성검증

1 메트릭동일성검증을 위해 요인경로 위에 마우스 포인트를 놓고 왼쪽 버튼을 더블클릭하여 나타나는 [Object Properties]의 [Parameters] 탭에서 [Regression weight]에 계수이름을 입력한 다음(예: $p1$), [All groups]를 체크한다. 나머지 2개의 요인경로도 이런 식으로 해준다.

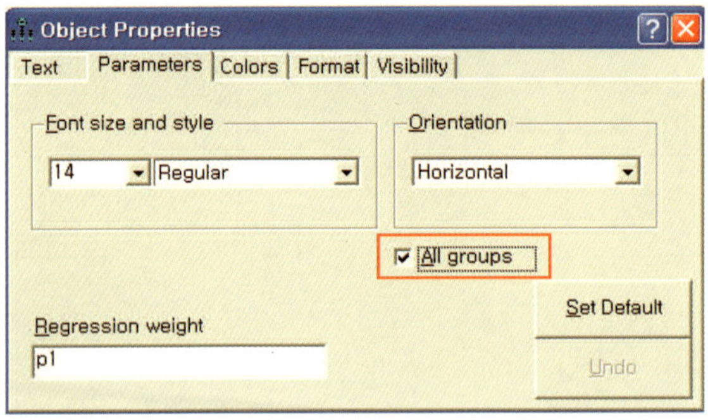

2 요인경로에 해당하는 모수에 대해 동일한 제약을 준 모델은 [input 1-2]와 같다.

input 1-2 ••• **메트릭동일성검증 모델**

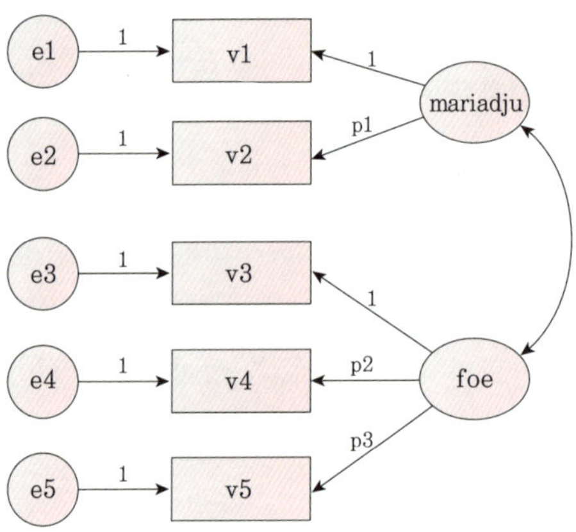

[남편]

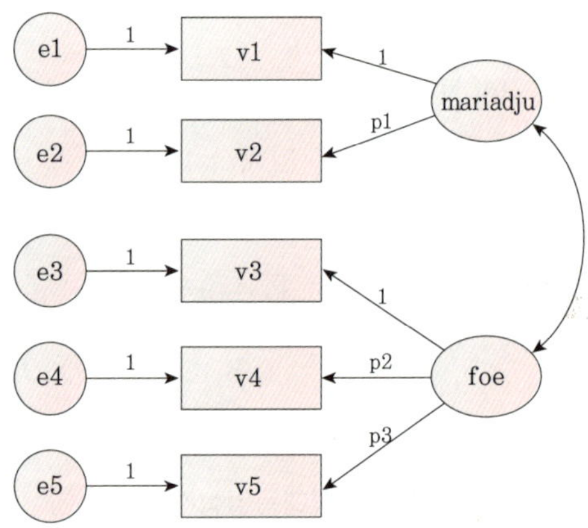

[아내]

3 추정치계산 아이콘(▥)을 클릭하여 실행한다. [input 1-2]를 실행하면 $\chi^2(11)=8.651$, TLI=1.011, CFI=1.000의 모델적합도를 얻는다.

output 1-2 ••• **메트릭동일성검증결과**

CMIN

Model	NPAR	CMIN	DF	P	CMIN/DF
Default model	19	8.651	11	.654	.786

Baseline Comparisons

Model	NFI Delta1	RFI rho1	IFI Delta2	TLI rho2	CFI
Default model	.979	.962	1.006	1.011	1.000

4 [output 1-1]과 [output 1-2]를 비교한다. χ^2차이는 자유도 3에서 2.685의 차이가 있어, $\alpha=0.05$ 수준에서 통계적으로 유의적이지 않기 때문에 메트릭동일성이 충족된다. 또한 CFI 차이도 없기 때문에 메트릭동일성이 충족된다.

3) 스칼라동일성검증

1 스칼라동일성검증을 위해 [View] → [Analysis Properties] → [Estimation] 탭에서 [Estimate means and intercepts]를 체크한다. 이는 두 집단에 걸쳐 요인과 오차의 평균이 '0'임을 지정해주는 의미를 갖는다.

2 [Estimate means and intercepts]를 체크하면 '0'과 콤마(,)가 나타난다[0,]. Amos에서 콤마는 평균과 분산 보수를 나타내기 위해 사용된다. 각 쌍의 모수에서 첫 번째는 평균을 의미하고 두 번째는 분산을 의미한다. 경로도에서 이들 모수가 어떻게 표시되는가는 추정되는 상태를 알려준다. 정수(예: 0)가 할당되면 제약을 의미하고, 명칭이 표시되면 자유스럽게 추정된다는 것을 의미한다(모델 내에 동일한 명칭을 갖는 다른 모수가 없다면). 공란 다음 또는 앞에 오는 콤마는 명칭이 부여되지 않음을 의미하고, 평균이나 분산이 추정됨을 의미한다. Amos에서 이의 의미에 대해 보다 구체적으로 살펴보기로 한다.

① [a, 0]: a로 명칭이 부여된 평균이 자유스럽게 추정되고(모델 내에 a로 명명된 다른 모수가 없다면), 분산은 0으로 제약된다.
② [0, 1]: 평균은 0, 분산은 1로 제약됨을 의미한다.
③ [0,]: 평균은 0으로 제약되고, 명칭이 부여되지 않은 분산이 자유스럽게 추정됨을 의미한다.
④ [,1]: 명칭이 부여되지 않은 평균이 자유스럽게 추정되고, 분산은 1로 제약됨을 의미한다.

3 'v1' 위에 마우스 포인트를 놓고 왼쪽 버튼을 더블클릭하여 나타나는 [Object Properties]의 [Parameters] 탭에서 [Intercept]에 절편(intercept) 이름을 입력한다. 이 예에서는 [int-v1]로 하였다. [All groups]가 체크되어 있는데 그대로 둔다. 나머지 관측변수도 동일한 방식으로 해준다. 이렇게 하면 두 집단에 걸쳐 절편이 동일하다는 제약을 한다.

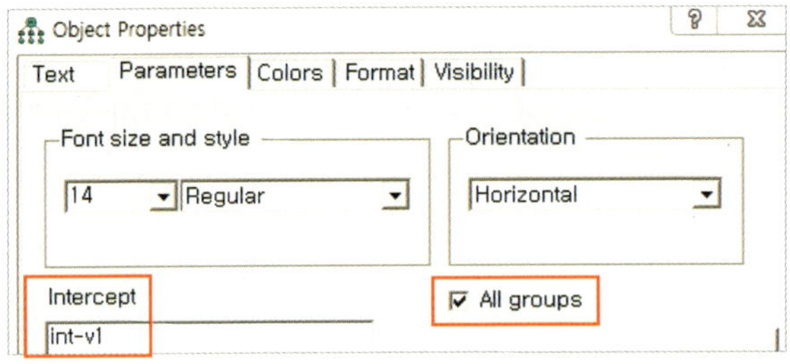

4 스칼라동일성검증을 위한 모델은 [input 1-3]과 같다.

input 1-3 스칼라동일성검증 모델

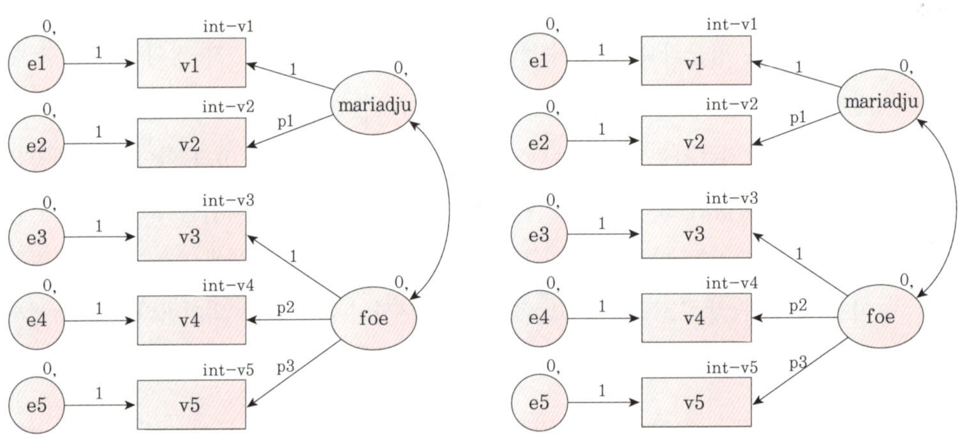

[남편] [아내]

5 추정치계산 아이콘(▥)을 클릭하여 실행한다. [input 1-3]을 실행하면 $\chi^2(16) = 19.525$, TLI=.989, CFI=.991로 나타난다.

output 1-3 스칼라동일성검증결과

CMIN

Model	NPAR	CMIN	DF	P	CMIN/DF
Default model	24	19.525	16	.242	1.220

Baseline Comparisons

Model	NFI Delta1	RFI rho1	IFI Delta2	TLI rho2	CFI
Default model	.953	.941	.991	.989	.991

6 [output 1-2]와 [output 1-3]의 χ^2차이는 자유도 5에서 10.874의 차이가 있어 $\alpha=0.05$ 수준에서 통계적으로 유의적이지 않기 때문에 스칼라동일성이 충족된다. 또한 CFI 차이도 없기 때문에 스칼라동일성이 충족된다. 이를 위해 본서의 CD에 있는 χ^2차이검증 계산기를 이용하여 계산하면 다음과 같다.

Chi-square value of solution with fewer factors:	**19.525**
df of solution with fewer factors:	**16**
Chi-square value of solution with more factors:	**8.651**
df of solution with more factors:	**11**
Chi-square value of nested comparison	10.874
df for nested comparison	5
p-value for nested comparison	0.053936723

스칼라동일성이 충족되었기 때문에 잠재평균분석을 할 수 있다. 잠재평균분석을 위해 오차분산동일성이 충족되는지 확인해야 한다고 주장하는 학자도 있다. 저자는 스칼라불변성이 충족되면 잠재평균분석을 할 수 있다는 입장에 있다.

2.2 잠재평균분석

잠재평균분석을 위해 두 집단 가운데 하나의 집단에 대해 잠재변수의 평균을 0으로 지정한다. 이처럼 잠재변수의 평균이 0으로 지정된 집단을 **준거집단(reference group)**이라 한다. 이 예에서는 남편집단을 준거집단으로 지정하기로 한다.

1 남편집단이 준거집단이므로 아내집단은 잠재변수의 평균을 추정해야 한다. 이를 **추정집단(estimated group)**이라 한다. 이를 위해 [Manage Groups]에서 'wife'를 클릭한 다음, 잠재변수 'mariadju' 위에 마우스 포인트를 놓고 왼쪽 버튼을 너블 클릭하거나 오른쪽 버튼을 눌러 나타나는 [Object Properties] 창의 [Parameters] 탭의 [Mean]에 이름을 입력하고(예: m-ma), [All groups]가 체크가 안 되어 있는지 확인한다. 이는 아내집단만 평균을 추정한다는 의미를 갖는다.

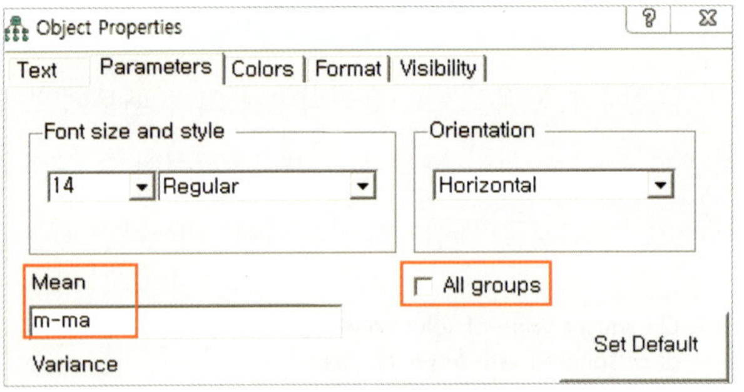

2 'foe' 잠재변수에 대해서도 동일한 작업을 한다. 아내집단의 'foe' 평균을 'm-f'로 입력하였다.

3 [input 1-4]는 잠재평균분석을 위한 경로도이다.

input 1-4 잠재평균분석을 위한 경로도

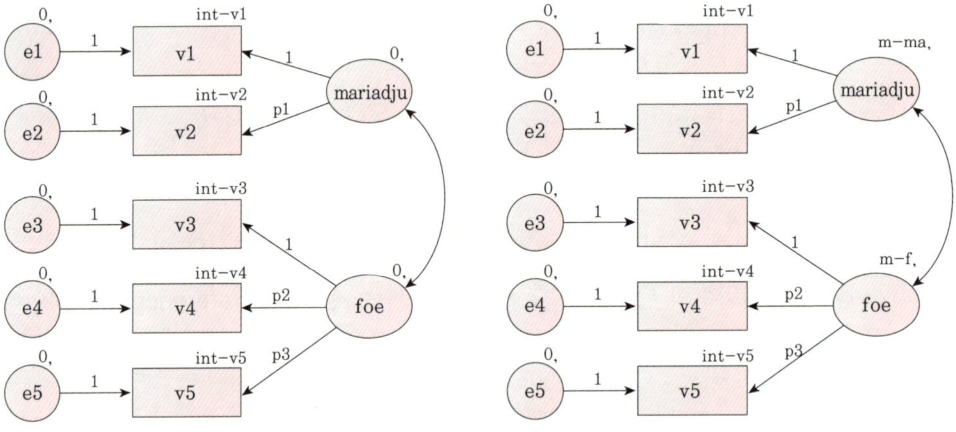

[남편] [아내]

위 모델에 대해 좀 더 자세히 살펴보기로 한다.

① 잠재변수의 분산은 두 집단에 걸쳐 자유스럽게 추정된다. 이는 콤마(,) 다음에 명명되지 않은 공란이 있기 때문이다.

② 오차분산의 평균은 추정되지 않고 0으로 제약된다.

③ 1로 고정된 모수 외에 모든 요인적재량은 두 집단에 걸쳐 동일하도록 제약된다(p1, p2, p3 명칭이 부여됨).

④ 관측변수의 모든 절편은 두 집단에 걸쳐 동일하도록 제약된다(int-v1,…, int-v5의 명칭이 부여됨).

⑤ 남편집단의 요인평균은 0이고, 아내집단의 요인평균은 자유스럽게 추정된다 (m-ma, m-f 명칭이 부여됨).

4 추정치계산 아이콘(▥)을 클릭하여 실행한다. [input 1-4]를 실행하면 $\chi^2(14)=15.495$, TLI=.995, CFI=.996의 모델적합도를 얻는다.

output 1-4 모델적합도

CMIN

Model	NPAR	CMIN	DF	P	CMIN/DF
Default model	26	15.495	14	.345	1.107

Baseline Comparisons

Model	NFI Delta1	RFI rho1	IFI Delta2	TLI rho2	CFI
Default model	.963	.947	.996	.995	.996

5 잠재평균을 보기 위해 [Output] 창에서 [Estimates] → [Scalars] → [Means]를 클릭한 다음, [wife]를 클릭한다.

output 1-4 잠재평균분석결과

Means: (wife - latent mean model)

	Estimate	S.E.	C.R.	P	Label
mariadju	.415	3.133	.133	.895	m-ma
foe	3.140	1.663	1.888	.059	m-f

위의 결과는 요인에 대한 상수의 식섭효과를 아내집단에 대해서만 추정한 비표순화계수이다. 이 비표준하계수는 측정오자가 반영된 남편과 아내 간의 요인평균 차이를 추정한 것이다. 원가족과의 경험(foe) 요인의 평균은 3.140인데, 이는 이 요인에 대한 아내의 평균값은 남편보다 3.140 정도 더 높게 나타날 것으로 예측됨을 의미한다. 즉, '원가족과의 경험'에 있어서 아내가 남편보다 더 호의적인 값을 보고한다. 이 요인의 평균 차이에 대한 표준오차는 1.663으로 $\alpha=0.059$ 수준에서 통계적으로 유의적으로 나타났다.

동일한 논리로 '결혼적응'에 대한 집단평균 차이는 .415로 나타났는데, 이는 통계적으로 유의하지 않기 때문에 결혼적응 요인에 대해 남편과 아내 간의 평균 차이는 없는 것으로 해석한다.

output 1-4 ••• **잠재평균분석의 분산**

Variances: (husband - latent mean model)

	Estimate	S.E.	C.R.	P	Label
mariadju	421.657	110.173	3.827	***	
foe	82.887	16.865	4.915	***	

Variances: (wife - latent mean model)

	Estimate	S.E.	C.R.	P	Label
mariadju	581.663	148.258	3.924	***	
foe	158.428	26.424	5.996	***	

원가족과의 경험과 결혼적응 각각에 대해 Cohen(1988)의 효과크기를 계산하기로 한다. Cohen(1988)의 **효과크기(effect size: *d*)**는 다음 공식에 의해 계산된다.

$$d = \frac{M_1 - M_2}{\sqrt{[(\sigma_1^2 + \sigma_2^2)/2]}}$$

이를 계산하기 위해 Becker 교수가 개발한 'Effect size calculator'를 이용한다. 이를 위한 사이트는 다음과 같다. http://www.uccs.edu/~lbecker/

표준편차(SD)를 계산하기 위해 분산값의 $\sqrt{\ }$ 를 구한다. 예를 들어, 아내집단의 결혼적응 요인의 분산은 581.663이므로 표준편차는 24.118이고, 남편집단의 결혼적응 요인의 분산은 421.657이므로 표준편차는 20.534이다. 이들 값을 계산기에 입력하고 [Compute] 버튼을 누르면 0.0185의 값을 얻는다. 원가족과의 경험의 효과크기는 0.286이다.

그림 1-4 **효과크기 계산**

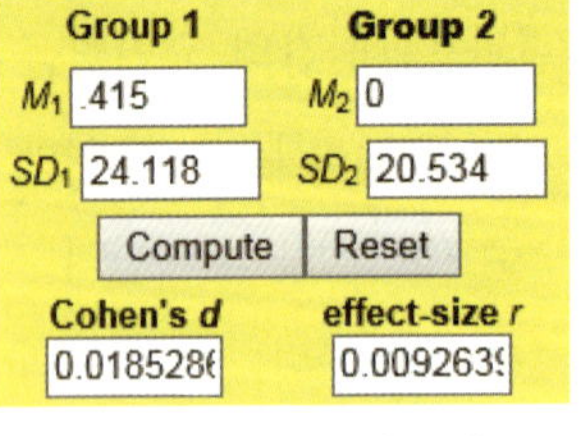

[결혼적응의 효과크기]

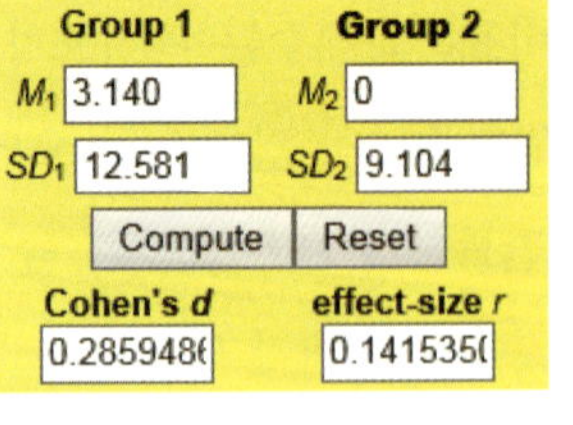

[원가족과의 경험의 효과크기]

효과크기는 0.2는 작은 수준의 효과, 0.5는 중간 수준의 효과, 0.8은 큰 수준의 효과로 해석된다. 효과크기는 1보다 큰 값을 가질 수 있고, (−)값을 가질 수 있다. 결과를 보고하기 위해 [표 1-1]과 같이 만든다.

❚ 표 1-1 ❚ 원가족과의 경험 및 결혼적응에 대한 남편과 아내 간 잠재평균 차이

요인	남편	아내	효과크기(d)
결혼적응	0	0.415	0.0185
원가족과의 경험	0	3.140*	0.286

* $p < 0.1$

[input 1-5]는 오차분산동일성을 검증한 모델이다. 이를 실행한 다음 잠재평균분석을 직접 해보기 바란다.

3. 측정동일성검증 및 잠재평균분석: 세 집단의 경우

원자료와 세 집단을 예로 들어 측정동일성검증 및 잠재평균분석에 대해 알아보기로 한다. 이 예에서는 오차분산동일성까지 검증한 다음, 잠재평균분석을 하기로 한다. 이 모델은 Amos 예제 24b이다([Ex24b]). 이 예제는 원래 두 집단을 대상으로 한 것이나, 본 예에서는 가상으로 하나의 집단을 더 만들어 세 집단을 대상으로 분석하기로 한다. 이 연구에 사용된 모델은 [그림 1-5]와 같다.

그림 1-5 세 집단 연구모델

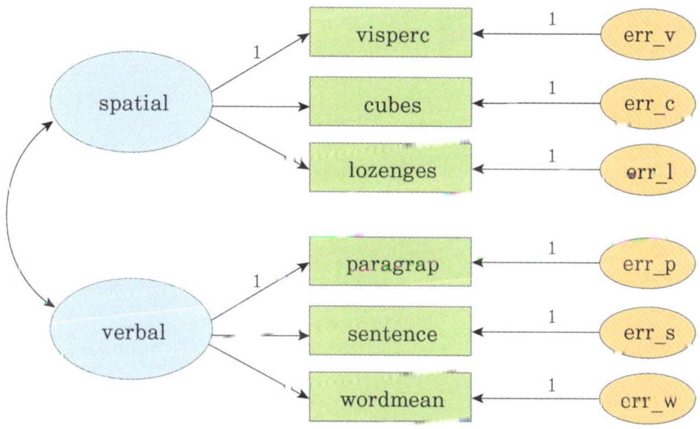

3.1 측정동일성검증

1) 형태동일성검증

1 연구모델을 그린다.

2 그룹관리창에서 [Group number 1]을 더블클릭한다. [Manage Groups] 창에서 [Group number 1]을 지우고 '초등'으로 입력한다. 이런 식으로 세 집단의 이름을 지정한다. 다음은 세 집단을 지정한 화면을 보인 것이다.

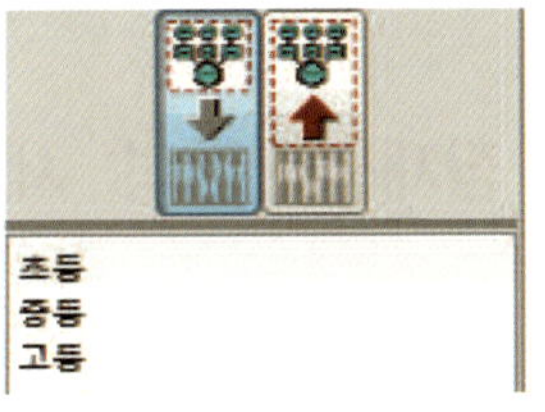

3 자료파일선정 아이콘((▦)을 클릭하여 [Data Files] 창에서 [File Name] 버튼을 이용하여 각각의 자료를 연결한다. 집단별로 자료가 있을 경우에는 각각의 자료를 연결한다. 다음은 집단별 자료가 연결된 상태의 화면이다.

Data Files

Group Name	File	Variable	Value	N
초등	초등.sav			73/73
중등	중등.sav			72/72
고등	고등.sav			74/74

4 이를 위한 입력파일이 [input 1-10]이다.

input 1-10 ••• 세 집단 측정동일성 검증모델

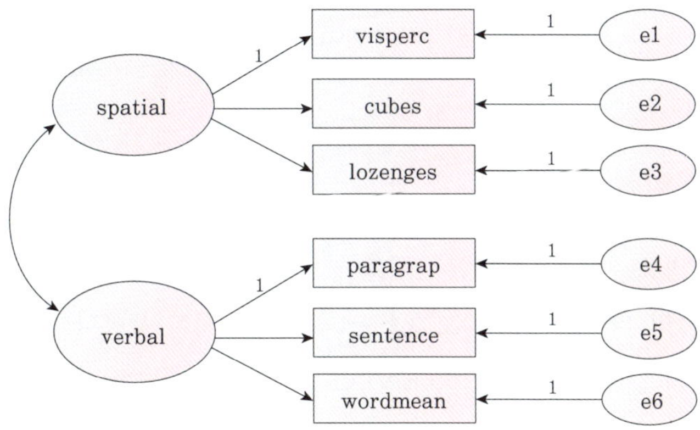

5 집단별 자료가 하나의 파일에 있고, 집단을 구분하는 변수가 있을 경우에는 다음과 같이 한다. 자료파일선정 아이콘()을 클릭하여 [Data Files] 창에서 [File Name] 버튼을 이용하여 각각의 자료를 연결한다. [File Name] 버튼 → [Grouping Variable] 버튼 → [Group Value] 버튼을 이용하여 연결한다. 다음은 자료가 연결된 상태의 화면이다.

Data Files

Group Name	File	Variable	Value	N
초등	세집단.sav	group	1	73/219
중등	세집단.sav	group	2	72/219
고등	세집단.sav	group	3	74/219

6 이런 식으로 연결한 입력파일을 [input 1-10-1]로 저장하였다. 이를 [input 1-10]과 비교해보면 결과가 동일한 것을 알 수 있다.

7 추정치계산 아이콘()을 클릭하여 실행한다. [input 1-10]을 실행하면 $\chi^2(24)=23.284$, TLI=1.003, CFI=1.000의 모델적합도를 얻는다. 따라서 형태동일성이 충족된다.

output 1-10 ••• 형태동일성모델의 분석결과

CMIN

Model	NPAR	CMIN	DF	P	CMIN/DF
Default model	39	23.284	24	.503	.970

Baseline Comparisons

Model	NFI Delta1	RFI rho1	IFI Delta2	TLI rho2	CFI
Default model	.953	.912	1.002	1.003	1.000

2) 메트릭동일성검증

1 요인경로 위에 마우스 포인트를 놓고 왼쪽 버튼을 더블클릭하거나 오른쪽 버튼을 눌러 나타나는 창에서 [Object Properties]를 누른다. [Regression weight]에 임의의 값(예: p2)을 입력하고 [All groups]를 체크한다. 이렇게 하면 해당 경로가 세 집단에 걸쳐 모두 동일한 값을 갖는 것을 의미한다. 이런 식으로 나머지 요인경로의 이름을 입력한다.

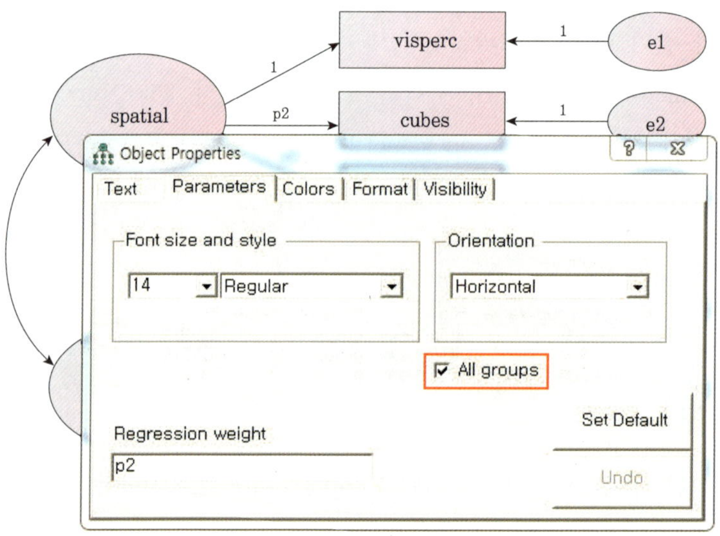

2 메트릭동일성을 검증하기 위한 모델은 [input 1-11]과 같다. 세 집단에 걸쳐 요인계수의 명칭이 동일한 것을 알 수 있다.

input 1-11 ••• 메트릭동일성 검증모델

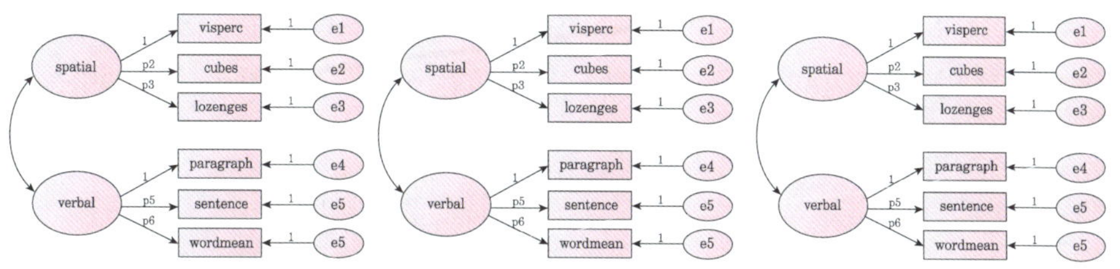

[초등] [중등] [고등]

3 ⁘ 추정치계산 아이콘(▥)을 클릭하여 실행한다.

4 ⁘ [input 1-11]을 실행하면 $\chi^2(32)=25.969$, TLI=1.019, CFI=1.000의 모델적합도를 얻는다.

output 1-11 ••• 메트릭동일성모델의 분석결과

CMIN

Model	NPAR	CMIN	DF	P	CMIN/DF
Default model	31	25.969	32	.765	.812

Baseline Comparisons

Model	NFI Delta1	RFI rho1	IFI Delta2	TLI rho2	CFI
Default model	.948	.927	1.013	1.019	1.000

5 ⁘ [output 1-11]과 [output 1-10]의 결과를 비교하면 모델적합도가 크게 나빠지지 않아 메트릭동일성이 충족된다.

3) 스칼라동일성검증

1 ⁘ [Analysis Properties]의 [Estimation] 탭에서 [Estimate means and intercepts]를 체크한다.

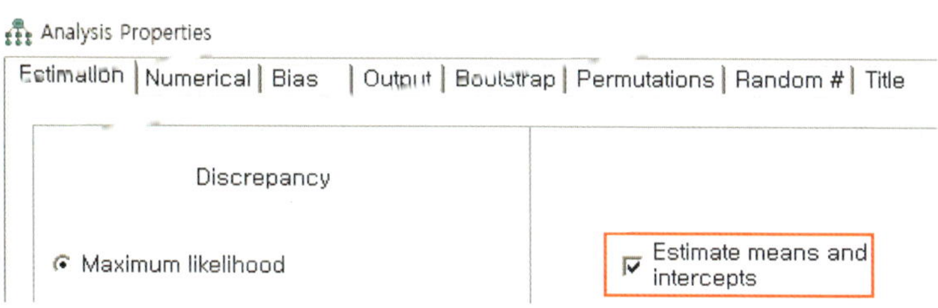

2 관측변수 위에 마우스 포인트를 놓고 왼쪽 버튼을 더블클릭하거나 오른쪽 버튼을 눌러 나타나는 창에서 [Object Properties]를 누른다. [Intercept]에 임의의 이름을 입력한다. [All groups]를 체크한다. 이런 식으로 나머지 변수도 이름을 입력한다.

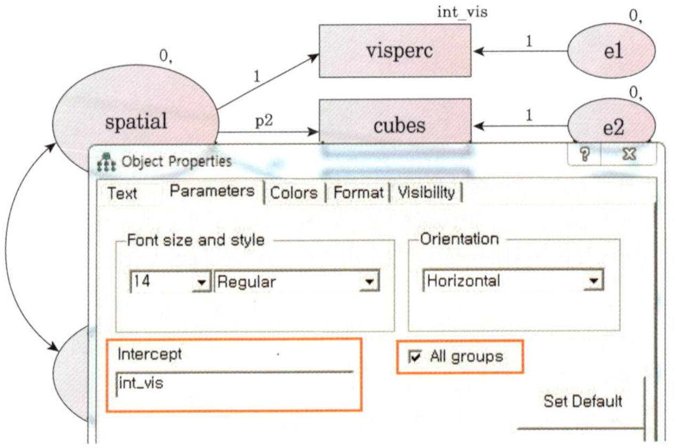

3 스칼라동일성을 검증하기 위한 모델은 [input 1-12]와 같다. 세 집단에 걸쳐 관측변수의 절편이름이 같은 것을 알 수 있다.

input 1-12 스칼라동일성검증을 위한 모델

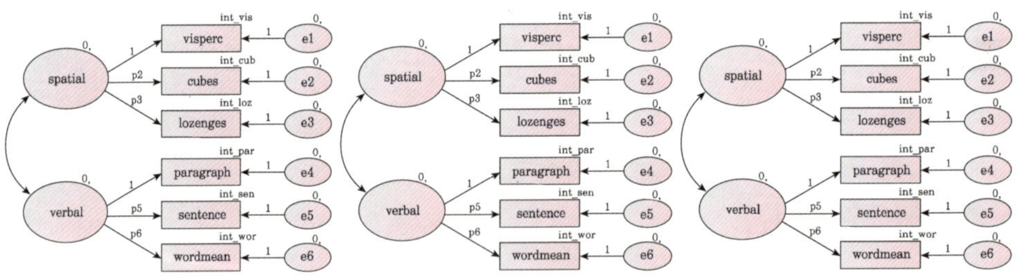

4 이를 실행하면 다음과 같은 적합도를 얻는다.

output 1-12 스칼라동일성모델 분석결과

CMIN

Model	NPAR	CMIN	DF	P	CMIN/DF
Default model	37	41.749	44	.569	.949

Baseline Comparisons

Model	NFI Delta1	RFI rho1	IFI Delta2	TLI rho2	CFI
Default model	.916	.914	1.005	1.005	1.000

5 스칼라동일성검증은 메트릭동일성검증과의 비교를 통해 한다. 두 모델의 적합도를 비교하면 적합도가 크게 나빠지지 않아 스칼라동일성이 충족된다.

4) 오차분산동일성검증

1 오차분산동일성을 검증하기 위해 오차 위에 마우스 포인트를 놓고 왼쪽 버튼을 더블클릭하거나 오른쪽 버튼을 눌러 [Object Properties]에서 [Variance]에 임의의 이름을 입력한다. [All groups]를 체크한다. 나머지 오차도 이름을 입력한다.

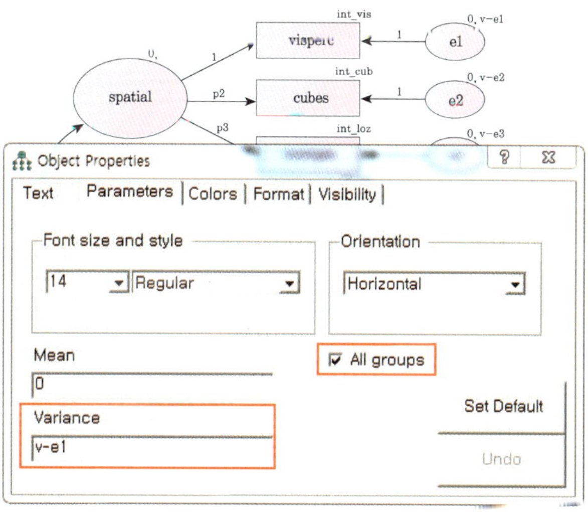

2 오차분산동일성검증을 위한 모델은 [input 1-13]과 같다.

input 1-13 오차분산동일성검증모델

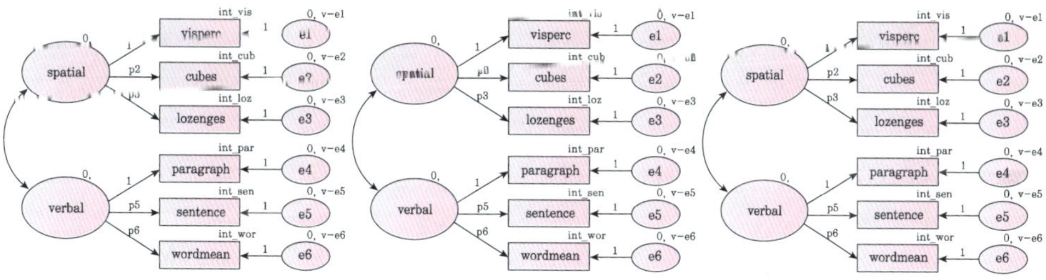

[초등] [중등] [고등]

3 이를 실행하면 다음과 같은 적합도를 얻는다.

output 1-13 오차분산동일성검증 결과

CMIN

Model	NPAR	CMIN	DF	P	CMIN/DF
Default model	25	47.624	56	.780	.850

Baseline Comparisons

Model	NFI Delta1	RFI rho1	IFI Delta2	TLI rho2	CFI
Default model	.904	.923	1.019	1.015	1.000

4 [output 1-13]과 [output 1-12]를 비교하면 χ^2차이가 유의적이지 않아 오차분산동일성모델은 채택된다.

3.2 잠재평균분석(1)

1 오차분산동일성이 성립하므로 잠재평균분석을 할 수 있다. 이를 위해 세 집단 가운데 중등집단을 준거집단으로 지정하기로 한다. 따라서 초등집단 및 고등집단은 추정집단이 된다. 초등집단, 중등집단, 고등집단 각각의 경로도를 제시하면 [input 1-14]와 같다.

input 1-14 잠재평균분석을 위한 세 집단 경로도

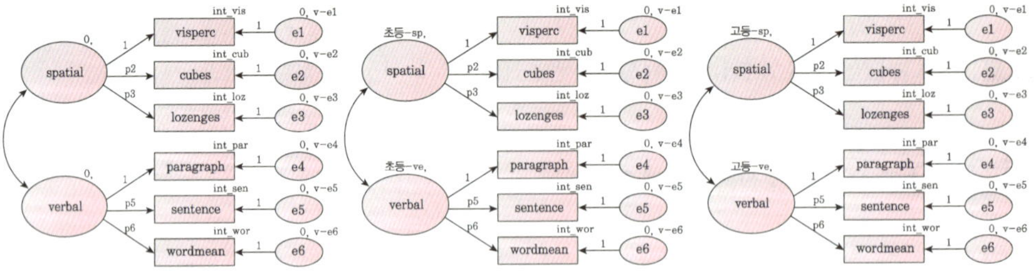

[중등] [초등] [고등]

2 이를 실행하면 다음과 같은 결과를 얻는다.

output 1-14 ••• **잠재평균분석 결과**

CMIN

Model	NPAR	CMIN	DF	P	CMIN/DF
Default model	29	38.032	52	.926	.731

Baseline Comparisons

Model	NFI Delta1	RFI rho1	IFI Delta2	TLI rho2	CFI
Default model	.924	.934	1.031	1.027	1.000

평균값은 다음과 같다.

Means: (초등 - Default model)

	Estimate	S.E.	C.R.	P	Label
spatial	-1.083	.851	-1.273	.203	초등-sp
verbal	.960	.518	1.853	.064	초등-ve

Means: (고등 - Default model)

	Estimate	S.E.	C.R.	P	Label
spatial	-.230	.814	-.282	.778	고등-sp
verbal	.061	.475	.128	.898	고등-ve

분산값은 다음과 같다.

Variances: (초등 - Default model)

	Estimate	S.E.	C.R.	P	Label
spatial	17.935	5.754	3.117	.002	
verbal	10.009	1.974	5.071	***	

Variances: (중등 - Default model)

	Estimate	S.E.	C.R.	P	Label
spatial	16.497	5.392	3.059	.002	
verbal	6.926	1.431	4.839	***	

Variances: (고등 - Default model)

	Estimate	S.E.	C.R.	P	Label
spatial	14.845	4.913	3.021	.003	
verbal	7.091	1.443	4.913	***	

이를 토대로 다음과 같은 표를 작성한다.

표 1-2 공간 및 언어능력의 초등학교 · 중등학교 간 잠재평균 차이분석

요인	초등학교		중등학교		효과크기(d)
	잠재평균	평균	잠재평균	평균	
공간능력	−1.083	22.950	0	23.954	−0.261
언어능력	0.960	15.968	0	14.745	0.330

위의 표에서 초등학교 공간능력의 평균 22.950은 공간능력에 해당하는 세 개 지표의 평균값을 SPSS에서 구한 값이다. 나머지 평균도 그런 식으로 구하면 얻는다. 위 표에서 보면, 공간능력의 중등학교와 초등학교의 평균차이(23.954−22.950=1.004)는 Amos에 의해 추정한 평균차이(−1.083)보다 작은 것을 알 수 있다. Amos는 평균을 추정하지 않고 상대적인 차이만을 추정한다. 언어능력도 평균차이 1.223이 아닌 0.960의 차이가 있는 것으로 나타난다.

표 1-3 공간 및 언어능력의 중등학교 · 고등학교 간 잠재평균 차이분석

요인	중등학교		고등학교		효과크기(d)
	잠재평균	평균	잠재평균	평균	
공간능력	0	23.954	−.230	23.676	0.059
언어능력	0	14.745	0.061	14.766	−0.023

3.3 잠재평균분석(2)

이하에서는 오차분산동일성검증 외에 요인분산동일성검증을 한 다음, 잠재평균분석을 하는 것에 대해 알아보기로 한다.

1 요인분산을 집단에 걸쳐 동일하게 하기 위해 잠재변수 위에 마우스 포인트를 놓고 왼쪽 버튼을 더블클릭하거나 오른쪽 버튼을 눌러 나타나는 창에서 [Object Properties]를 클릭한다. 이 창의 [Parameters] 탭의 [Variance]에 적당한 이름을 입력한다. 그리고 [All groups]를 체크한다. 이런 식으로 나머지 잠재변수도 임의의 이름을 입력한다.

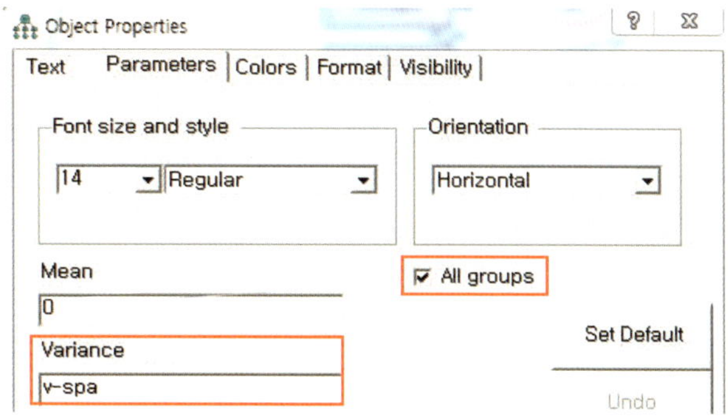

2 [input 1-15]는 요인분산동일성을 검증하기 위한 모델이다.

input 1-15 요인분산동일성검증 모델

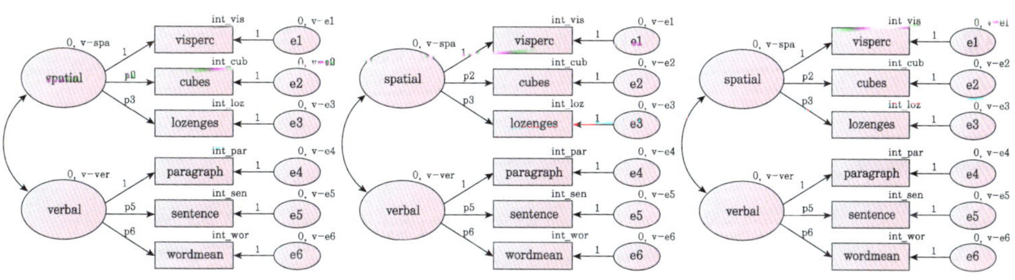

3 이를 실행하면 다음과 같은 결과를 얻는다.

output 1-15 요인분산동일성검증결과

CMIN

Model	NPAR	CMIN	DF	P	CMIN/DF
Default model	21	50.848	60	.794	.847

Baseline Comparisons

Model	NFI Delta1	RFI rho1	IFI Delta2	TLI rho2	CFI
Default model	.898	.923	1.021	1.015	1.000

요인분산동일성 모델의 적합도가 좋게 나타났다. 따라서 잠재평균분석을 하기로 한다. 이를 위해 중등집단을 준거집단으로 지정하고 나머지 집단은 추정집단으로 지정하기로 한다. 중등집단이 준거집단이므로 이 집단의 요인평균은 0으로 지정하고 나머지 두 집단은 요인을 추정한다. 이를 위해 초등집단과 고등집단에 대해 각각 임의의 평균이름을 지

정한다. 아래는 초등집단의 평균을 지정한 예이다. 'spatial' 요인에 대해 초등집단의 평균을 '초등–spa'로 입력하였고, [All groups]를 체크하지 않았다.

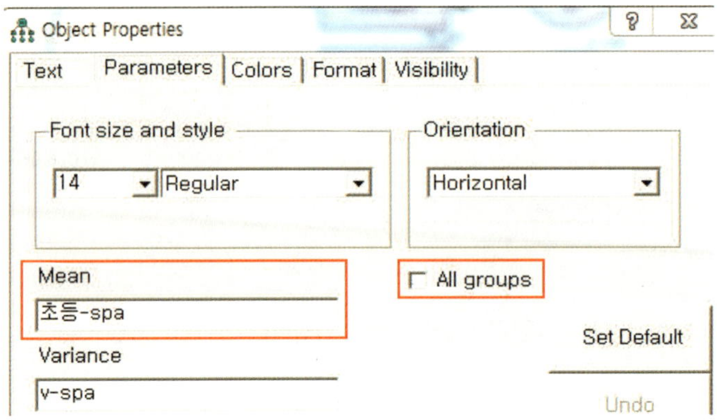

4 [input 1–16]은 각 집단의 모델설정을 보인 것이다.

input 1-16 잠재평균분석을 위한 세 집단 경로도

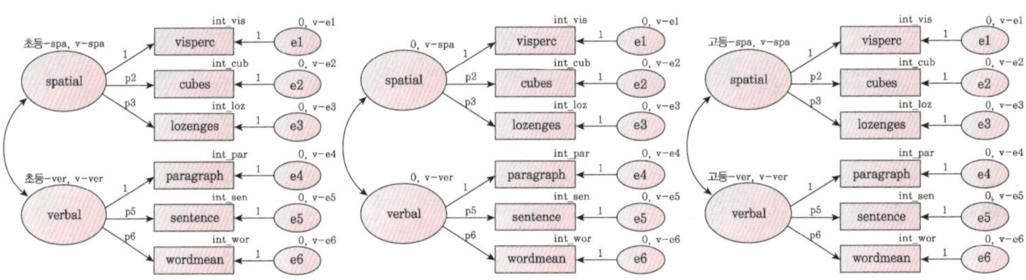

[초등] [중등] [고등]

5 이를 추정하면 다음과 같은 결과를 얻는다.

output 1-16 잠재평균분석결과: 세 집단인 경우

CMIN

Model	NPAR	CMIN	DF	P	CMIN/DF
Default model	25	40.605	56	.939	.725

Baseline Comparisons

Model	NFI Delta1	RFI rho1	IFI Delta2	TLI rho2	CFI
Default model	.919	.935	1.035	1.027	1.000

```
Means: (초등 - Default model)
              Estimate    S.E.     C.R.      P    Label
  spatial       -1.084    .842   -1.290   .197    초등_spa
  verbal          .958    .506    1.894   .058    초등_ver
Means: (고등 - Default model)
              Estimate    S.E.     C.R.      P    Label
  spatial        -.228    .829    -.275   .784    고등_spa
  verbal          .060    .503     .120   .905    고등_ver
Variances: (초등 - Default model)
              Estimate    S.E.     C.R.      P    Label
  spatial       16.608   4.183    3.970    ***    v-spa
  verbal         8.015   1.037    7.729    ***    v-ver
Variances: (중등 - Default model)
              Estimate    S.E.     C.R.      P    Label
  spatial       16.608   4.183    3.970    ***    v-spa
  verbal         8.015   1.037    7.729    ***    v-ver

Variances: (고등 - Default model)
              Estimate    S.E.     C.R.      P    Label
  spatial       16.608   4.183    3.970    ***    v-spa
  verbal         8.015   1.037    7.729    ***    v-ver
```

▌표 1-4▐ 공간 및 언어능력의 초등학교 · 중등학교 간 잠재평균 차이분석

요인	초등학교		중등학교		효과크기(d)
	잠재평균	평균	잠재평균	평균	
공간능력	-1.084	22.950	0	23.954	-0.266
언어능력	0.958	15.968	0	14.745	0.338

▌표 1-5▐ 공간 및 언어능력의 중등학교 · 고등학교 간 잠재평균 차이분석

요인	중등학교		고등학교		효과크기(d)
	잠재평균	평균	잠재평균	평균	
공간능력	0	23.954	-.228	23.676	0.056
언어능력	0	14.745	0.060	14.766	-0.021

지금까지 살펴본 바와 같이, 어느 수준에서 잠재평균분석을 하느냐에 따라 평균값의 상대적 차이가 약간 있음을 알 수 있다.

참고문헌

[1] 국내문헌

배병렬 (2014), 『Amos 21 구조방정식모델링-원리와 실제』, 서울: 도서출판 청람.

[2] 국외문헌

Cheung, G. W., and R. B. Rensvold (2002), "Evaluating Goodness-of-Fit Indexes for Testing Measurement Invariance," *Structural Equation Modeling*, 9(2), 233-55.

Cohen, J. (1988), *Statistical Power Analysis for the Behavioral Sciences,* New York, NY: Routledge.

Kline, R. B. (2005), *Principles and Practices of Structural Equation Modeling*, 2nd ed., New York, NY: Guilford Press.

Kline, R. B. (2011), *Principles and Practices of Structural Equation Modeling*, 3rd ed., New York, NY: Guilford Press.

Kline, R. B. (2016), *Principles and Practices of Structural Equation Modeling*, 4th ed., New York, NY: Guilford Press.

Meredith, W. (1993), "Measurement Invariance, Factor Analysis and Factorial Invariance," *Psychometrika,* 58, 525-43.

Millsap, R. E. (2011), *Statistical Approaches to Measurement Invariance,* New York, NY: Routledge.

Sabatelli, R. M., and S. Bartle-Haring (2003), "Family-of-Origin Experiences and Adjustment in Married Couples," *Journal of Marriage and Family*, 65(Feb.), 159-69.

Sörbom, D. (1974), "A General Method for Studying Differences in Factor Means and Factor Structure Between Groups," *British Journal of Mathematical & Statistical Psychology,* 27, 229-39.

Steenkamp, J. E. M., and H. Baumgartner (1998), "Assessing Measurement Invariance in Cross-National Consumer Research," *Journal of Consumer Research*, 25(June), 78-90.

van de Schoot, R., P. Lugtig, and J. Hox (2012), "A Checklist for Testing Measurement Invariance," *European Journal of Developmental Psychology*, 9, 486-92.

van de Schoot, R., P. Schmidt, A. De Beuckelaer, K. Lek, and M. Zondervan-Zwijnenburg (2015), "Editorial: Measurement Invariance," *Frontiers in Psychology*, 6, 1064-7.

Vandenberg, R. J. (2002), "Toward a Further Understanding of and Improvement in Measurement Invariance Methods and Procedures," *Organizational Research Methods*, 5, 139-58.

Vandenberg, R. J., and C. E. Lance (2000), "A Review and Synthesis of the Measurement Invariance Literature: Suggestions, Practices, and Recommendations for Organizational Research," *Organizational Research Methods,* 3, 4-70.

CHAPTER 2

공통방법분산

1. 공통방법분산의 의의 및 원천
2. 공통방법분산의 통제방법
3. 공통분산방법의 진단 및 편이추정

CHAPTER

2 공통방법분산

1. 공통방법분산의 의의 및 원천

1.1 공통방법분산의 의의

공통방법분산(common method variance: CMV)은 '측정하고자 하는 개념보다는 측정방법에 기인하는 분산(variance that is attributable to the measurement method rather than to the constructs the measures represent)'을 의미한다. 사회과학 및 행동과학 분야의 측정에서 일반적으로 많이 쓰이는 측정방법은 자기보고방식(self-report method)이다. 이 방식에 의해 측정하는 경우 CMV가 발생할 수 있다.

CMV는 체계적 측정오차를 야기하고, 개념 간 진실한 관계의 추정치에 편의(bias)를 야기할 수 있다. CMV가 추정치에 편의를 야기하는 것을 **공통방법편의(common method bias: CMB)** 또는 **동일원천편의(same-source bias)**라 한다. CMV가 있다 하더라도 CMB 정도가 크지 않다면 크게 문제가 되지 않는다.

SEM은 측정오차를 추정한다. 측정오차는 체계적 오차와 비체계적 오차(임의오차)로 구성되어 있다. SEM을 통해 추정한 측정오차는 이 둘의 합으로 이루어져 있다고 가정한다. CMV분석을 통해 이 둘을 분해할 수 있다.

측정변수의 분산은 속성분산(trait variance)=참분산(true variance), 방법분산(method variance)=체계적 오차(systematic error), 오차분산(error variance)=임의측정오차(random measurement error) 등의 세 가지 요소로 구성되어 있다고 가정한다. 방법분산은 체계적 오차에 해당한다. 따라서 측정변수의 분산은 다음과 같이 분해할 수 있다.

총분산=참분산+체계적 분산(공통방법분산)+비체계적 분산(임의분산)

기존 연구에서 요인분산(참분산), 방법분산 및 오차분산(임의분산)을 분해한 결과 다음과 같은 비율을 얻었다.

표 2-1 방법분산의 비율

연구자	요인분산	방법분산	오차분산
Cote & Buckley (1987)	42%	26%	32%
Williams et al. (1989)	48%	25%	21%
Buckley et al. (1990)	42%	22%	36%
Doty & Glick (1998)	46%	32%	22%
Lance et al. (2010)	40%	18%	42%

자료: Podsakoff et al. (2012), p. 544.

방법분산의 비율이 평균 25% 정도 되는 것을 알 수 있다.

1.2 공통방법분산의 원천

CMV의 발생원천은 ① 동일한 응답자로부터 측정함으로써 발생하는 **공통평가자효과(common rater effect)**, ② 항목의 특성으로 인해 발생하는 **항목특성효과(item characteristic effect)**, ③ 항목이 어떤 식으로 되어 있는가의 **항목맥락효과(item context effect)**, ④ 측정맥락이 어떤 상황인가의 **측정맥락효과(measurement context effect)** 등이 있다. CMV의 잠재적 원천을 구체적으로 정리하면 [표 2-2]와 같다.

표 2-2 CMV의 잠재적 원천

잠재적 원천	내용
공통평가자효과	독립변수와 종속변수가 동일한 응답자에 의해 측정됨으로써 생기는 문제
일관성 동기	질문에 대한 응답의 일관성을 유지하고자 하는 성향
내재적 이론	특정 속성, 행동, 결과 간에 공변량이 있을 것이라는 응답자의 신념
사회적 바람직성	항목에 대한 응답을 응답자들의 진실한 감정보다는 사회적으로 수용하는 방향으로 응답하려는 경향

관대화편의	다른 사람들이 싫어하기보다는 좋아하는 쪽으로 응답하려는 경향
묵인편의	항목의 내용보다는 어떤 한쪽으로 모두 동의하거나 또는 모두 동의하지 않으려는 경향(예/아니오 응답)
무드상태	자신 및 세계에 대해 긍정적으로 또는 부정적으로 보는 경향 '호의적 정서성'과 '부정적 정서성'
일시적 무드상태	비교적 최근의 경험으로 인해 생기는 무드(mood)가 자신 및 세계를 어떻게 보느냐의 문제
항목특성효과	항목이 갖고 있는 속성 또는 특징 때문에 항목을 해석하는 데서 생기는 문제
항목의 사회적 바람직성	항목이 사회적으로 바람직한 방향으로 기술되어 있어 생기는 문제
항목의 요구특성	항목이 어떤 식으로 응답을 해야 되는지 암시적 단서가 제공되어 생기는 문제
항목의 모호성	항목이 애매하게 기술되어 있어 어떻게 응답을 해야 되는지 잘 모르는 문제
동일척도형식	항목이 동일한 척도(예: 리커트척도, 어의차이척도) 형식으로 되어서 생기는 문제
동일척도기준점	항목의 척도기준이 동일해서 생기는 문제
긍정적/부정적 항목 기술	항목을 어떤 식으로(예: 긍정적 또는 부정적) 기술하느냐에 따라 응답이 달라지느냐의 문제
항목맥락효과	항목 간의 관계 때문에 응답자가 항목을 어떻게 해석하느냐의 문제
항목프라이밍효과	독립변수(또는 종속변수)가 응답자에게 너무 강조되어 다른 변수의 인과관계에 영향을 줄 수 있음
항목내재성	중립적 항목이 긍정적 또는 부정적으로 기술된 항목 내에 평가에 영향을 받을 수 있음
맥락에 기초한 무드	처음의 몇몇 질문이 나머지 항목에 영향을 줄 수 있는 문제
척도길이	척도가 소수의 항목으로 되어 있을 경우 이전의 항목이 다른 항목의 반응에 영향을 줄 수 있음
항목 또는 개념의 그루핑(grouping)	항목이 서로 다른 개념에 묶여 있을 때 상관계수에 영향을 줄 수 있음
측정맥락효과	측정이 이루어지는 상황(맥락)에 의해 발생하는 문제
독립변수와 종속변수를 동일시점에서 측정	서로 다른 개념을 동일시점에 측정하여 생기는 문제
독립변수와 종속변수를 동일장소에서 측정	서로 다른 개념을 동일장소에서 측정하여 생기는 문제
독립변수와 종속변수를 동일매체에 의해 측정	서로 다른 개념을 동일매체를 이용해 측정하여 생기는 문제

자료: Podsakoff et al. (2003), p. 882.

2. 공통방법분산의 통제방법

공통방법분산을 통제하는 방법은 ① 연구절차의 설계를 통해 사전(ex-ante)에 통제하는 방법, ② 통계적으로 사후(ex-post)에 통제하는 방법이 있다. 사전에 통제하는 방법은 '절차적 통제'에 해당하고, 사후에 통제하는 방법은 '통계적 통제'에 해당한다. 이하에서 이에 대해 구체적으로 살펴보기로 한다.

2.1 절차적 통제

CMV의 **절차적 통제(procedural remedy)**는 앞서 살펴본 CMV의 잠재적 원천을 연구설계 과정에서 미리(사전에) 고려하고 반영하여 통제를 하는 것을 의미한다. 이에는 다음과 같은 방법들이 있다.

1) 독립변수와 종속변수를 다른 원천으로부터 얻는다

공통방법분산이 생기는 이유 가운데 하나는 독립변수와 종속변수를 동일한 평가자 또는 원천으로부터 측정하기 때문이다. 공통방법분산을 통제하기 위해 독립변수와 종속변수를 각각 다른 원천으로부터 얻는다. 예를 들어, '리더의 행동'이 '종업원의 성과'에 주는 영향에 관심이 있다고 가정한다. 이 경우, 리더의 행동에 관한 자료는 종업원으로부터 얻고, 종업원의 성과에 관한 자료는 리더로부터 얻을 수 있다. 마찬가지로, '조직문화'와 '조직성과' 간의 관계에 관심이 있다고 가정한다. 이 경우, 조직문화는 핵심정보원(key informant)으로부터 얻고, 조직성과는 2차자료(예: 기업의 재무제표자료)를 통해 얻을 수 있다.

2) 시간적 · 심리적 · 방법론적으로 독립변수와 종속변수를 분리해서 측정한다

독립변수와 종속변수를 각기 다른 원천으로부터 얻기가 쉽지 않은 경우에는 독립변수와 종속변수를 시차를 두고 측정할 수 있다. 또는 설문지의 표지에 독립변수의 측정이 종속변수의 측정과는 관련이 없다는 것을 명확히 기술하여 독립변수와 종속변수를 분리할 수 있다. 방법론적으로는 독립변수와 종속변수를 측정하는 척도형태, 측정매체, 측정장소 등을 다르게 측정하는 것도 하나의 방법이다. 즉, 독립변수와 종속변수에 따라 척도형태를 다르게(예: 리커트척도, 어의차이척도 등), 측정매체를 다르게(예: 컴퓨터 이용,

자기보고 또는 대인인터뷰 등) 또는 측정장소를 다르게(예: 다른 방, 다른 장소 등) 측정한다.

3) 응답자의 익명성을 보장하고, 틀리고 맞는 문제가 없기 때문에 응답자의 진실한 감정을 표현하도록 요청한다

설문문항에 진솔한 자세로 응답해 줄 것을 요청한다.

4) 문항을 명확히 기술한다

응답자가 문항을 정확히 이해할 수 있도록 문항을 명확히 기술한다. 이러한 면에서 애매한 용어를 사용하지 말고, 이중질문(double-barreled question)을 하지 않는다.

5) 긍정적 문항과 부정적 문항의 균형을 맞춘다

설문문항을 만들 때 긍정적인 문항과 부정적인 문항의 수를 균형을 맞춘다.

2.2 통계적 통제

CMV의 **통계적 통제(statistical control)**에 관해서는 여러 가지 방법이 논의되고 있다. 이에 대해 다음 절에서 보다 자세히 살펴보기로 한다.

3. 공통방법분산의 진단 및 편의추정

CMV를 진단하고 편의(bias)를 추정하기 위한 여러 가지 통계적 방법들이 논의되고 있다. 이 가운데 ① 단일요인검증, ② 마커변수기법, ③ 확인적 요인분석 마커기법, ④ 직접 측정한 잠재방법요인기법, ⑤ 측정하지 않은 잠재방법요인기법, ⑥ 구조계수의 유의도 변화 검토 등에 관해 살펴보기로 한다. ①, ③, ④, ⑤는 측정모델의 평가에 의해 이루어지고, ⑥은 구조모델의 평가에 의해 이루어진다.

3.1 Harman의 단일요인검증

Harman의 단일요인검증(single-factor test)은 연구에 포함된 모든 항목을 대상으로 첫째, 탐색적 요인분석(EFA)을 실시하여 ① 비회전 요인기법에 의해 단일요인이 추출되거나, ② 요인을 회전하여 얻은 첫 번째 요인이 상당한 분산을 설명하면 CMV가 있다고 해석한다. 둘째, 요인의 수를 하나로 해서 확인적 요인분석(CFA)을 한 결과 적합도가 좋지 않게 나오면 CMV가 없다고 해석한다.

이 방법은 쉽고 직관적이라는 장점이 있기는 하나, 적은 수준 또는 중간 수준의 CMV 효과를 탐지하지 못하는 단점이 있다. 또한 어느 정도의 분산이 CMV가 있다고 할 수 있는가에 관해 명확히 정해진 기준이 없다는 문제가 있다. 학자에 따라 최대 50%까지는 문제가 되지 않는다고 주장한다. 그러므로 이 방법은 최후의 수단으로 이용하는 것이 좋다.

1) EFA에 의한 방법

본서 CD의 [chap2]에 있는 자료[cmv-data.sav]를 통해 이에 대해 살펴보기로 한다. 연구에 9개의 항목(v1부터 v9)이 있다고 가정한다. v10에서 v12는 마커변수라 가정한다.

	V1	V2	V3	V4	V5	V6	V7	V8	V9	V10	V11	V12
1	5	6	5	6	5	1	1	1	1	5	2	1
2	6	7	6	6	6	1	1	1	1	2	2	2
3	5	5	5	5	4	2	1	1	2	3	1	1
4	5	5	5	4	4	4	4	4	4	3	3	3
5	6	6	4	6	7	4	4	5	5	5	2	5
6	4	4	5	3	5	4	4	4	4	1	2	4
7	6	6	3	3	6	5	6	6	6	1	1	6
8	6	4	3	4	6	2	2	2	2	3	2	3
9	6	5	4	4	4	5	6	6	6	4	5	5
10	1	1	3	1	1	6	7	7	7	6	2	6

EFA에 의한 CMV분석은 두 가지 방법이 있다.

(1) 비회전 주성분분석(unrotated principal components analysis)에 의한 방법

① 고유값 기준에 의한 방법

[요인추출]에서 방법은 [주성분], 추출은 [고유값 기준]으로 한다. [요인회전]은 [지정하지 않음]으로 설정하여 분석한다. 분석결과, 요인이 하나로 추출되지 않고 첫 번째 요인의 분산이 50% 이하이면 CMV가 없다고 해석한다. 요인의 수가 하나로 추출되고 그 요인의 설명분산이 50% 이상이면 CMV가 있다고 해석한다. 본 예에서는 요인의 수가 두 개로 추출되었고, 첫 번째 요인의 분산이 44.48%로 50% 이하이어 CMV가 없다고 해석한다.

❙ 표 2-3 ❙ 단일요인분석

설명된 총분산						
성분	초기 고유값			추출 제곱합 적재량		
	전체	% 분산	누적 %	전체	% 분산	누적 %
1	4.003	44.481	44.481	4.003	44.481	44.481
2	2.995	33.273	77.754	2.995	33.273	77.754
3	.579	6.429	84.184			
4	.382	4.240	88.424			
5	.285	3.164	91.588			
6	.268	2.974	94.562			
7	.221	2.459	97.021			
8	.149	1.651	98.672			
9	.119	1.328	100.000			
추출 방법: 주성분 분석						

② 고정된 요인 수를 1개로 지정하는 방법

이 방법은 앞의 방법과 동일하나, 요인을 추출할 때 [고정된 요인 수]를 1개로 지정하는 방법이다. 추출된 요인분산이 50% 이하이어서 CMV가 없다고 해석한다.

❙ 표 2-4 ❙ 고정된 요인 수를 1로 지정한 결과

설명된 총분산						
성분	초기 고유값			추출 제곱합 적재량		
	전체	% 분산	누적 %	전체	% 분산	누적 %
1	4.003	44.481	44.481	4.003	44.481	44.481
2	2.995	33.273	77.754			
3	.579	6.429	84.184			
4	.382	4.240	88.424			
5	.285	3.164	91.588			
6	.268	2.974	94.562			
7	.221	2.459	97.021			
8	.149	1.651	98.672			
9	.119	1.328	100.000			
추출 방법: 주성분 분석						

(2) 베리맥스(varimax) 회전에 의한 방법

베리맥스 회전에 의한 주축요인추출(principal axis factoring with varimax rotation) 또는 베리맥스 회전에 의한 최대우도(maximum likelihood with varimax rotation)에 의

해 하는 방법이 있다. 요인분석에서 [요인추출]은 [주축요인]으로 [요인회전]은 [베리맥스]로 설정하여 분석을 한다. 아래는 베리맥스 회전에 의한 주축요인추출의 결과이다. 추출 제곱합 적재량이 41.45%로 50%를 넘지 않아 CMV가 없다고 해석한다.

| 표 2-5 | 요인분석 결과

설명된 총분산									
요인	초기 고유값			추출 제곱합 적재량			회전 제곱합 적재량		
	전체	% 분산	누적 %	전체	% 분산	누적 %	전체	% 분산	누적 %
1	4.003	44.481	44.481	3.731	41.454	41.454	3.455	38.385	38.385
2	2.995	33.273	77.754	2.743	30.477	71.930	3.019	33.546	71.930
3	.579	6.429	84.184						
4	.382	4.240	88.424						
5	.285	3.164	91.588						
6	.268	2.974	94.562						
7	.221	2.459	97.021						
8	.149	1.651	98.672						
9	.119	1.328	100.000						

추출 방법: 주축요인추출

2) CFA에 의한 방법

CFA에 의해 분석하는 것에 대해 살펴보기로 한다. 연구에 포함된 모든 변수를 대상으로 단일요인모델을 설정한다.

input harman ••• Harman의 단일요인모델

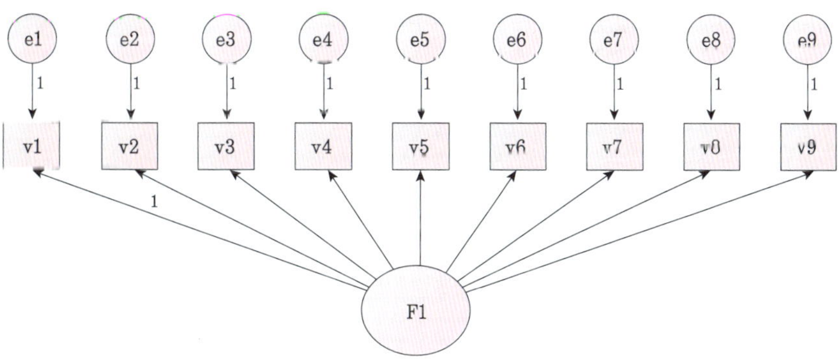

이를 분석하면 다음과 같은 결과를 얻는다.

output harman ••• 단일요인모델 분석결과

CMIN

Model	NPAR	CMIN	DF	P	CMIN/DF
Default model	18	686.606	27	.000	25.430

Baseline Comparisons

Model	NFI Delta1	RFI rho1	IFI Delta2	TLI rho2	CFI
Default model	.509	.346	.519	.355	.516

단일요인에 의한 분석결과 적합도가 좋지 않아 CMV가 없다고 해석한다.

3.2 마커변수기법

마커변수기법(marker variable technique)은 Lindell & Whitney(2001)에 의해 제안되었다. **마커변수(marker variable)**란 연구에 포함된 잠재변수와 이론적으로 아무런 관련이 없는 변수를 말한다. 자료를 수집할 때 이 변수를 미리 포함하여 측정한다. 신뢰로운 CMV 추정치를 얻기 위해서는 마커변수가 자료를 수집하기 전에 신중히 고려되어야 한다. 마커변수기법에 의해 CMV를 진단하기 위해 다음과 같은 절차를 따른다.

① 마커변수와 연구에 포함된 변수 간에 가장 작은 값(이를 r_s라 함)을 방법분산의 추정치로 이용한다.

② 다음 공식에 의해 연구에 포함된 모든 변수에 대해 **영차상관(zero-order correlation)**을 조정한다. 이를 통해 얻어진 값은 **편상관(partial correlation)**이 된다. 이를 **1차 상관(first-order correlation)**이라고도 한다.

$$r_{Yi.M} = \frac{r_{Y.i} - r_s}{1 - r_s} \qquad (1)$$

③ 식 (1)에서 얻어진 값이 통계적으로 유의적인가를 다음 공식에 의해 구한다.

$$t_{\alpha/2,\ n-3} = \frac{r_{Yi.M}}{\sqrt{(1 - r^2_{Y_i.M})/(n-3)}} \qquad (2)$$

④ 식 (1)의 편상관을 계산하는 데 있어 임의측정오차가 상관계수를 축소시킬 수 있어 편상관이 측정오차에 의해 편의(bias)될 수 있다. 이를 교정하기 위해 변수의 신뢰도를 토대로 교정을 한다. 이를 위한 공식은 다음과 같다. 이 식에서 r_{ii}는 변수의 신뢰도값이다.

$$\hat{r}_{Yi.M} = \frac{(r_{Yi} - r_s)}{(r_{ii} - r_s)} \tag{3}$$

이 값이 **축소에 대한 교정(correction for attenuation)**이다. 이 값은 항상 식 (1)에서 얻은 편상관보다 크다 즉 $\hat{r}_{Yi.M} \geq r_{Yi.M}$이 된다.

Lindell & Whitney(2001)에 소개된 예를 통해 마커변수기법에 대해 살펴보기로 한다. 조직분위기가 멤버참여에 미치는 효과를 연구한다고 가정한다. 독립변수인 조직분위기로 리더특성(X_1), 역할특성(X_2), 팀특성(X_3), 직무특성(X_4)을 고려하였고, 멤버참여(Y)가 종속변수로 이용되었다. 마커변수로 결혼만족(X_5)이 이용되었다. 이들 변수 간의 상관계수는 [표 2-6]과 같다.

표 2-6 상관계수

Scale	X_1	X_2	X_3	X_4	X_5	Y
X_1	.93					
X_2	.22**	.89				
X_3	.28**	.12	.83			
X_4	.15*	.15*	.40**	.87		
X_5	.14	.09	.15*	.12	.84	
Y	.19**	.14	.42**	.34**	.08	.82
$r_{Yi.M}$	.12	.07	.37**	.28**	.00	
$\hat{r}_{Yi.M}$	.13	.07	.45	.33	.00	

주: 대각선에 있는 값은 척도신뢰도(scale reliability)임. $^*p < .05$, $^{**}p < .01$, $N=87$

X_1의 $r_{Yi.M}$값 .12는 다음과 같이 계산된다. 여기에서 .08은 X_5와 연구에 포함된 변수(X_1, X_2, X_3, X_4, Y)들 간의 상관계수 가운데 가장 작은 값(r_s)이다. 두 번째로 작은

값은 X_5와 X_2 간의 상관계수 .09이다.

$$\frac{(.19-.08)}{(1-.08)}=\frac{.11}{.92}=.12$$

이 값(.12)의 통계적 유의도는 $\alpha=0.05$ 수준에서 다음과 같이 계산된다.

$$t_{0.05/2,\,84}=\frac{.12}{\sqrt{(1-0.0144)/84}}=\frac{.12}{\sqrt{.0117}}=1.11$$

이 값을 $t-$분포에서 보면 $\alpha=0.025,\ df=84$의 임계치는 1.96이므로 유의적이지 않다. X_1의 $\hat{r}_{Yi.M}$ 값 .13은 다음과 같이 계산된다. 여기에서 .93은 X_1의 척도신뢰도값이다. 나머지 값들도 이 식에 의해 구해진다. 이들 값($\hat{r}_{Yi.M}$)의 유의도는 계산할 수 없다.

$$\frac{.19-.08}{.93-.08}=\frac{.11}{.85}=.13$$

[표 2-6]을 보면 X_2 상관(.14)은 CMV 조정 전에도 유의적이지 않다. 마커변수 가운데 가장 작은 값인 .08을 이용하여 식 (1)에 대입하여 구한 CMV를 통제한 상태에서 구한 X_1은 통계적으로 유이적이지 않다. 그러나 X_3과 X_4는 CMV가 통제된 상태에서도 통계적으로 유의적인 것으로 나타난다. 마지막으로, 종속변수와 관련된 모든 4개 변수의 **축소되지 않은 편상관(disattenuated partial correlation)**은 **1차편상관(first-order partial correlation)**보다 약간 큼을 알 수 있다. 결론적으로 X_3과 X_4가 CMV가 있다고 해석한다.

3.3 확인적 요인분석 마커기법

확인적 요인분석 마커기법(CFA marker technique)은 확인적 요인분석과 마커기법이 혼합된 분석법이다. 이 기법은 Williams 등(2010)에 의해 제안되었다. 이 방법에 의해 CMB를 진단하기 위해 다음과 같은 5개의 모델을 추정한다.

1) 모델 1: CFA 모델

모델 1은 ① 연구에 포함된 실질적 잠재변수(F1, F2) 간에 상관을 허용하고, ② 마커변수에 해당하는 잠재변수와 실질적 잠재변수 간에는 상관을 허용하지 않고, 마커변수의 잠재변수로부터 관측변수로 향하는 요인적재량과 오차분산을 추정한다. 이 모델을 추정할 때 모델설정은 준거변수 설정법이 아닌 단위분산 설정법으로 한다.

input cfa-1 모델 1: 단위분산 설정법

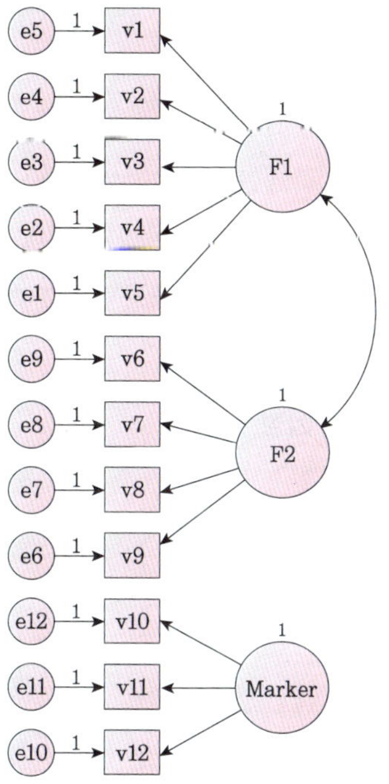

[input cfa-1]을 추정하면 다음과 같은 적합도 및 모수치를 얻는다.

output cfa-1 모델 1의 추정결과

CMIN

Model	NPAR	CMIN	DF	P	CMIN/DF
Default model	25	122.754	53	.000	2.316

Baseline Comparisons

Model	NFI Delta1	RFI rho1	IFI Delta2	TLI rho2	CFI
Default model	.916	.896	.951	.938	.950

Regression Weights: (Group number 1 - Default model)

			Estimate	S.E.	C.R.	P	Label
V12	<---	Marker	.925	.277	3.335	***	
V11	<---	Marker	.286	.098	2.924	.003	
V10	<---	Marker	.746	.232	3.210	0.001	

Variances: (Group number 1 - Default model)

	Estimate	S.E.	C.R.	P	Label
e10	2.110	.514	4.104	***	
e11	.634	.078	8.120	***	
e12	2.149	.374	5.746	***	

2) 모델 2: 기준모델(Baseline model)

모델 2는 ① 실질적 잠재변수 간에는 상관을 설정하고, ② 마커요인과 실질적 잠재변수 간에는 상관을 설정하지 않고, ③ 마커요인의 적재량과 오차분산은 모델 1에서 얻은 값으로 고정한다. 이때 요인적재량과 오차분산은 비표준화계수를 이용하여 고정한다.

input baseline-1 ••• **기준모델 설정**

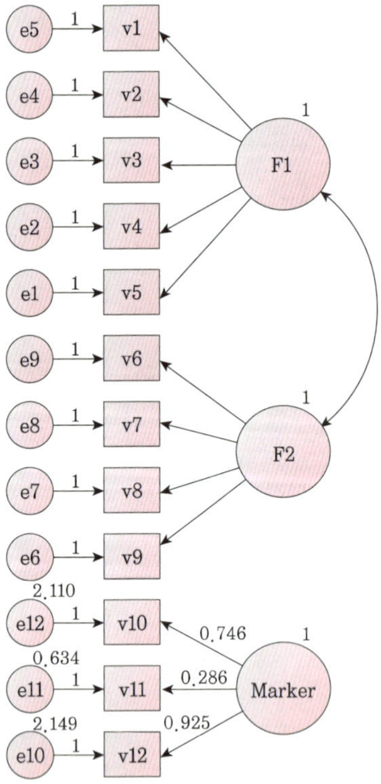

추정치계산 아이콘(▥)을 누르면 다음과 같은 경고메시지가 나온다.

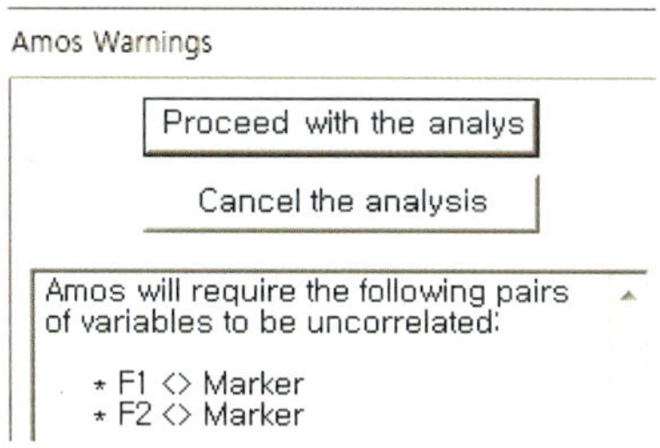

이 경고메시지가 나오면 [Proceed with the analysis] 버튼을 누르고 실행하면 된다. 이하에서 모델을 추정할 때 이 경고메시지가 나오면 모두 이런 식으로 실행하면 된다. 모델 2를 추정하면 다음과 같은 적합도 및 모수치를 얻는다.

output baseline-1 ••• **기준모델의 추정 결과**

CMIN

Model	NPAR	CMIN	DF	P	CMIN/DF
Default model	19	122.796	59	.0000	2.081

Baseline Comparisons

Model	NFI Delta1	RFI rho1	IFI Delta2	TLI rho2	CFI
Default model	.916	.906	.955	.949	.955

Correlations: (Group number 1 - Default model)

			Estimate
F1	<-->	F2	.137

3) 모델 3: 방법제약모델(Method-constrained model: Method-C)

모델 3은 모델 2와 같으나, 마커요인으로부터 실질적 잠재변수에 해당하는 관측변수로 연결하고 이들을 모두 동일하게 제약을 한 모델이다. 모수의 동일제약을 위해 경로 위에 동일한 문자를(예: a) 입력한다.

input method-c-1 ••• **방법동일제약모델**

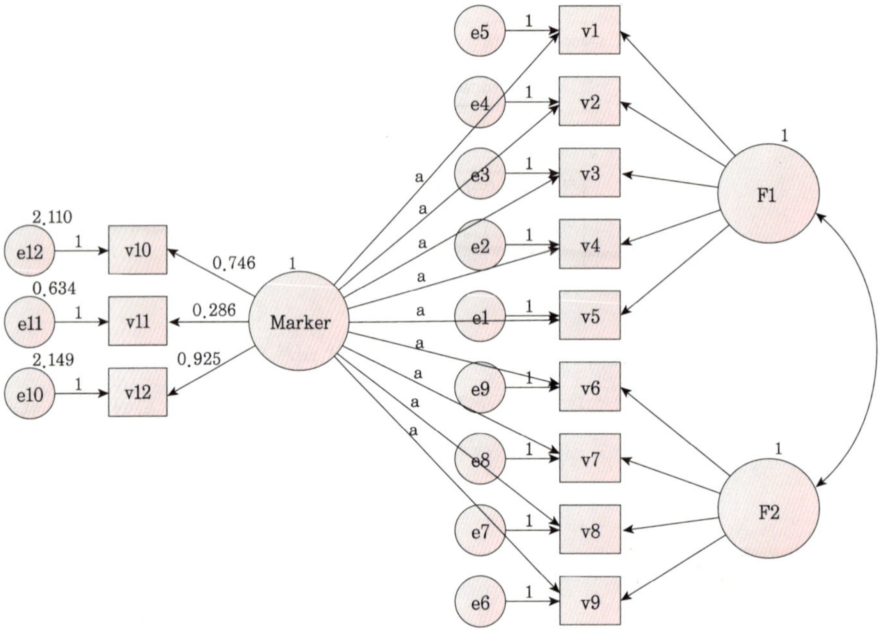

이를 추정하면 다음과 같은 결과를 얻는다.

output method-c-1 ••• **방법동일제약모델 분석결과**

CMIN

Model	NPAR	CMIN	DF	P	CMIN/DF
Default model	20	120.334	58	.000	2.075

Baseline Comparisons

Model	NFI Delta1	RFI rho1	IFI Delta2	TLI rho2	CFI
Default model	.918	.907	.956	.949	.956

4) 모델 4: 방법비제약모델(Method-unconstrained model: Method-U)

모델 4는 모델 3과 동일하나 제약을 하지 않는 모델이다.

input method-u-1 ••• 방법비제약모델

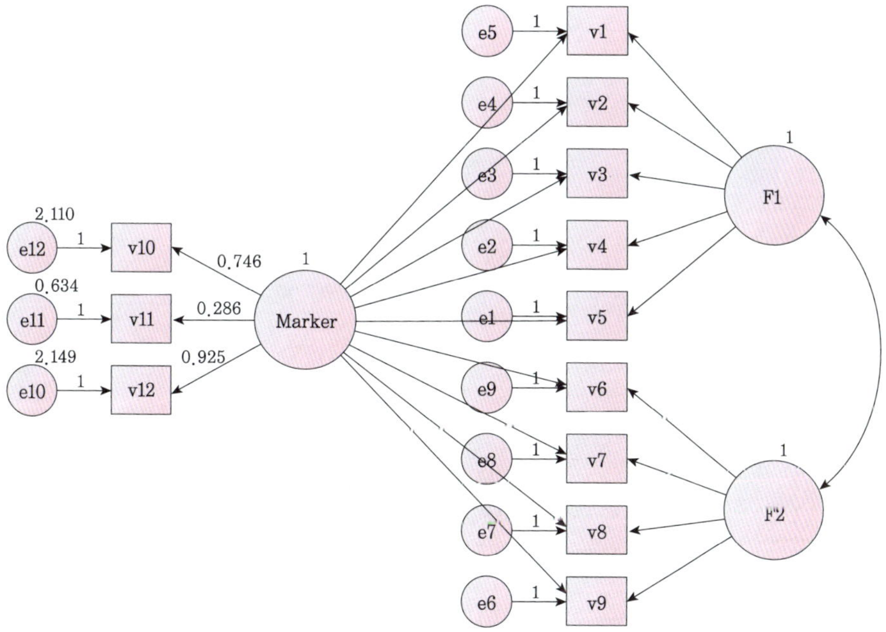

이를 추정하면 다음과 같은 결과를 얻는다.

output method-u-1 ••• 방법비제약모델 분석결과

CMIN

Model	NPAR	CMIN	DF	P	CMIN/DF
Default model	28	114.736	50	.000	2.295

Baseline Comparisons

Model	NFI Delta1	RFI rho1	IFI Delta2	TLI rho2	CFI
Default model	.922	.897	.954	.939	.954

5) 모델 5: 방법제약모델(Method-restriction model: Method-R)

모델 5는 'Method-C model'과 'Method-U model' 가운데 어떤 모델이 시지되는가를 확인한 후 'Baseline model'에서 얻은 잠재요인 간의 상관을 고정하는 모델이다. 이 분석에서는 'Method-C model'이 지지되기 때문에 이 모델에 'Baseline model'에서 얻은 'F1'과 'F2' 간의 상관값(.137)을 고정시킨다.

input method-r-1 ••• 방법제약모델

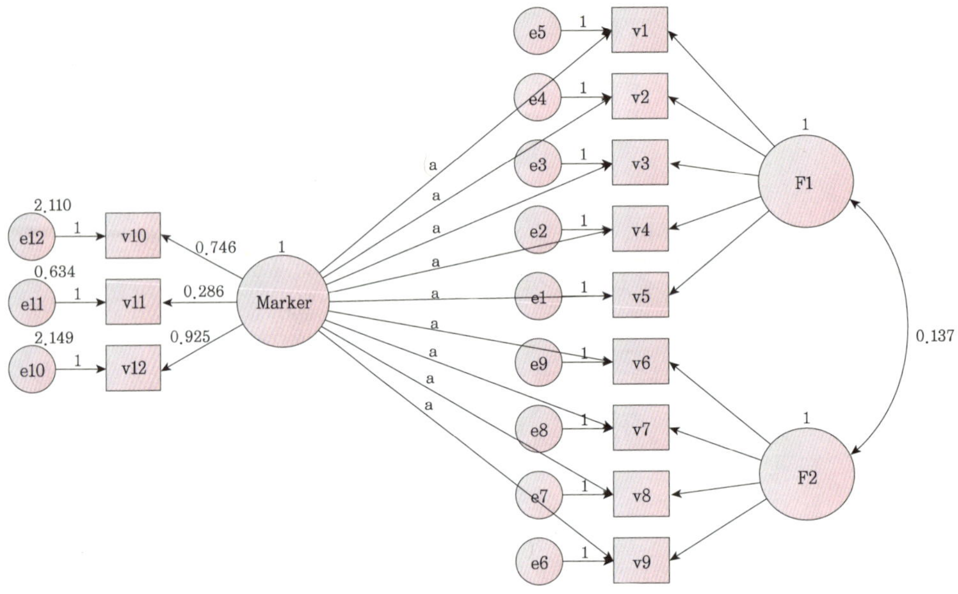

이를 추정하면 다음과 같은 결과를 얻는다.

output method-r-1 ••• 방법제약모델 분석결과

CMIN

Model	NPAR	CMIN	DF	P	CMIN/DF
Default model	19	120.366	59	.000	2.040

Baseline Comparisons

Model	NFI Delta1	RFI rho1	IFI Delta2	TLI rho2	CFI
Default model	.918	.908	.956	.951	.956

지금까지 분석한 결과를 토대로 모델비교를 한다.

'Baseline model'과 'Method-C model'을 비교하는 목적은 마커변수와 관련된 방법요인의 적재량이 같다는 귀무가설을 검증하기 위한 것이다. 이 비교를 통해 마커변수와 관련된 방법분산의 존재 여부를 알 수 있다. 이 비교를 통해 유의적인 차이가 있으면 CMV가 있고, 유의적이지 않으면 CMV가 없다고 해석한다. 이 분석에서는 유의적인 차이가 없어 CMV가 없다고 해석한다.

| 표 2-7 | CFA 마커기법에 의한 모델비교

Model	χ^2	*df*		CFI
1. CFA model	122.754	53		.950
2. Baseline model	122.796	59		.955
3. Method-C model	120.334	58		.956
4. Method-U model	114.736	50		.954
5. Method-R model	120.366	59		.956
chi-square model comparison test				
	$\Delta\chi^2$	Δdf	χ^2임계치 (α=0.05)	비고
1. Baseline vs. Method-C	2.462	1	3.84	비유의적
2. Method-C vs. Method U	5.598	8	15.51	비유의적
3. Method-U vs. Method-R	5.63	9	16.92	비유의적

'Method-C model'과 'Method-U model'을 비교하는 목적은 방법분산효과가 동일한지 아니면 동일하지 않은지를 검증하기 위함이다. 이 분석에서는 유의적인 차이가 없어 방법분산의 효과가 동일하다는 모델이 채택된다.

'Method-U model'과 'Method-R model'을 비교하는 목적은 잠재방법 요인으로 인해 실질적인 잠재요인 간의 상관이 편의(bias)가 있는가를 검증하기 위해서다. 이는 'Method-C model'과 'Method-U model'의 비교에서 어떤 모델이 더 적합한가에 따라 비교의 대상이 결정된다. 즉 'Method-C model'이 더 적합하면 이 모델과 'Method-R model'을 비교하고, 'Method-U model'이 더 적합하면 이 모델과 'Method-R model'을 비교한다. 이 분석에서는 'Method-C model'이 더 적합하므로 이 모델과 'Method-R model'을 비교한다. 비교결과 $\Delta\chi^2=5.63$, $\Delta df=9$로 유의적인 차이가 없어 잠재방법요인이 실질적인 요인의 상관에 영향을 주지 않는다고 해석한다.

3.4 직접 측정한 잠재방법요인기법

직접 측정한 잠재방법요인기법(directly measured latent method factor technique)은 방법분산을 야기할 것으로 예상되는 변수를 미리 측정하여 연구에 포함하는 접근법이다. 즉, '사회적 바람직성'이나 '긍정적 정서성' 또는 '부정적 정서성'과 같은 방법분산의 원천을 미리 측정하여 이를 모델에 반영한다.

이 방법은 방법요인의 측정오차를 추정할 수 있고, 개별 측정변수에 대한 방법요인의 효과가 동일하도록 제약을 하지 않는 장점이 있다. 단점으로는 연구자가 고려 중인 연구에서 방법편의의 원천에 대해 미리 알아야 하고, 이를 직접 측정할 수 있어야 한다는 점이다.

이 기법에 의해 CMV를 진단하기 위해 방법분산의 원천을 측정한 잠재변수가 연구에 포함된 모든 관측변수에 연결되도록 모델을 설정한다. 이의 모델설정을 나타내면 [그림 2-1]과 같다.

그림 2-1 **직접 측정한 잠재방법요인기법 모델**

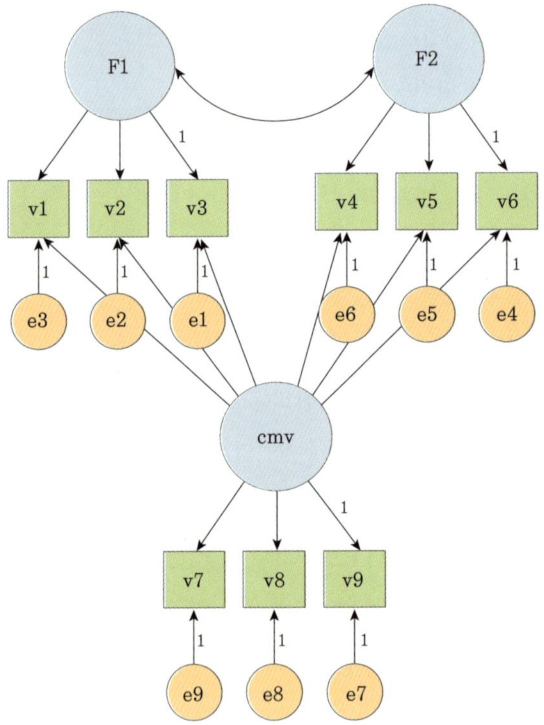

이하에서 임의의 자료를 통해 이 기법에 의해 방법분산효과를 검토하는 것에 대해 살펴보기로 한다. 이 자료에 의해 분석하면 식별문제가 있기는 하나, 어떻게 하는지에 초점을 두고 설명함을 이해하기 바란다.

예를 들어, 연구에 'F1', 'F2', 'F3' 등의 잠재변수가 있다고 가정한다. '방법분산이 있는 모델'과 '방법분산이 없는 모델'의 χ^2차이검증을 한다. χ^2차이검증 결과 유의적인 차이가 있다면 CMV가 있다고 해석한다. 방법분산이 없는 모델의 설정은 다음과 같다.

input dmlmf-1 ••• 방법분산이 없는 모델

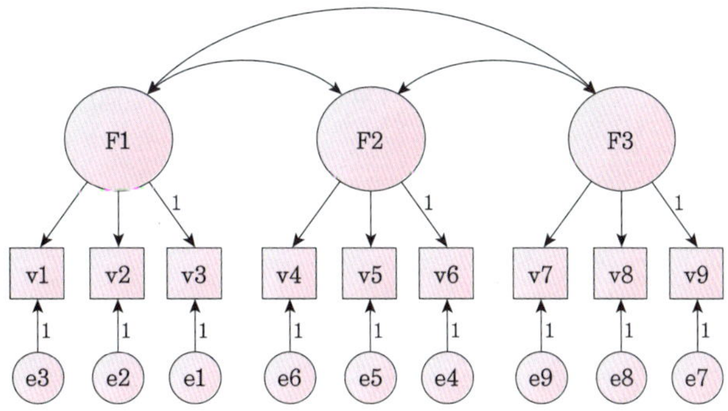

output dmlmf-1 ••• 방법분산이 없는 모델 분석결과

CMIN

Model	NPAR	CMIN	DF	P	CMIN/DF
Default model	21	243.888	24	.000	10.162

방법분산이 있는 모델의 설정은 다음과 같다. 여기에서 'F4'는 CMV 원천을 측정하기 위해 사용된 잠재변수이다.

input dmlmf-2 ••• 방법분산이 있는 모델

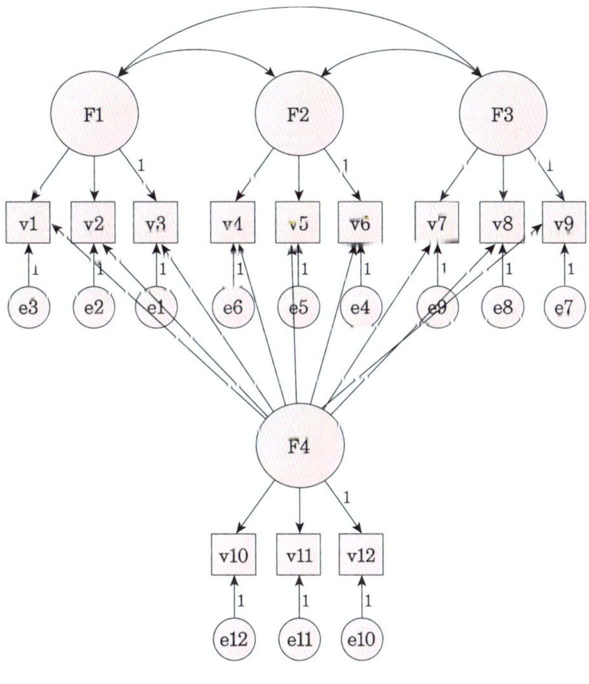

output dmlmf-2 ••• 방법분산이 있는 모델 분석결과

CMIN

Model	NPAR	CMIN	DF	P	CMIN/DF
Default model	36	120.522	42	.000	2.870

두 모델의 $\Delta\chi^2=123.366$, $\Delta df=18$로 유의적인 차이가 있어 CMV가 있다고 해석한다.

3.5 측정하지 않은 잠재방법요인기법

측정하지 않은 잠재방법요인기법(unmeasured latent method factor technique)은 방법분산의 원천을 직접 측정하지 않고 방법분산을 하나의 잠재변수로 취급하여 분석하는 방법이다. 이 방법은 방법분산의 원천을 측정할 필요가 없다는 면에서 장점이 있지만, 종종 식별문제가 생긴다는 면에서 단점이 있다. 이 방법에 의해 CMV를 진단하기 위해 다음과 같은 4개의 모델을 추정한다. 먼저 특성요인만 포함된 모델 1을 추정한다.

input ulmf ••• 모델 1: trait-only model

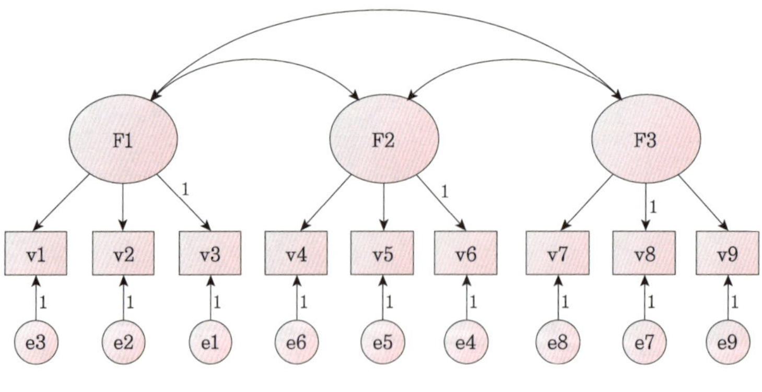

이를 추정하면 다음과 같은 결과를 얻는다.

output ulmf ••• 특성요인만 포함된 모델의 분석결과

CMIN

Model	NPAR	CMIN	DF	P	CMIN/DF
Default model	21	243.888	24	.000	10.162

Correlations: (Group number 1 - Default model)

			Estimate
F1	<-->	F2	1.038
F2	<-->	F3	.162
F1	<-->	F3	.128

방법요인만 포함된 모델 2를 추정한다.

input ulmf-1 ••• **모델 2: method-only model**

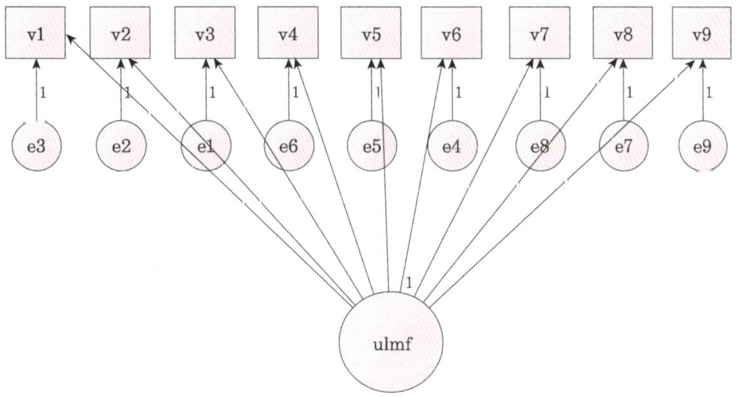

이를 추정하면 다음과 같은 결과를 얻는다.

output ulmf-1 ••• **방법요인만 포함된 모델의 분석결과**

CMIN

Model	NPAR	CMIN	DF	P	CMIN/DF
Default model	18	686.606	27	.000	25.430

방법과 요인이 결합된 모델 3을 추정한다.

input ulmf-2 ••• 모델 3: trait/method model

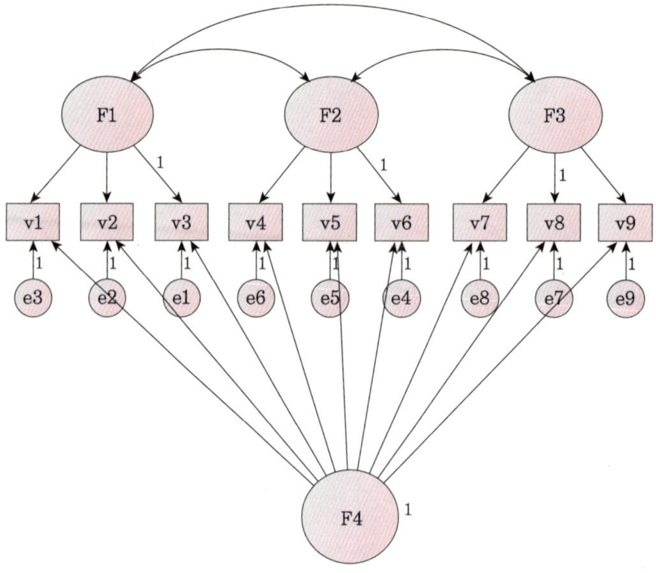

이를 추정하면 다음과 같은 결과를 얻는다.

output ulmf-2 ••• 방법/특성요인 모델의 분석결과

CMIN

Model	NPAR	CMIN	DF	P	CMIN/DF
Default model	30	53.431	15	.000	3.562

모델 4는 모델 3과 동일하나 요인 간 상관계수를 모델 1에서 추정한 값으로 고정한다.

input ulmf-3 ••• 모델 4: trait/method-R model

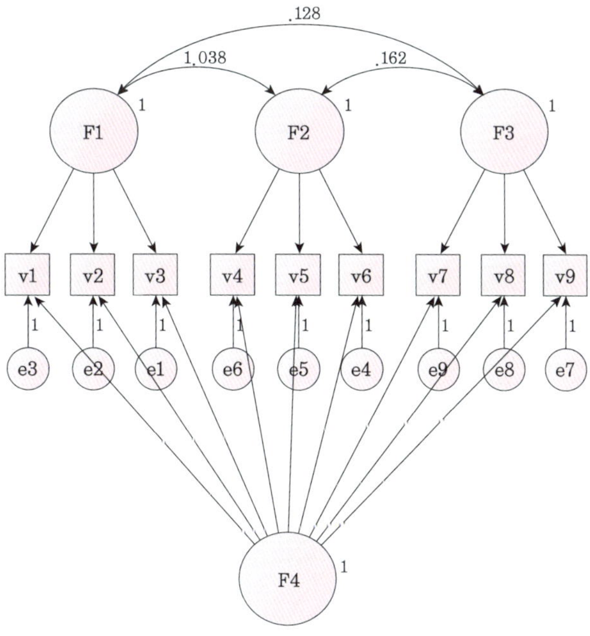

이를 추정하면 다음과 같은 결과를 얻는다.

output ulmf-3 ••• 방법/특성요인 모델과 특성 간 상관설정 모델의 분석결과

CMIN

Model	NPAR	CMIN	DF	P	CMIN/DF
Default model	27	57.148	18	.000	3.175

이들 4개의 모델을 추정한 다음, 다음과 같이 모델을 비교한다. 먼저, 모델 1과 모델 2를 비교하여 모델 1의 적합도가 좋으면 관측된 분산이 방법분산으로만 구성된 것이 아니라는 의미를 갖는다. 모델 3과 모델 1을 비교하여 모델 3의 적합도가 좋으면 방법분산이 자료에 내재되어 있음을 의미한다. 모델 4와 모델 3을 비교하여 모델 4가 유의적으로 나빠지면 CMV 때문에 편의가 있음을 의미한다.

모델 3을 추정하면 'e3' 분산이 음오차인 헤이우드 케이스를 얻는다. 따라서 이 모델은 식별문제가 있으나 그냥 진행하기로 한다. 이 모델을 추정하여 얻은 표준화계수의 값을 제곱한 후에 더해서 평균을 내면 속성, 방법, 오차의 분산값을 얻을 수 있다. 방법분산이 25% 이하이면 CMB가 없다고 해석한다. 모델 3을 추정하면 다음과 같은 표준화계수를 얻는다.

output ulmf-2 ••• 방법/특성요인 모델의 분석결과

Standardized Regression Weights: (Group number 1 - Default model)

			Estimate
V3	<---	F1	.212
V2	<---	F1	.194
V1	<---	F1	-.351
V8	<---	F3	.915
V7	<---	F3	.929
V9	<---	F3	.780
V1	<---	F4	.945
V2	<---	F4	.884
V3	<---	F4	.661
V4	<---	F4	.816
V5	<---	F4	.853
V6	<---	F4	.074
V7	<---	F4	.136
V8	<---	F4	.107
V9	<---	F4	.176

방법분산이 차지하는 비율이 .397로 25% 이상이어서 CMB가 있다고 해석한다.

3.6 구조계수의 유의도 변화 검토

Donavan 등(2004)의 연구에서 이루어진 방법을 토대로 구조계수의 유의도 변화에 대해 살펴보기로 한다. Donavan 등의 연구모델은 [input Donavan-1]과 같다. 이 모델에서 직무만족(jobsat)은 단일항목으로 측정되었기 때문에 오차는 $(1-\alpha)\sigma^2$, 경로계수는 $\sqrt{\alpha}$ 로 고정하였다(저자와의 교신에 의해 확인함). Donavan 등은 α를 0.85로 가정하였다. 직무만족의 표준편차는 1.49이기 때문에 이를 제곱하면 분산이 된다. 따라서 오차는 $(1-0.85)1.49^2 = .33$으로 고정하고, 경로계수는 $\sqrt{.85} = .92$로 고정한다.

input donavan-1 Donavan 등(2004)의 연구모델

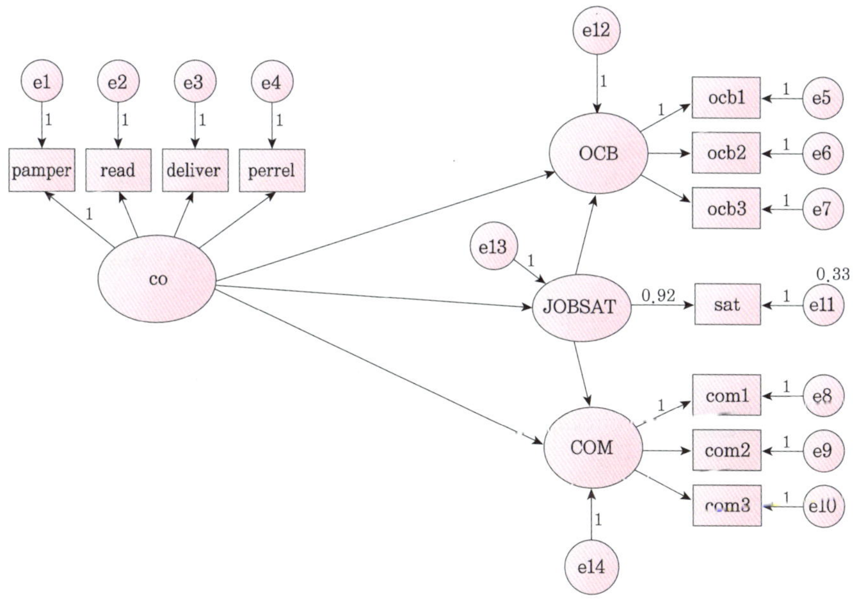

[input donavan-1]을 실행하면 다음과 같은 적합도 및 모수치를 얻는다.

output donavan-1 Donavan 등(2004)의 연구모델 추정결과

CMIN

Model	NPAR	CMIN	DF	P	CMIN/DF
Default model	26	80.982	40	.000	2.025

Baseline Comparisons

Model	NFI Delta1	RFI rho1	IFI Delta2	TLI rho2	CFI
Default model	.915	.883	.955	.937	.954

Regression Weights: (Group number 1 - Default model)

			Estimate	S.E.	C.R.	P
JOBSAT	<---	co	.528	.131	4.027	***
OCB	<---	JOBSAT	.403	.071	5.687	***
COM	<---	JOBSAT	.005	.041	.125	.901
OCB	<---	co	.331	.101	3.272	.001
COM	<---	co	.456	.078	5.819	***
pamper	<---	co	1.000			
read	<---	co	.778	.076	10.285	***
deliver	<---	co	.631	.058	10.815	***
perrel	<---	co	1.005	.078	12.921	***

ocb1	<---	OCB	1.000			
ocb2	<---	OCB	.724	.087	8.355	***
ocb3	<---	OCB	.979	.107	9.122	***
com1	<---	COM	1.000			
com2	<---	COM	1.008	.117	8.594	***
com3	<---	COM	1.125	.130	8.653	***
sat	<---	JOBSAT	.920			

Donavan 등은 Study 1에서 6개 문항을 이용하여 '사회적 바람직성 반응'(SDR)을 측정하였다. 이들은 이 문항을 하나의 지수로 만들어 분석에 이용하였다.

input donavan-2 Donavan 등(2004) 연구모델의 공통방법분산

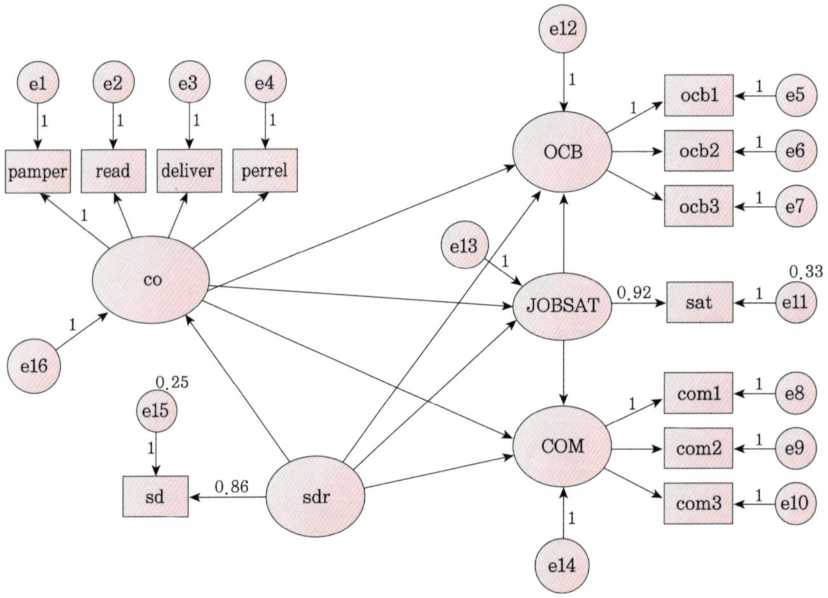

이를 실행하면 다음과 같은 적합도 및 모수치를 얻는다.

output donavan-2 Donavan 등(2004)의 공통방법분산 분석결과

CMIN

Model	NPAR	CMIN	DF	P	CMIN/DF
Default model	31	91.900	47	.000	1.955

Baseline Comparisons

Model	NFI Delta1	RFI rho1	IFI Delta2	TLI rho2	CFI
Default model	.906	.868	.952	.931	.951

Regression Weights: (Group number 1 - Default model)

			Estimate	S.E.	C.R.	P
co	<---	sdr	.338	.095	3.566	***
JOBSAT	<---	co	.503	.141	3.573	***
JOBSAT	<---	sdr	.061	.159	.382	.702
OCB	<---	JOBSAT	.404	.071	5.705	***
COM	<---	JOBSAT	.002	.040	.060	.952
OCB	<---	co	.292	.107	2.732	.006
COM	<---	co	.418	.078	5.368	***
OCB	<---	sdr	.093	.113	.825	.409
COM	<---	sdr	.110	.067	1.636	.102
pamper	<---	co	1.000			
read	<---	co	.769	.075	10.278	***
deliver	<---	co	.623	.058	10.783	***
perrel	<---	co	.993	.077	12.910	***
ocb1	<---	OCB	1.000			
ocb2	<---	OCB	.718	.086	8.348	***
ocb3	<---	OCB	.970	.106	9.121	***
com1	<---	COM	1.000			
com2	<---	COM	1.012	.118	8.572	***
com3	<---	COM	1.075	.125	8.637	***
sat	<---	JOBSAT	.920			
sd	<---	sdr	.860			

구조계수의 유의성이 변하지 않으므로 CMB가 없다고 해석한다.

지금까지 CMV를 진단하는 여러 가지 방법에 대해 살펴보았는데, Podsakoff 등(2012)은 CFA 마커기법(CFA marker technique)과 직접 측정한 잠재방법요인기법(directly measured latent method factor technique)을 추천하고 있다. 이들 방법을 이용하여 CMB를 진단하기 위해서는 설문지에 이들과 관련된 문항을 미리 포함해서 측정해야 함에 유의한다.

참고문헌

Donavan, D. T., T. J. Brown, and J. C. Mowen (2004), "Internal Benefits of Service-Worker Customer Orientation: Job Satisfaction, Commitment, and Organizational Citizenship Behaviors," *Journal of Marketing*, 68(1), 128-46.

Lindell, M. K., and D. J. Whitney (2001), "Accounting for Common Method Variance in Cross-Sectional Research Designs," *Journal of Applied Psychology*, 86(1), 114-21.

Malhotra, N. K., S. S. Kim, and A. Patil (2006), "Common Method Variance in IS Research: A Comparison of Alternative Approaches and a Reanalysis of Past Research," *Management Science*, 52(12), 1865-83.

Podsakoff, P. M., S. B. MacKenzie, and N. P. Podsakoff (2012), "Sources of Method Bias in Social Science Research and Recommendations on How to Control It," *Annual Review of Psychology*, 63(1), 539-69.

Podsakoff, P. M., S. B. MacKenzie, J. Y. Lee, and N. P. Podsakoff (2003), "Common Method Biases in Behavioral Research: A Critical Review of the Literature and Recommended Remedies," *Journal of Applied Psychology*, 88(5), 879-903.

Richardson, H. A., M. J. Simmering, and M. C. Sturman (2009), "A Tale of Three Perspectives: Examining Post Hoc Statistical Techniques for Detection and Correction of Common Method Variance," *Organizational Research Methods*, 12(4), 762-800.

Simmering, M. J., C. M. Fuller, H. A. Richardson, Y. Ocal, and G. M. Atinc (2015), "Marker Variable Choice, Reporting, and Interpretation in the Detection of Common Method Variance: A Review and Demonstration," *Organizational Research Methods*, 18(3), 473-511.

Williams, L. J., J. R. Edwards, and R. J. Vandenberg (2003), "Recent Advances in Causal Modeling Methods for Organizational and Management Research," *Journal of Management*, 29(6), 903-36.

Williams, L. J., N. Hartman, and F. Cavazotte (2010), "Method Variance and Marker Variables: A Review and Comprehensive CFA Marker Technique," *Organizational Research Methods*, 13(3), 477-514.

CHAPTER 3

종단자료분석 (Ⅰ)

CHAPTER 3

종단자료분석(Ⅰ)

1. 잠재성장모델링의 의의

잠재성장모델링(latent growth modeling: LGM) 또는 **잠재성장곡선모델링(latent growth curve modeling: LGCM)**은 적어도 3번 이상 측정된 종단자료(longitudinal data) 또는 패널자료(panel data)를 대상으로 집단 및 개인 수준에서의 변화의 크기를 추정하는 분석법이다.

LGM은 2단계에 걸쳐 분석하는 것이 일반적이다. 1단계에서는 반복측정된 변수만 포함한 모델의 변화를 분석한다. 즉 1단계에서는 반복측정된 변수들의 평균과 공분산을 설명하고자 한다. 이를 **비조건적 모델(unconditional model)**이라 한다. 예를 들어, 어린이의 신장을 일정기간에 걸쳐 측정한 후 신장의 크기가 어떻게 변화하는가를 분석한다.

비조건적 모델은 **개인 내 모델(intra-individual, within-person model)**과 **개인 간 모델(inter-individual, between-person model)**로 나눌 수 있다. 개인 내 모델은 다음과 같은 방정식으로 나타낼 수 있다.

$$y_{ij} = \alpha_i + \beta_i t_j + \epsilon_{ij}$$

여기서, y_{ij}는 시간 j에서 개인 i의 y변수의 점수, α_i는 개인 i의 초기상태, β_i는 개인 i의 변화율, t_j는 측정시간을 코드화한 값, 그리고 ϵ_{ij}는 개인 i에 대한 시간 j에서의 모델의 오차를 나타낸다. 개인 내 모델을 **1수준모델(level 1 model)**이라고도 한다.

개인 간 모델은 다음과 같은 방정식으로 나타낼 수 있다.

$$\alpha_i = \mu_\alpha + \zeta_{\alpha i}, \qquad \beta_i = \mu_\beta + \zeta_{\beta i}$$

여기서, μ_α와 μ_β는 각각 초기상태와 변화율의 집단평균을 의미하고, $\zeta_{\alpha i}$는 개인 i가 집단평균으로부터 벗어난 정도를 의미하고, $\zeta_{\beta i}$는 개인 i가 변화율로부터 벗어난 정도를 의미한다. 개인 간 모델은 **2수준모델(level 2 model)**이라고도 한다.

2단계에서는 시간에 걸친 변화를 예측할 수 있는 변수를 모델에 포함하여 분석한다. 이를 **조건적 모델(conditional model)** 또는 **예측모델(predict model)**이라 한다. 예를 들어, 어린이의 신장발달에 영향을 줄 수 있는 요인 가운데 영양상태를 모델에 포함시켜 이 영양상태가 변화에 영향을 미치는지를 분석할 수 있다.

조건적 모델도 1수준과 2수준모델로 나눌 수 있다. **시간가변공변량(time-varying covariate)**의 경우를 제외하고, 1수준 방정식은 비조건적 모델과 동일하다. 그러나 2수준 방정식은 비조건적 모델과는 다르다. 조건적 모델에서의 2수준 방정식은 절편과 기울기의 값을 결정하는 변수를 포함한다.

2차함수에 의한 **비선형 LGM(non-linear LGM)**은 다음과 같은 식으로 나타낼 수 있다.

$$y_{ij} = \alpha_i + \beta_i t_j + \beta_i t_j^2 + \epsilon_{ij}$$

SEM에 의해 LGM을 분석하기 위해서는 일반적으로 ① 적어도 3번 이상 측정된 연속변수의 종속변수가 있어야 하고, ② 시간에 걸쳐 동일한 단위를 갖는 점수가 있어야 하고, ③ 시간구조(time structured)를 갖는 자료, 즉 동일간격에 걸쳐 사례가 모두 측정되어야 한다는 전제가 필요하다. 간격은 동일할 필요는 없다. 그러나 어떤 어린이는 3개월, 6개월, 12개월, 그리고 24개월에 측정하고, 어떤 어린이는 4개월, 10개월, 15개월, 그리고 30개월에 측정했다면 서로 다른 간격의 자료가 함께 포함된 자료는 분석할 수 없다.

LGM 분석에는 원자료가 꼭 필요한 것은 아니고, 행렬요약도 가능하다. 그러나 행렬요약인 경우에는 공분산행렬(상관행렬 및 표준편차), 모든 변수의 평균(반복측정된 변수가 아니라도, 예: 성별)에 관한 정보가 있어야 한다.

2. SPSS에 의한 반복측정 분산분석

100명의 학생을 대상으로 IQ를 측정하고, 4주에 걸쳐 1분 동안 응답한 평균해답수를 측정한 자료에 의해 SPSS에 의한 **반복측정 분산분석(repeated measure ANOVA: RM**

ANOVA)과 Amos에 의한 LGM에 대해 학습하기로 한다. 다음은 자료([japan.sav]) 가운데 일부를 보인 것이다.

	iq	w1	w2	w3	w4
1	111.00	64.08	64.08	62.94	117.66
2	58.00	46.38	53.76	56.58	49.44
3	98.00	33.36	48.24	43.08	48.90
4	66.00	26.88	31.02	34.62	44.88
5	108.00	27.24	43.80	57.30	76.62
6	80.00	45.54	48.90	44.46	51.90
7	101.00	68.46	69.78	78.60	95.76
8	106.00	26.46	37.50	45.00	64.26
9	105.00	38.82	39.72	50.70	62.28
10	96.00	30.00	32.40	42.48	53.10

먼저, SPSS에 의한 반복측정 분산분석에 대해 학습하기로 한다. 이를 위해 다음과 같은 절차에 따라 한다.

1 SPSS에서 [분석] 메뉴 → [일반선형모형] → [반복측도]를 클릭한다.

2 대화상자의 [개체-내 요인이름]에 적당한 이름을 입력한다. 이 예에서는 'week'로 입력하였다. [수준 수]는 4로 입력한다. [추가] 버튼을 누른 다음, 밑에 있는 [정의] 버튼을 누른다.

3 왼쪽에 있는 w1, w2, w3 및 w4 등을 오른쪽으로 보낸다.

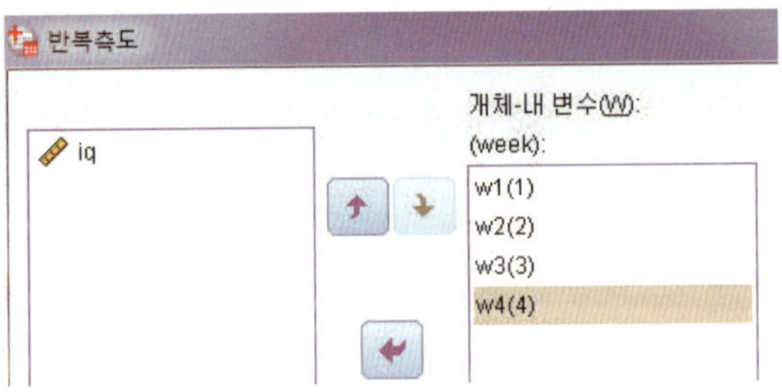

4 오른쪽 하단에 있는 [옵션] 버튼을 누른다. 왼쪽에 있는 'week'를 [평균표시기준]으로 보낸다. [주효과 비교]를 체크하고, [신뢰구간 수정]에 있는 'Sidak'을 선택한다. [표시]에서 [기술통계량]을 체크한다. 밑에 있는 [계속] 버튼을 누른다.

5 ∴ 이전 화면에 있는 [도표] 버튼을 누른다. [요인]에 있는 'week'를 [수평축 변수]로 보내고, [추가] 버튼을 누른 다음 [계속] 버튼을 누른다.

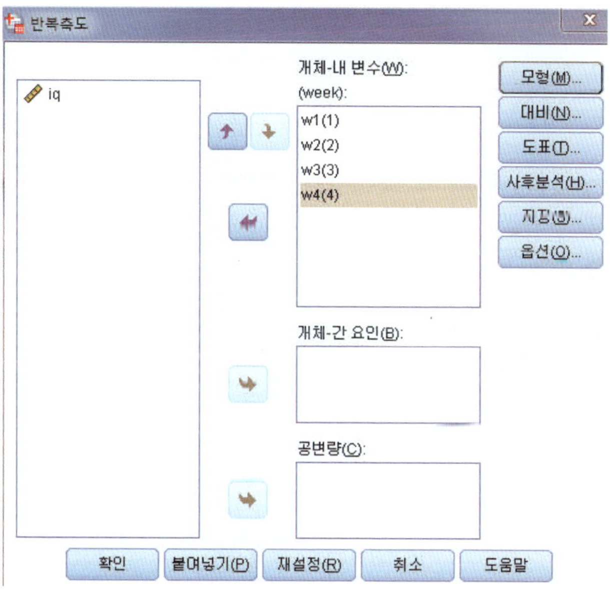

6 ∴ [확인] 버튼을 눌러 실행한다. 평균과 표준편차는 다음과 같다.

기술통계량			
	평균	표준편차	N
w1	46.6638	15.45701	100
w2	55.7766	16.16171	100
w3	63.6048	17.28265	100
w4	76.0338	21.23478	100

4주에 걸쳐 1분 동안 응답한 평균해답수가 증가하는 것을 알 수 있다. Mauchly의 구형성 검증(test of sphericity)은 기각되는 것으로 나타났다.

Mauchly의 구형성 검정[a]

측도: MEASURE_1

개체-내 효과	Mauchly의 W	근사 카이제곱	자유도	유의확률	엡실런[b]		
					Greenhouse-Geisser	Huynh-Feldt	하한
week	.772	25.340	5	.000	.848	.873	.333

정규화된 변형 종속변수의 오차 공분산행렬이 항등행렬에 비례하는 영가설을 검정합니다.

a. Design: 절편
개체-내 계획: week

b. 유의성 평균검정의 자유도를 조절할 때 사용할 수 있습니다. 수정된 검정은 개체내 효과검정 표에 나타납니다.

개체-내 효과 검정은 유의적인 것으로 나타났다.

개체-내 효과 검정

측도: MEASURE_1

소스		제 III 유형 제곱합	자유도	평균제곱	F	유의확률
week	구형성가정	46468.810	3	15489.603	151.246	.000
	Greenhouse-Geisser	46468.810	2.545	18259.393	151.246	.000
	Huynh-Feldt	46468.810	2.618	17751.617	151.246	.000
	하한	46468.810	1.000	46468.810	151.246	.000
오차 (week)	구형성가정	30416.704	297	102.413		
	Greenhouse-Geisser	30416.704	251.948	120.726		
	Huynh-Feldt	30416.704	259.155	117.369		
	하한	30416.704	99.000	307.239		

[그림 3-1]은 평균의 변화를 나타낸 것이다. 평균이 증가하는 것을 알 수 있다.

그림 3-1 평균의 변화

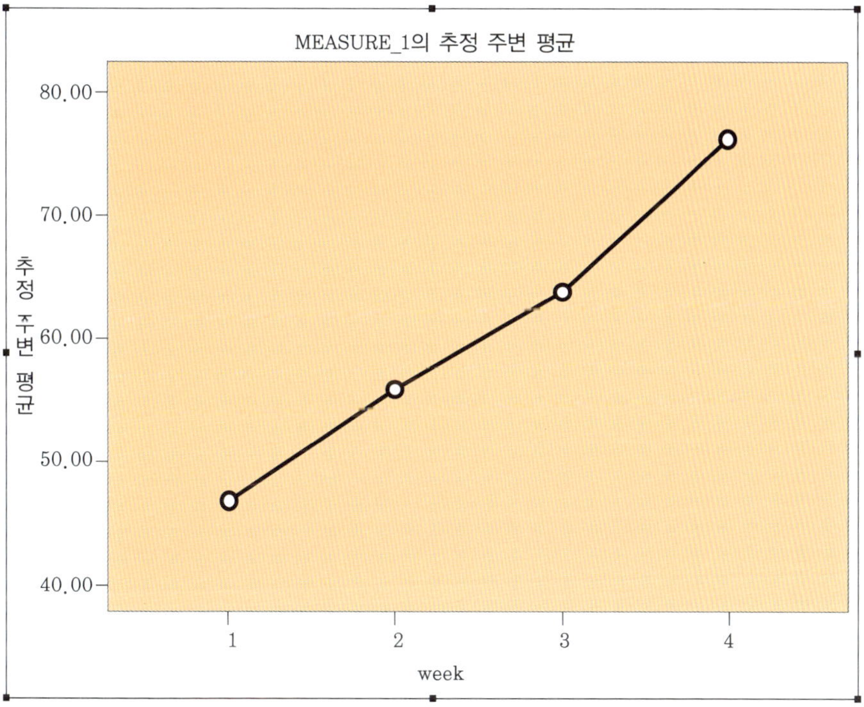

3. Amos에 의한 LGM

앞서 살펴본 자료를 대상으로 Amos에 의한 LGM에 대해 살펴보기로 한다.

3.1 비조건적 모델

1 [Plugins] 메뉴에서 [Growth Curve Model]을 클릭하면 다음과 같은 화면이 나온다. 이 화면은 측정시점을 묻는 것으로 측정시점이 4번이면 4를 입력하고 [OK] 버튼을 누른다.

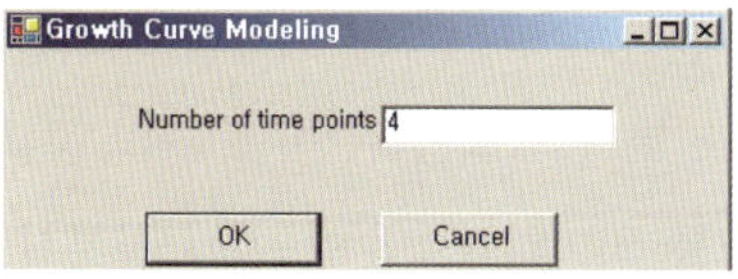

2 그러면 [그림 3-2]와 같은 화면이 자동으로 생긴다.

그림 3-2 Amos에 의한 4시점 LGM: 초기화면

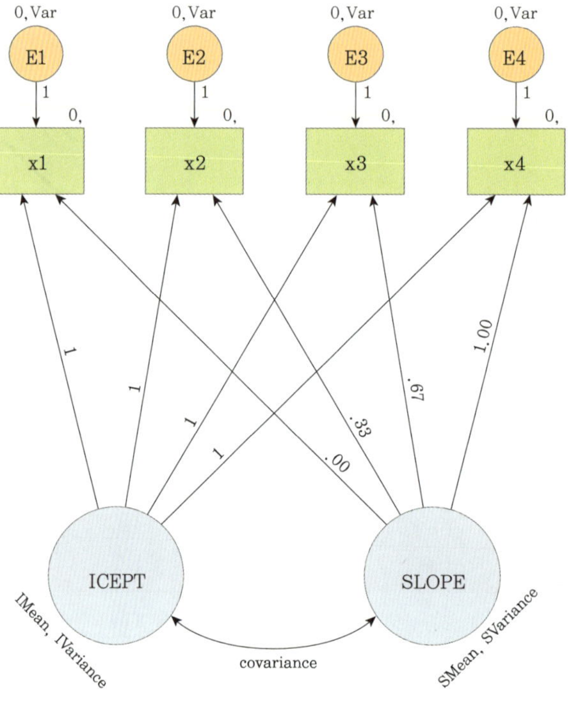

이 화면에 대해 이해하기로 한다. ICEPT는 절편(intercept)을 의미하며 **초기값(initial score)**, 즉 첫 번째 시점의 값을 의미하고, SLOPE는 **변화율(rate of change)**을 의미한다. ICEPT와 SLOPE는 연구자가 원하는 다른 이름으로 바꾸어도 된다. x1, x2, x3, x4는 4번에 걸쳐 측정되었음을 의미한다. ICEPT에서 각각의 관측변수로 향하는 화살표에 1이 입력되어 있는데, 이는 비표준화회귀계수를 나타내며 관찰시점에서의 가중치를 동일하게 하기 위해 모두 1로 설정되었다.

ICEPT에 있는 'IMean'은 측정오차를 반영한 초기치의 평균이며, 이는 전체표본의 평균을 의미한다. 'IVariance'는 측정오차를 반영한 초기치의 분산으로 평균 초기값에 대한 개인차의 범위를 의미한다. 마찬가지로, SLOPE에 있는 'SMean'은 측정오차를 반영한 변화율의 평균, 'SVariance'는 측정오차를 반영한 변화율의 분산으로 분산의 개인차의 범위를 의미한다. ICEPT와 SLOPE 사이의 공분산은 'covariance'로 연결되었다. 이들 간의 공분산 추정치는 초기값이 변화율을 예측하는 정도를 의미한다. 정적(+)인 공분산 추정치는 측정시점 1(x1)에

서 높은 초기값을 갖는 응답자는 시간의 경과에 따라 증가율이 높음을 의미하고, 부적(−)인 추정치는 그 반대를 의미한다.

3 자료를 연결해 주기 위해 [File] 메뉴에서 [Data Files]를 클릭하거나 또는 도구상자에서 자료파일선정 아이콘(▦)을 클릭한다. [Data Files] 대화상자에서 [File Name] 버튼을 눌러 자료가 있는 경로와 파일을 연결해 준 다음, [OK] 버튼을 누른다. 이 예에서는 [japan.sav]에 해당된다.

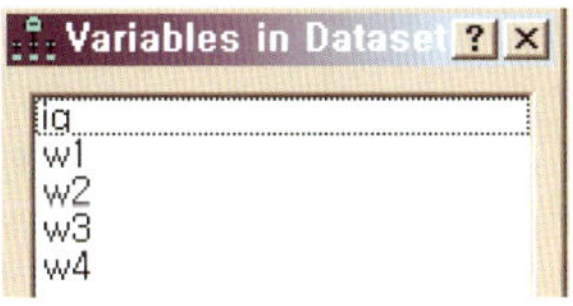

4 [View] 메뉴에서 [Variables in Dataset]을 클릭하거나 또는 도구상자에서 자료세트 내 변수목록 아이콘(▤)을 클릭한다. 대화상자에서 해당 관측변수를 드래그 앤 드롭(drag and drop)으로 갖다 놓는다. 지금까지 한 작업의 경로도는 [그림 3-3]과 같다.

그림 3-3 4시점 LGM: 관측변수를 연결한 화면

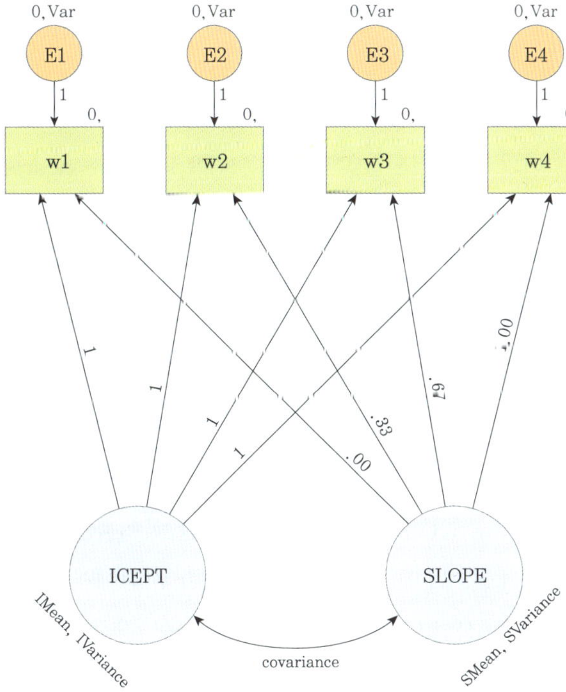

5 현재 화면에 SLOPE의 요인적재량이 (.00, .33, .67, 1.00)로 되어 있는데, 이를 (0, 1, 2, 3)으로 바꾼다. 이를 위해 해당 경로 위에 마우스 포인트를 놓고 왼쪽 버튼을 더블클릭하여 나타나는 [Object Properties]의 [Regression weight]에 값을 입력한다.

그림 3-4 4시점 LGM: SLOPE의 경로계수를 바꾼 화면

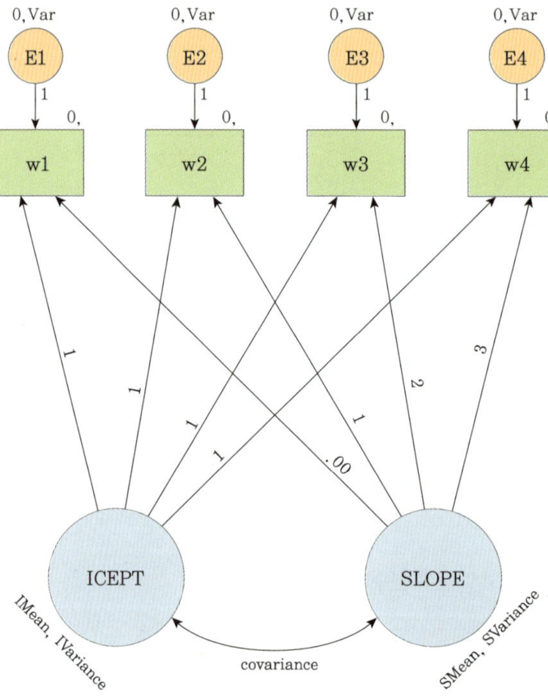

SLOPE가 이처럼 고정된 것은 정적 선형(positive linear)을 가정한 것이다. SLOPE 요인의 w1이 0으로 설정된 것은 w1을 시초수준으로 설정한다는 의미를 갖는다. 이는 (1, 2, 3, 4) 등으로 고정해도 된다. 만약 부적 선형(negative linear)을 가정한다면, (3, 2, 1, 0) 등으로 설정한다. w1이 아닌 시점을 시초수준으로 설정할 수도 있다. 예를 들어, (−1, 0, 1, 2) 등으로 설정하면 w2가 시초수준이 되고 간격이 동일하기 때문에 이도 정적 선형을 가정한다.

측정시점 간의 간격이 동일하지 않은 경우에도 선형경향을 설정할 수 있다. 예를 들어, Murphy 등(2002)은 사고사를 당한 아이를 둔 부모들이 아이의 죽음 이후 4개월, 12개월, 24개월, 60개월이 경과한 시점에서 겪는 심리적 고통의 수준을 측정하였다. 심리적 고통의 수준은 시간이 갈수록 줄어들 것으로 예측할 수 있기 때문에 선형성은 부적 방향이 될 것이다. Murphy 등은 4개월 후에 처음

측정한 값이 SLOPE에 적재되는 적재량을 0으로 고정하였고, 그로부터 8개월이 지난 시점에 측정한 12개월 측정치에 대한 적재량은 −1로 고정하였다. 8개월의 기간을 기울기 척도로 −1이라고 설정하였기 때문에, 최초 측정시점으로부터 20개월 이후에 측정된 24개월 차 측정치에 대한 적재량은 −20/8=−2.5로 설정되었다. 같은 논리로, 60개월 차 측정치는 최초 측정시점부터 56개월 이후에 측정되었으므로 적재량은 −56/8=−7로 설정되었다. 따라서 Murphy 등의 분석에서 설정한 SLOPE의 적재량은 (0, −1, −2.5, −7)이 된다.

어떤 시점을 시초수준으로 설정할 것인가는 임의적이기는 하나, 시초수준은 요인공분산과 평균의 추정치에 영향을 줄 수도 있다. 일반적으로 첫 시점을 시초수준으로 설정하는 것이 편리하다.

6 현재 화면에 측정오차가 [0, Var]로 표시되어 있는데, 이는 오차평균이 0이고, 오차분산이 'Var'로 네 변수에 걸쳐 동일하다는 가정을 한다. 오차분산이 네 변수에 따라 다르다는 가정이 합리적이다. 따라서 이를 위해 [0, Var] 위에 마우스 포인트를 놓고 더블클릭하여 나타나는 창에서 [Variance]에 있는 'Var'을 모두 지운다.

그림 3-5 4시점 LGM: 오차분산을 동일하지 않게 한 화면(분석을 위한 최종 화면)

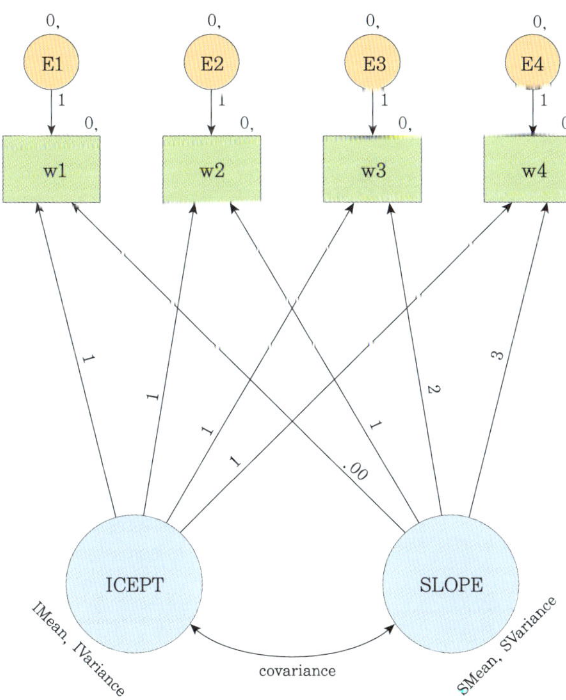

7 [View] 메뉴의 [Analysis Properties] → [Output] 탭에서 [Standardized estimate]와 [Implied moments]를 체크한다.

8 분석을 실행하기 위해 [Analyze] 메뉴에서 [Calculate estimate]를 클릭하거나, 도구상자에서 추정치계산 아이콘(▦)을 클릭한다.

input 3-1 4시점 LGM

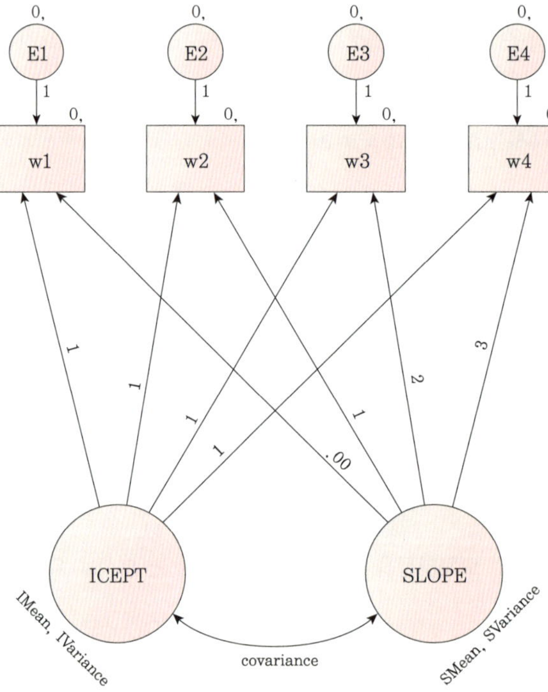

이를 실행하면 다음과 같은 모델적합도를 얻는다.

output 3-1 4시점 LGM의 적합도

CMIN

Model	NPAR	CMIN	DF	P	CMIN/DF
Default model	9	6.029	5	.303	1.206

Baseline Comparisons

Model	NFI Delta1	RFI rho1	IFI Delta2	TLI rho2	CFI
Default model	.976	.971	.996	.995	.996

RMSEA

Model	RMSEA	LO 90	HI 90	PCLOSE
Default model	.046	.000	.153	.440

CFI=.996으로 좋게 나왔고, RMSEA=.046으로 좋게 나왔다.

다음은 분석결과 가운데 비표준화추정치를 제시한 것이다. ICEPT의 평균값은 46.334, SLOPE의 평균값은 9.353으로 유의적으로 나타났다. 공분산은 3.364로 정적으로 나타났다. 그러므로 초기값이 높은 응답자는 시간의 경과에 따라 증가율이 높다고 해석할 수 있다.

output 3-1 ••• 잠재성장모델 추정결과

Means: (Group number 1 - Default model)

	Estimate	S.E.	C.R.	P	Label
ICEPT	46.334	1.491	31.070	***	IMean
SLOPE	9.353	.548	17.075	***	SMean

Covariances: (Group number 1 - Default model)

			Estimate	S.E.	C.R.	P	Label
SLOPE	<-->	ICEPT	3.364	9.675	.348	.728	covariance

SLOPE와 ICEPT 사이의 공분산(3.364)은 유의하지 않았다.

1주(w1)의 해답수$=46.334+0\times9.353=46.334$

2주(w2)의 해답수$=46.334+1\times9.353=55.687$

3주(w3)의 해답수$=46.334+2\times9.353=65.040$

4주(w4)의 해답수$=46.334+3\times9.353=74.393$

이 값은 Amos에서 제공되는 예측평균(implied means)이다. 예측평균을 읽기 위해서는 [Output] 탭에서 [Implied moments]를 체크한다.

output 3-1 ••• 예측평균

Implied Means (Group number 1 - Default model)

w4	w3	w2	w1
74.394	65.040	55.687	46.334

이 값은 앞서 살펴본 SPSS로 분석한 반복측정분산분석의 결과와 약간의 차이가 있음을 알 수 있다. 측정오차를 제거한 값을 얻기 때문에 이 값이 보다 정확한 값이다.

3.2 조건적 모델: 예측모델

이하에서 'IQ'에 따른 절편과 기울기를 예측하는 조건적 모델을 분석하기로 한다. 즉 'IQ'가 평균값의 시초값 및 변화율에 영향을 미치는지를 확인하기로 한다. 이를 위해 [input 3-1] 모델을 기초로 다음과 같은 작업을 한다.

1 비조건적 모델([input 3-1])의 경로도에서 ICEPT와 SLOPE 사이의 공분산을 대상제거 아이콘(X)을 이용하여 제거한다.

그림 3-6 ICEPT와 SLOPE 간 공분산 제거

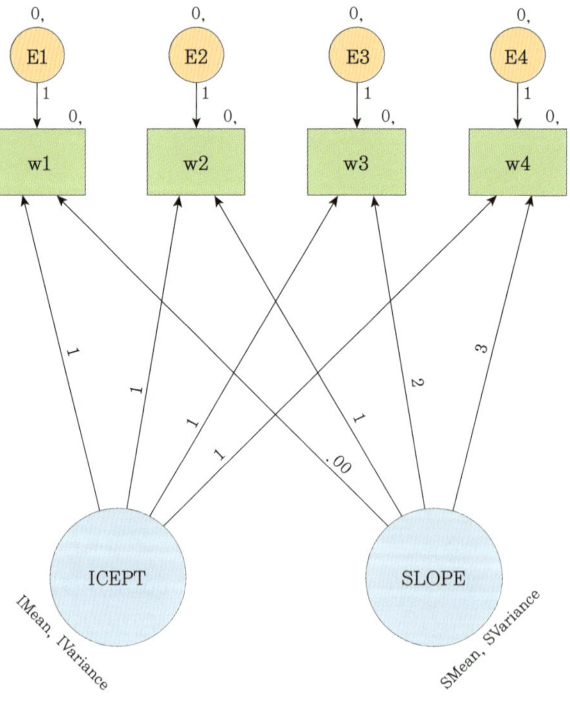

2 ICEPT와 SLOPE에 오차변수를 추가한다. 이를 위해 오차변수추가 아이콘(옴)을 클릭한 다음, ICEPT에 마우스 포인트를 놓고 왼쪽 버튼을 클릭한다. 그 다음 적

당한 위치에 올 때까지 계속해서 누른다. SLOPE도 동일한 작업을 한다.

3 추가한 오차변수에 이름을 부여하기 위해 [Plugins] 메뉴에서 [Name Unobserved Variable]을 누르면 자동적으로 'e5'와 'e6'의 이름이 부여된다.

4 오차변수 사이에 공분산을 공분산그리기 아이콘(↔)을 이용하여 연결해준다. 지금까지 한 작업을 나타내면 [그림 3-7]과 같다.

그림 3-7 ICEPT와 SLOPE 간 오차연결

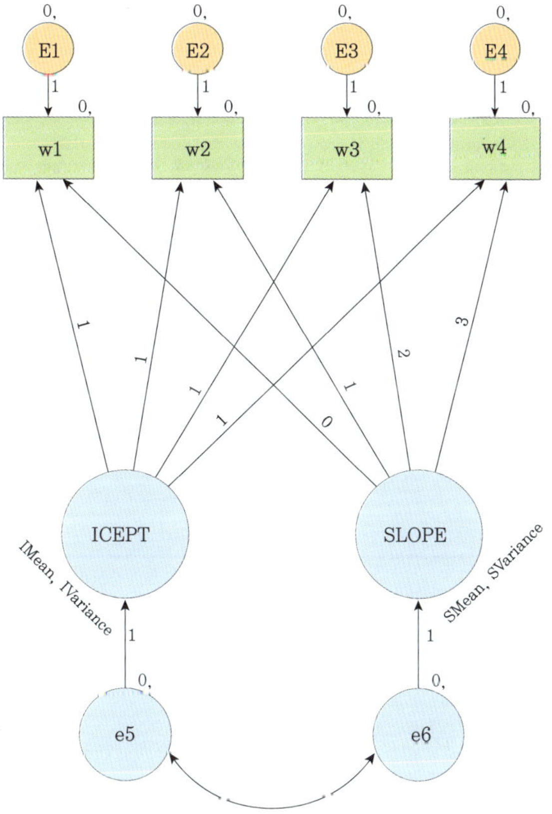

5 관측변수그리기 아이콘(▭)을 이용하여 'ICEPT'와 'SLOPE'를 설명해주는 관측변수를 그린다.

6 [View] 메뉴에서 [Variables in Dataset]을 클릭하거나, 도구상자에 있는 자료세트 내 변수목록보기 아이콘(▤)을 클릭하여 'iq'를 선택하고 드래그 앤 드롭으로 경로도상의 해당 사각형에 갖다 놓는다.

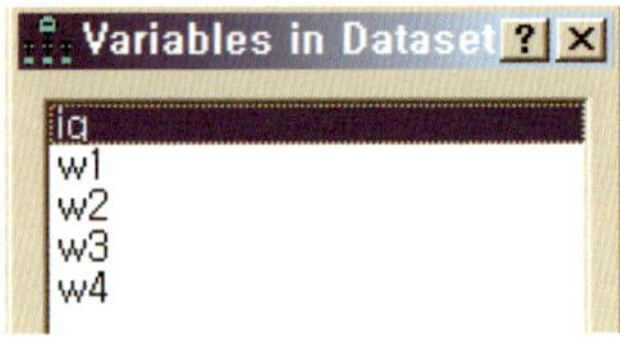

7 'iq'에서 'ICEPT', 'SLOPE'로 가는 경로를 경로그리기 아이콘(←)을 이용하여 연결해준다. 이 작업을 하는 동안 다음과 같은 창이 나타나면 아래 옵션을 지정하고 [OK] 버튼을 누른다. 그러면 ICEPT와 SLOPE에 있는 분산인 'IVariance'와 'SVariance'가 사라진다.

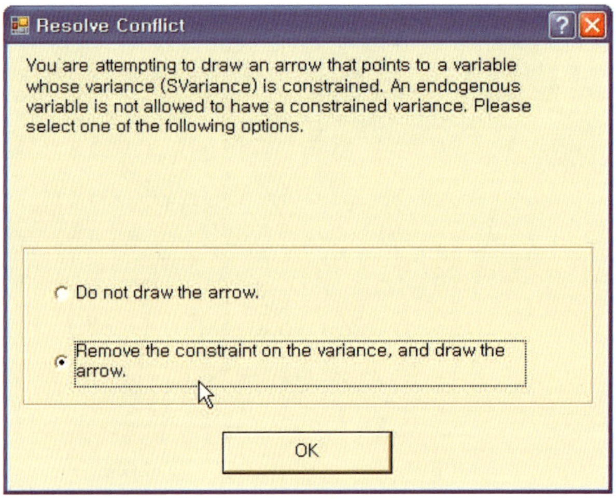

이상의 작업을 모두 마친 경로도는 [input 3-2]와 같다.

input 3-2 4시점 조건적 모델(최종화면)

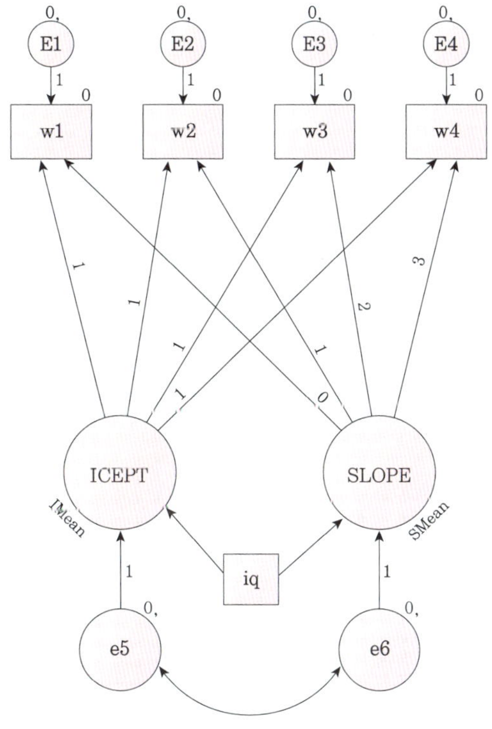

다음은 실행결과 가운데 모델적합도 및 모수치를 나타낸 것이다.

output 3-2 조건적 모델의 추정결과

CMIN

Model	NPAR	CMIN	DF	P	CMIN/DF
Default model	13	18.915	7	.008	2.702

Baseline Comparisons

Model	NFI Delta1	RFI rho1	IFI Delta2	TLI rho2	CFI
Default model	.942	.917	.963	.946	.962

RMSEA

Model	RMSEA	LO 90	HI 90	PCLOSE
Default model	.131	.062	.204	.031

Regression Weights: (Group number 1 - Default model)

			Estimate	S.E.	C.R.	P
ICEPT	<---	iq	.285	.081	3.526	***
SLOPE	<---	iq	.172	.027	6.395	***

CFI=.962로 좋게 나타났고, RMSEA=.131로 좋지 않게 나타났다.

iq로부터 ICEPT로의 계수는 .285로 유의적이고, iq로부터 SLOPE로의 경로계수는 .172로 유의적인 것으로 나타났다. iq로부터 ICEPT로의 계수 .285는 iq가 1 높을 때 1분 동안 평균해답수가 .285 높아짐을 의미한다. 마찬가지로 iq로부터 SLOPE로의 경로계수 .172의 의미는 iq가 1 높으면 4주간의 변화율이 .172 증가함을 의미한다.

3.3 비선형잠재곡선모델

비선형모델(nonlinear model) 가운데 **2차모델(quadratic model)**에 대해 살펴보기로 한다. 이를 위해 [input 3-1]을 불러들인 다음, 다음과 같은 추가적인 작업을 한다.

1 2차항을 만들기 위해 기존의 경로도에 있는 ICEPT와 SLOPE를 이동시킨다.

그림 3-8 ICEPT와 SLOPE의 이동

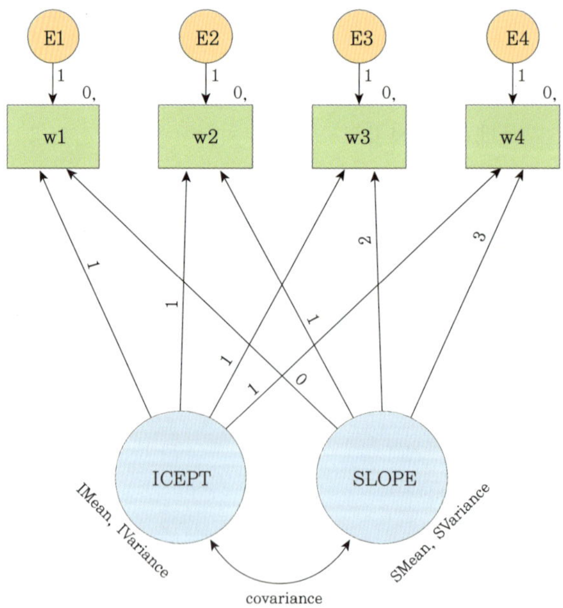

2 잠재변수만들기 아이콘(⬭)을 이용하여 새로운 잠재변수를 만들고 그에 대해 명칭을 부여한다. 본 예에서는 'QUAD'로 명칭을 부여하였다. 이때, 새로운 잠재변수의 평균이 0으로 표시되는데 이를 지운다. 이를 위해 'QUAD' 위에 마우스

포인트를 놓고 왼쪽 버튼을 더블클릭하면 나타나는 [Object Properties]의 [Parameters] 탭의 [mean]값 0을 지운다.

3 그 다음 이 잠재변수와 관측변수를 연결한다. 이들 경로계수에 해당하는 값을 (0, 1, 4, 9)로 고정시킨다. 즉 2차항은 1차항의 제곱값을 계수로 지정한다. 이를 위해 해당 경로 위에 마우스 포인트를 놓고 왼쪽 버튼을 더블클릭하면 나타나는 [Object Properties]의 [Parameters] 탭의 [Regression weight]에 각각의 숫자를 입력한다.

그림 3-9 2차항(QUAD) 만들기 및 경로계수 입력

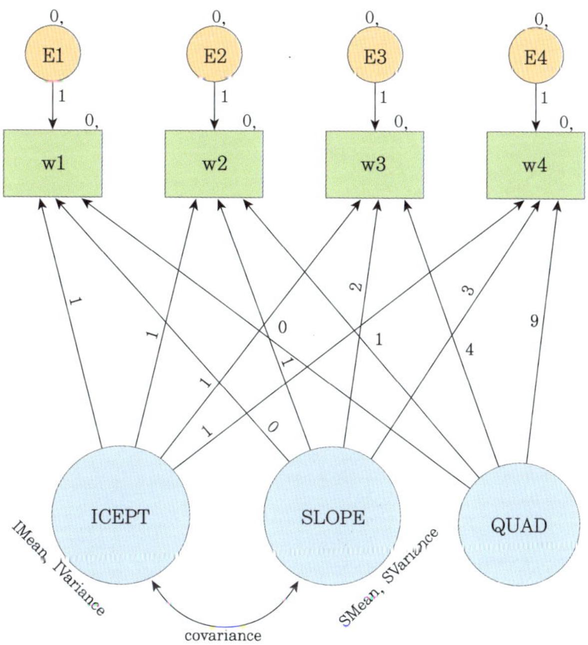

4 다음 ICEPT, SLOPE, QUAD 간을 모두 공분산으로 연결한다. [input 3 3]은 이들 작업을 모두 마친 경로도를 보인 것이다.

input 3-3 ••• 4시점 LGM: 비선형모델

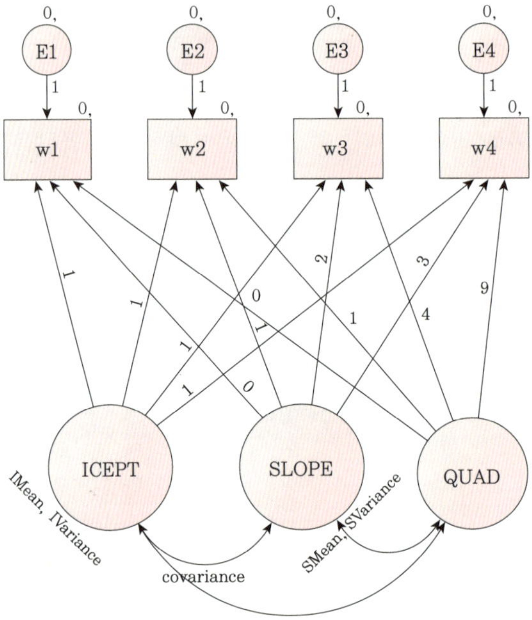

다음은 이를 실행한 결과 가운데 모델적합도 및 모수치를 보인 것이다.

output 3-3 ••• 비선형모델의 추정결과

CMIN

Model	NPAR	CMIN	DF	P	CMIN/DF
Default model	13	2.561	1	.110	2.561

Baseline Comparisons

Model	NFI Delta1	RFI rho1	IFI Delta2	TLI rho2	CFI
Default model	.990	.938	.994	.961	.994

RMSEA

Model	RMSEA	LO 90	HI 90	PCLOSE
Default model	.126	.000	.326	.153

Means: (Group number 1 - Default model)

	Estimate	S.E.	C.R.	P
ICEPT	46.706	1.545	30.221	***
SLOPE	7.440	1.380	5.392	***
quad	.703	.455	1.543	.123

Covariances: (Group number 1 - Default model)

			Estimate	S.E.	C.R.	P
SLOPE	<-->	ICEPT	-61.442	66.758	-.920	.357
SLOPE	<-->	quad	-13.894	15.964	-.870	.384
ICEPT	<-->	quad	16.777	17.050	.984	.325

Implied Means (Group number 1 - Default model)

w4	w3	w2	w1
75.348	64.396	54.848	46.706

위의 결과를 보면 절편(ICEPT)과 1차항(SLOPE)은 유의적으로 나타났지만, 2차항(QUAD)은 유의적이지 않은 것으로 나타났다. 추정치로부터 매주 개인의 평균해답수를 구하는 식은 다음과 같다.

제1주의 해답수$=46.706+0\times7.440+0\times0.703=46.706$

제2주의 해답수$=46.706+1\times7.440+1\times0.703=54.849$

제3주의 해답수$=46.706+2\times7.440+4\times0.703=64.398$

제4주의 해답수$=46.706+3\times7.440+9\times0.703=75.353$

2차항을 도입하면 1차항에 비해 적합도가 떨어지는 것으로 나타났다([output 3-1]과 비교). 모델에 2차 요인을 추가했는데도 적합도가 많이 향상되지 않는다면 더 간명한 모델(예: ICEPT와 SLOPE만을 포함한 모델)을 선택하는 것이 좋다.

3.4 성장형태를 알 수 없는 모델

성장형태를 알 수 없는 경우에는 다음과 같이 모델을 설정한다. 즉, SLOPE에서 w3 및 w4로 가는 경로를 고정모수로 설정하지 않고 자유모수로 설정한다. 이를 위해 임의의 문자를 입력하거나(예: b, c) 또는 모수치를 설정하지 않으면 된다(경로에 해당하는 값을 부여하지 않고 그대로 둠). 본 예에서는 b, c문자를 입력하였다. 이 경우는 w3과 w4의 성장형태를 알 수 없다는 것을 가정한다. 만약, w3은 성장형태를 알고 w4는 성장형태를 알 수 없는 경우에는 (0, 1, 2, 3, a)라고 설정하면 된다.

input 3-4 ••• 성장형태를 알 수 없는 LGM

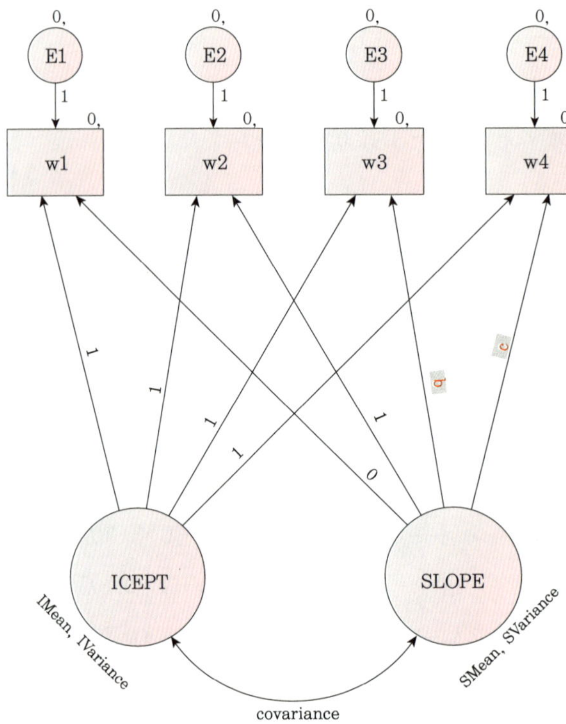

다음은 이를 실행한 결과 가운데 일부를 보인 것이다.

output 3-4 ••• 성장형태를 알 수 없는 모델의 추정결과

Regression Weights: (Group number 1 - Default model)

			Estimate	S.E.	C.R.	P	Label
w1	<---	ICEPT	1.000				
w1	<---	SLOPE	.000				
w2	<---	ICEPT	1.000				
w2	<---	SLOPE	1.000				
w3	<---	ICEPT	1.000				
w3	<---	SLOPE	1.873	.198	9.484	***	b
w4	<---	ICEPT	1.000				
w4	<---	SLOPE	3.238	.354	9.139	***	c

절편과 기울기의 평균값은 다음과 같다.

output 3-4 ••• 성장형태를 알 수 없는 모델의 추정결과

Means: (Group number 1 - Default model)

	Estimate	S.E.	C.R.	P	Label
ICEPT	46.677	1.546	30.197	***	IMean
SLOPE	9.061	1.147	7.903	***	SMean

Implied Means (Group number 1 - Default model)

w4	w3	w2	w1
76.017	63.650	55.738	46.677

$$제1주의\ 해답수=46.677+0.000\times 9.061=46.677$$

$$제2주의\ 해답수=46.677+1.000\times 9.061=55.738$$

$$제3주의\ 해답수=46.677+1.873\times 9.061=63.648$$

$$제4주의\ 해답수=46.677+3.238\times 9.061=76.017$$

다음은 모델적합도를 보인 것이다.

output 3-4 ••• 성장형태를 알 수 없는 모델의 적합도

CMIN

Model	NPAR	CMIN	DF	P	CMIN/DF
Default model	11	1.230	3	.746	.410

Baseline Comparisons

Model	NFI Delta1	RFI rho1	IFI Delta2	TLI rho2	CFI
Default model	.995	.990	1.007	1.015	1.000

RMSEA

Model	RMSEA	LO 90	HI 90	PCLOSE
Default model	.000	.000	.118	.809

3.5 두 변수 공변모델

성인의 흡연행동을 예로 들어 두 변수 공변모델에 대해 살펴보기로 한다. 예를 들어, 여성이 남성에 비해 초기에 흡연을 덜하고 또 그 성장률도 작을 것인가? 또한 나이가 많은 사람이 초기 흡연량이 많은지 또는 연구시점에서 연령이 성장곡선에 영향을 미치는지 등을 연구할 수 있다. 이 경우 '성별'과 '연령' 두 변수의 공변모델을 수립해야 한다.

이 모델을 검증하기 위해, 성인 275명을 대상으로 13세에서 16세까지 4차례에 걸쳐 흡연행동에 대해 측정하였다. 성별은 남성은 1, 여성은 0으로 코딩되었다. 흡연행동은 담배를 전혀 피지 않은 경우에는 1, 지난 6개월 동안 흡연한 적이 있는 사람은 2, 한 달에 4번 미만으로 흡연하고 있는 사람은 3, 한 달에 4~29번 흡연하고 있는 사람은 4, 그리고 한 달에 30번 이상 흡연하고 있는 사람은 5로 코딩하였다. 분석에 이용되는 자료는 [li.sav]이다. 이 자료를 이용하여 앞서 설명한대로 다음과 같은 두 변수 공변모델을 만든다. 경로도로 나타내면 [input 3-5]와 같다.

input 3-5 ••• **두 변수 공변 LGM**

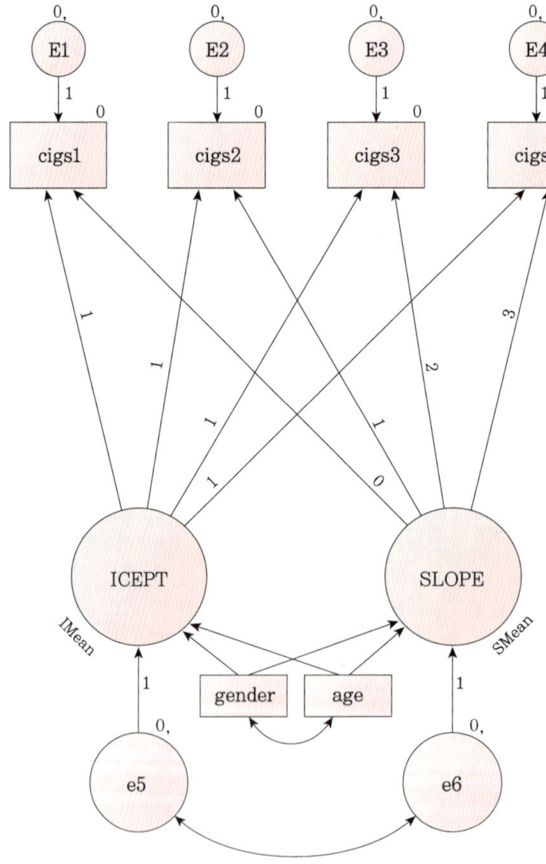

이를 실행하면 다음과 같은 결과를 얻는다.

output 3-5 ••• 두 변수 공변모델의 적합도

CMIN

Model	NPAR	CMIN	DF	P	CMIN/DF
Default model	18	13.807	9	.129	1.534

Baseline Comparisons

Model	NFI Delta1	RFI rho1	IFI Delta2	TLI rho2	CFI
Default model	.987	.979	.996	.993	.996

RMSEA

Model	RMSEA	LO 90	HI 90	PCLOSE
Default model	.044	.000	.088	.531

output 3-5 ••• 두 변수 공변모델의 추성결과

Regression Weights: (Group number 1 - Default model)

			Estimate	S.E.	C.R.	P
ICEPT	<---	gender	-.064	.154	-.418	.676
SLOPE	<---	age	-.046	.020	-2.267	.023
SLOPE	<---	gender	.008	.042	.183	.855
ICEPT	<---	age	.446	.074	6.045	***

성별은 초기값(-.064)과 변화율(.008)이 유의적이지 않은 것으로 나타났다. 따라서 남성이 여성에 비해 초기 흡연율이 높은 것도 아니고 증가율이 높은 것도 아닌 것으로 해석한다. 비록 성별의 초기값과 변화율이 유의적이지 않기는 하지만 초기값의 계수가 부적(-)인 것은 남성은 1, 여성은 0으로 코딩되었기 때문에 여성에 비해 남성의 초기 흡연율이 적다고 할 수 있고, 변화율은 정적이기 때문에 여성에 비해 남성의 흡연율이 증가한다고 해석할 수 있다.

연령은 초기값(.446)과 변화율(-.046)에 유의적인 영향을 미치는 것으로 나타났다. 이는 초기 시점에서 나이가 많은 성인일수록 흡연율이 높다고 할 수 있고, 나이를 먹을수록 증가율은 줄어드는 것으로 해석한다.

output 3-5 ••• 두 변수 공변모델의 추정결과

Means: (Group number 1 - Default model)

	Estimate	S.E.	C.R.	P
gender	.426	.030	14.256	***
age	.142	.062	2.284	.022

Intercepts: (Group number 1 - Default model)

	Estimate	S.E.	C.R.	P
ICEPT	2.232	.101	22.038	***
SLOPE	.146	.028	5.234	***

흡연의 최초 사용은 2.232로 나타났고, 매년 .146 비율로 증가하는 것으로 나타났다.

3.6 Amos 16.0 이상의 버전에 의한 LGM

Kline(2005)에 소개된 LGM을 Amos 16.0 이상의 버전에 의해 분석하는 것에 대해 살펴보기로 한다. Kline(2005)은 321명의 청소년들의 음주에 관한 4년에 걸친 종단연구 자료를 토대로 LGM에 대해 설명하고 있다. 음주량은 1점에서 5점까지 부여되었으며, 점수가 올라갈수록 음주량이 증가함을 의미한다. 음주량에 관한 평균, 표준편차 및 상관계수가 다음에 제시되어 있다. 자료는 [kline.sav]로 저장되어 있다.

rowtype_	varname_	year1	year2	year3	year4	gender	famsta
n		321.000	321.000	321.000	321.000	321.000	321.000
corr	year1	1.000	.	.	.	.	.
corr	year2	.640	1.000	.	.	.	.
corr	year3	.586	.670	1.000	.	.	.
corr	year4	.454	.566	.621	1.000	.	.
corr	gender	.001	.038	.118	.091	1.000	.
corr	famsta	-.214	-.149	-.135	-.163	-.025	1.000
mean		2.271	2.560	2.694	2.965	.573	.554
stddev		1.002	.960	.912	.920	.504	.498

음주량이 해마다 증가함을 알 수 있다(2.271, 2.560, 2.694, 2.965). 성별과 가족특성에 관한 통계치도 제공되어 있다. 성별(gender)은 남학생은 0, 여학생은 1로 코딩되었고, 가족특성(famsta)은 편부모가정은 0, 양부모가정은 1로 코딩되었다. 코딩이 어떻게 되었는가는 결과를 해석하는 데 있어 필요한 정보이다. 이러한 자료를 토대로 연구자는 ① 청소년의 음주량이 4년에 걸쳐 변화하는지, ② 이러한 변화에 있어 성별 간 또는 가족특성 간에 차이가 있는지를 알고자 한다.

1) 변화모델의 추정

Amos 16.0 이상부터는 [Plugins] 메뉴에서 [Growth Curve Model]을 클릭하고 시점을

4시점으로 하면 [그림 3-10]과 같은 화면이 자동으로 생성된다.

그림 3-10 Amos 16.0 이상에 의한 4시점 LGM 화면

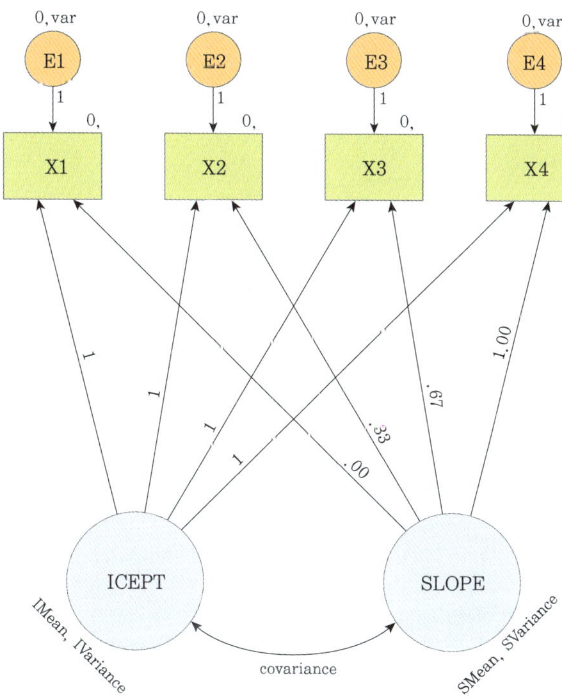

(1) 오차분산이 동일하고, 경로계수를 (0, .33, .67, 1.00)으로 고정한 경우

Amos에 의한 LGM 초기화면의 디폴트는 오차분산이 동일하고, SLOPE의 경로계수를 (0, .33, .67, 1.00)으로 설정한다. Amos에서 변수명이 동일하면 값이 같다는 가정을 하기 때문에 측정오차의 분산값이 모두 동일하게 산출된다. 따라서 측정오차의 분산이름이 'Var'로 동일하게 되어 있기 때문에 분산값이 동일하게 산출된다.

input 3-6 ••• 오차동일분산모델: 경로계수를 (0, .33, .67, 1)로 고정한 경우

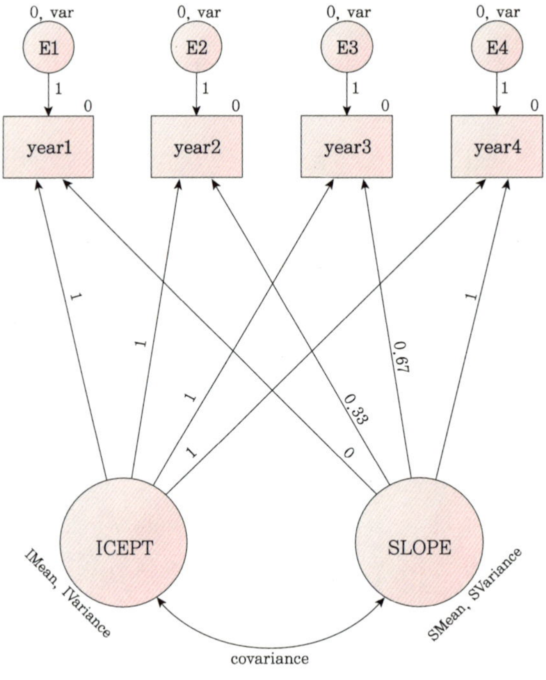

[input 3-6]은 Amos에 의한 동일분산과 경로계수의 디폴트에 해당하는 입력파일이다. 이를 실행하면 다음과 같은 적합도 및 모수치를 얻는다.

output 3-6 ••• 오차동일분산 모델의 추정결과

CMIN

Model	NPAR	CMIN	DF	P	CMIN/DF
Default model	6	10.089	8	.259	1.261

RMSEA

Model	RMSEA	LO 90	HI 90	PCLOSE
Default model	.029	.000	.075	.724

Regression Weights: (Group number 1 - Default model)

			Estimate	S.E.	C.R.	P	Label
year1	<---	ICEPT	1.000				
year1	<---	SLOPE	.000				
year2	<---	ICEPT	1.000				
year2	<---	SLOPE	.330				
year3	<---	ICEPT	1.000				
year3	<---	SLOPE	.670				
year4	<---	ICEPT	1.000				
year4	<---	SLOPE	1.000				

Means: (Group number 1 - Default model)

	Estimate	S.E.	C.R.	P	Label
ICEPT	2.291	.054	42.585	***	IMean
SLOPE	.663	.054	12.360	***	SMean

Covariances: (Group number 1 - Default model)

			Estimate	S.E.	C.R.	P	Label
ICEPT	<-->	SLOPE	-.266	.062	-4.323	***	covariance

Variances: (Group number 1 - Default model)

	Estimate	S.E.	C.R.	P	Label
ICEPT	.716	.074	9.656	***	IVariance
SLOPE	.381	.079	4.836	***	SVariance
E1	.301	.017	17.889	***	Var
E2	.301	.017	17.889	***	Var
E3	.301	.017	17.889	***	Var
E4	.301	.017	17.889	***	Var

오차분산이 모두 .301로 동일한 것을 알 수 있다.

(2) 오차분산이 동일하고, 경로계수를 (0, 1, 2, 3)으로 고정한 경우

[input 3-7]은 오차분산을 동일하게 하고 SLOPE 경로계수를 (0, 1, 2, 3)으로 설정한 예이다.

input 3-7 오차분산동일모델: 경로계수 (0, 1, 2, 3)으로 설정

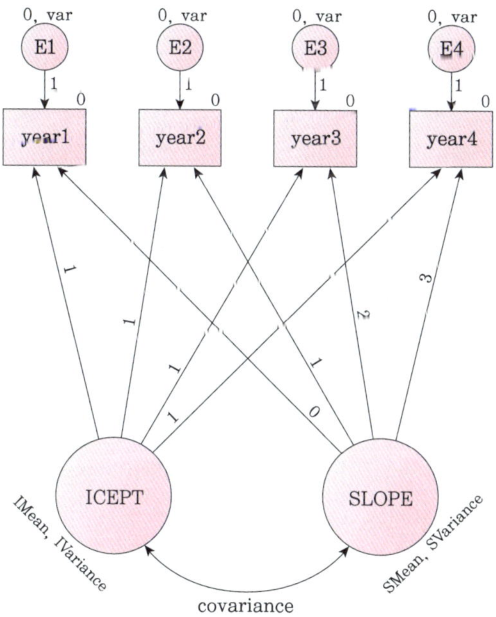

이를 실행하면 다음과 같은 적합도 및 모수치를 얻는다.

output 3-7 ••• **오차분산동일모델의 추정결과**

CMIN

Model	NPAR	CMIN	DF	P	CMIN/DF
Default model	6	9.543	8	.299	1.193

RMSEA

Model	RMSEA	LO 90	HI 90	PCLOSE
Default model	.025	.000	.073	.759

Regression Weights: (Group number 1 - Default model)

			Estimate	S.E.	C.R.	P	Label
year1	<---	ICEPT	1.000				
year1	<---	SLOPE	.000				
year2	<---	ICEPT	1.000				
year2	<---	SLOPE	1.000				
year3	<---	ICEPT	1.000				
year3	<---	SLOPE	2.000				
year4	<---	ICEPT	1.000				
year4	<---	SLOPE	3.000				

Means: (Group number 1 - Default model)

	Estimate	S.E.	C.R.	P	Label
ICEPT	2.290	.054	42.541	***	IMean
SLOPE	.222	.018	12.366	***	SMean

Covariances: (Group number 1 - Default model)

			Estimate	S.E.	C.R.	P	Label
ICEPT	<-->	SLOPE	-.089	.021	-4.332	***	covariance

Variances: (Group number 1 - Default model)

	Estimate	S.E.	C.R.	P	Label
ICEPT	.717	.074	9.655	***	IVariance
SLOPE	.043	.009	4.849	***	SVariance
E1	.301	.017	17.889	***	Var
E2	.301	.017	17.889	***	Var
E3	.301	.017	17.889	***	Var
E4	.301	.017	17.889	***	Var

(3) 오차분산이 다르고, 경로계수를 (0, 1, 2, 3)으로 고정한 경우

측정오차의 분산값이 동일하다는 가정이 요구되는 경우에는 이처럼 하는 것이 문제가 없으나 그렇지 않은 경우에는 분산값을 동일하게 할 필요가 없다. 그 경우에는 측정오차 위에 마우스 포인트를 놓고 왼쪽 버튼을 더블클릭하여 나타나는 [Object Properties]의

[Parameters] 탭에서 [Variance]에 있는 'Var'을 지운다. **Amos 16 이상의 버전으로 LGM을 할 때 [input 3-8]의 오차분산이 다른 모델을 토대로 분석할 것을 추천한다.** [input 3-8]은 오차분산이 관측변수에 따라 다른 것을 가정한 모델이다.

input 3-8 오차분산이 다른 모델

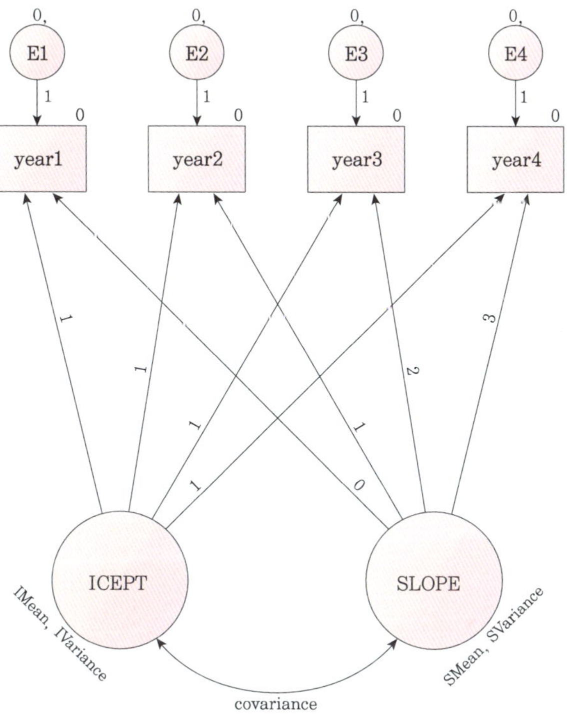

이를 실행하면 다음과 같은 모델적합도 및 모수치를 얻는다.

output 3-8 오차분산이 다른 모델의 추정결과

CMIN

Model	NPAR	CMIN	DF	P	CMIN/DF
Default model	9	8.130	5	.149	1.626

RMSEA

Model	RMSEA	LO 90	HI 90	PCLOSE
Default model	.044	.000	.097	.499

```
Regression Weights: (Group number 1 - Default model)
                              Estimate    S.E.    C.R.      P    Label
year1    <---    ICEPT           1.000
year1    <---    SLOPE            .000
year2    <---    ICEPT           1.000
year2    <---    SLOPE           1.000
year3    <---    ICEPT           1.000
year3    <---    SLOPE           2.000
year4    <---    ICEPT           1.000
year4    <---    SLOPE           3.000
Means: (Group number 1 - Default model)
                          Estimate    S.E.      C.R.      P    Label
ICEPT                        2.291    .054    42.496    ***    IMean
SLOPE                         .220    .018    12.321    ***    SMean
Covariances: (Group number 1 - Default model)
                              Estimate    S.E.     C.R.     P    Label
ICEPT    <-->    SLOPE           -.080    .023   -3.496   ***    covariance
Correlations: (Group number 1 - Default model)
                                  Estimate
ICEPT     <-->     SLOPE             -.489
Variances: (Group number 1 - Default model)
                          Estimate    S.E.     C.R.     P    Label
ICEPT                         .699    .077    9.049   ***    IVariance
SLOPE                         .038    .010    3.658   ***    SVariance
E1                            .342    .051    6.652   ***
E2                            .306    .033    9.321   ***
E3                            .273    .030    9.208   ***
E4                            .309    .046    6.720   ***
Implied Means (Group number 1 - Default model)
                  year4     year3     year2     year1
                  2.953     2.732     2.512     2.291
```

위의 결과를 토대로 [표 3-1]과 같은 표를 만들고 해석을 한다.

표 3-1 음주량의 변화모델

모수	비표준화계수	표준오차	표준화계수
평균구조			
잠재성장요인평균			
초기수준	2.291	.054	0
변화율	.220	.018	0

공분산구조			
잠재성장요인			
초기수준	.699	.077	1.000
변화율	.038	.010	1.000
공분산	−.080	.023	−.489

* 모든 비표준화추정치에 대해 $p < .01$

변화모델의 모수치가 [output 3-8]에 제시되었다. ICEPT의 예측평균은 2.291로 산출되었고, 이 값은 1차년도에 측정한 음주량의 관찰평균인 2.271과 비슷하다. Amos에 의해 얻어진 예측평균은 측정오차가 제거된 값이므로 SPSS에서 얻어진 값과 약간의 차이가 있다. SLOPE의 예측평균은 .220이며, 이는 음주량의 연도별 평균 증가에 대해 측정오차가 제거된 값이다. SLOPE와 ICEPT의 분산 추정치는 각각 .699와 .038이며, 모두 유의수준 .01에서 통계적으로 유의적이다. ICEPT의 분산은 자료 내 개인 간 차의 정도를 의미한다. ICEPT의 분산이 유의적임은 초기수준에서 청소년들의 음주량이 차이가 있음을 의미한다. SLOPE의 분산은 변화율의 개인 간 차의 정도를 의미한다. SLOPE의 분산이 유의적임은 4년간 음주량의 변화율이 개인 간 차이가 있음을 의미한다.

ICEPT와 SLOPE 간의 공분산 추정치는 −.080이고, 상관계수는 −.489로 추정되었고 통계적으로 유의적인 것으로 나타났다. 이 결과는 음주량의 초기수준이 높을수록 연도별 선형증가율이 낮게 예측되고, 음주량의 초기수준이 낮을수록 연도별 선형증가율이 높게 예측됨을 의미한다.

관측변수의 평균은 모델에서 모수가 아니다. 비표준화 총효과는 관찰평균과 비교될 수 있는 예측평균이다. 예를 들어, 음주량의 첫 번째 측정시에 미치는 총효과는 ICEPT를 거치는 직접효과와 SLOPE를 거치는 간접효과의 합에 의해 구해진다.

1차년도 측정치에 대한 관찰평균은 2.271이므로 평균잔차는 2.271−2.291=−.020이다. 즉, 1차년도에 대한 예측평균은 관찰평균과 매우 유사하게 추정되었다. 2차년도, 3차년도, 4차년도에 대해 추정한 음주량의 예측평균은 각각 2.512, 2.732, 2.953이었다. 추정된 예측평균은 2차년도, 3차년도, 4차년도에 해당하는 관찰평균과 비슷하다. [표 3-2]는 연도별 관찰평균과 예측평균을 제시한 것이다.

표 3-2 음주량의 관찰평균과 예측평균

지표	관찰평균	예측평균
year 1	2.271	2.291
year 2	2.560	2.512
year 3	2.694	2.732
year 4	2.965	2.953

2) 예측모델의 추정

음주량의 변화모델이 적합하므로 이러한 변화를 설명할 수 있는 예측모델을 분석할 수 있다. 예측변수로 '성별'과 '가족특성'을 고려했다고 가정한다. 성별과 가족특성은 시점에 관계없이 한 번만 특정되기 때문에 이들은 **시간-불변 예측변수(time-invariant predictor)**이다. 변화에 대한 잠재적인 예측변수들을 평균구조에 포함시키고 잠재성장요인들을 이 예측변수들에 회귀시키는 형태로 예측변수들을 변화모델에 추가한다. 예측모델이 [input 3-9]이다.

input 3-9 예측모델

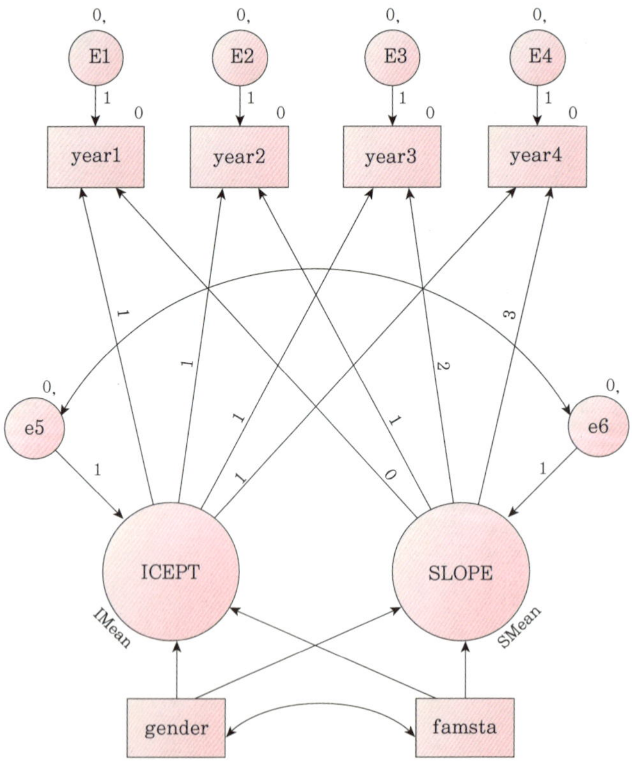

분석결과, 추정치는 수용해로 수렴하였고, 적합도지수는 대체로 적절한 것으로 나타났다. 다음은 분석결과 가운데 일부를 제시한 것이다.

output 3-9 예측모델의 분석결과

CMIN

Model	NPAR	CMIN	DF	P	CMIN/DF
Default model	18	13.780	9	.130	1.531

RMSEA

Model	RMSEA	LO 90	HI 90	PCLOSE
Default model	.041	.000	.081	.594

Regression Weights: (Group number 1 - Default model)

			Estimate	S.E.	C.R.	P
ICEPT	<---	famsta	-.377	.106	-3.549	***
SLOPE	<---	gender	.065	.035	1.843	.065
ICEPT	<---	gender	.011	.105	.103	.918
SLOPE	<---	famsta	.044	.036	1.235	.217

Standardized Regression Weights: (Group number 1 - Default model)

			Estimate
ICEPT	<---	famsta	-.224
SLOPE	<---	gender	.166
ICEPT	<---	gender	.007
SLOPE	<---	famsta	.112
year1	<---	ICEPT	.824
year1	<---	SLOPE	.000
year2	<---	ICEPT	.889
year2	<---	SLOPE	.209
year3	<---	ICEPT	.934
year3	<---	SLOPE	.439
year4	<-	ICEPT	.895
year4	<---	SLOPE	.631

Means: (Group number 1 - Default model)

	Estimate	S.E.	C.R.	P	Label
gender	.573	.028	20.369	***	
famsta	.554	.028	19.931	***	

Intercepts: (Group number 1 - Default model)

	Estimate	S.E.	C.R.	P	Label
ICEPT	2.493	.100	24.853	***	IMean
SLOPE	.159	.034	4.713	***	SMean

```
Covariances: (Group number 1 - Default model)
                                      Estimate     S.E.      C.R.      P
famsta        <-->      gender          -.006      .014      -.447    .655
e5            <-->      e6              -.077      .022    -3.448      ***
Variances: (Group number 1 - Default model)
              Estimate    S.E.      C.R.      P     Label
famsta           .247     .020    12.649     ***
gender           .253     .020    12.649     ***
Correlations: (Group number 1 - Default model)
                                      Estimate
famsta        <-->      gender          -.025
e5            <-->      e6              -.491
```

위의 결과를 토대로 [표 3-3]과 같은 표를 만들고 해석을 한다.

표 3-3 성별 및 가족특성이 음주량에 미치는 효과

모수	비표준화계수	표준오차	표준화계수
평균구조			
예측평균			
성별	.573	.028	0
가족	.554	.028	0
잠재성장요인절편			
초기치	2.493	.100	0
변화율	.159	.034	0
공분산구조			
직접효과			
성별 → 초기치	.011[a]	.105	.007
가족 → 초기치	−.377	.106	−.224
성별 → 변화율	.065	.035	.166
가족 → 변화율	.044	.036	.112
예측변수분산 및 공분산			
성별	.253	.020	1.00
가족	.247	.020	1.00
성별 ↔ 가족	−.006	.014	−.025

주: a: $p > .05$, 나머지 비표준화추정치는 모두 $p < .01$임.

예측변수인 성별과 가족특성의 비표준화 직접효과는 각각 .573과 .554이며, 이는 관측변수의 관찰평균과 동일하다. 이 값은 여자의 비율이 57.3%(남자=0, 여자=1)이고, 양부모를 가진 청소년이 55.4%(양부모=1, 편부모=0)임을 의미한다. 즉 1로 코딩된 응답자의 비율을 의미한다.

상수(constant)가 내생잠재성장요인인 ICEPT와 SLOPE에 미치는 비표준화 직접효과인 2.493과 .159는 절편(intercept)이다. 상수가 ICEPT와 SLOPE에 미치는 총효과가 추정된 요인평균이 된다. 요인평균은 상수의 직접효과와 두 예측변수를 거치는 간접효과의 합으로 구할 수 있다. 이 값은 변화모델에서 얻어진 값들과 비슷하다.

ICEPT 평균=2.493+.573(.011)-.554(.377)=2.290

SLOPE 평균=.159+.573(.065)+.554(.044)=.221

잠재성장요인에 직접효과를 미치는 비표준화계수 가운데 유의수준 .01에서 통계적으로 유의한 경로는 '가족특성 → ICEPT'이다. 이 경로의 비표준화계수는 −.377이며, 표준화계수는 −.224이다. 따라서 측정오차를 제거할 때 가족특성 변수에서 높은 점수를 갖는 청소년들은 음주량의 초기수준이 낮다고 할 수 있다. 가족특성 변수는 편부모가정은 0, 양부모가정은 1로 코딩되었기 때문에 양부모와 같이 사는 청소년들은 편부모와 같이 사는 청소년들보다 음주량의 초기수준이 낮다고 할 수 있다.

성별에서 SLOPE로 가는 비표준화계수는 .065이며 유의수준 .05에서 통계적으로 유의하지 않았으나, 이 경로에 대한 표준화계수는 .166으로 가족특성에서 ICEPT로 이어지는 경로와 절대값에 있어서 비슷한 크기를 갖고 있어 무시할 정도는 아니라고 할 수 있다. 성별은 남학생을 0, 여학생을 1로 코딩하였기 때문에 시간의 경과에 따른 음주량의 선형증가율이 남학생보다 여학생이 더 크다고 해석할 수 있다.

오차 간 상관 추정치는 음수(−.491)로 나타났기 때문에, 음주량의 초기수준이 높을수록 시간의 경과에 따른 음주량의 선형증가율이 낮아지며 이러한 관련성은 모델에서 고려되지 않은 공통원인을 통해 나타남을 의미한다.

각 연도별로 측정한 음주량의 예측평균을 계산한 값은 1차년도에서 4차년도까지 각각 2.291, 2.511, 2.732, 2.952로 산출되었다. 이 값들은 각 연도별 관찰평균과 유사하다.

output 3-9 음주량의 예측평균

Implied Means (Group number 1 - Default model)

gender	famsta	year4	year3	year2	year1
.573	.554	2.952	2.732	2.511	2.291

[표 3-4]는 관찰평균과 예측평균을 제시한 것이다.

표 3-4 음주량의 관찰평균과 예측평균

지표	관찰평균	예측평균
year 1	2.271	2.291
year 2	2.560	2.511
year 3	2.694	2.732
year 4	2.965	2.952

참고문헌

Curran, P. J., K. Obeidat, and D. Losardo (2010), "Twelve Frequently Asked Questions About Growth Curve Modeling," *Journal of Cognition and Development*, 11(2), 121-36.

Duncan, T. E., S. C. Duncan, and L. A. Strycker (2006), *An Introduction to Latent Variable Growth Curve Modeling: Concepts, Issues, and Applications*, 2nd Ed., Mahwah, NJ: Lawrence Erlbaum Associates.

Kline, R. B. (2005), *Principles and Practices of Structural Equation Modeling*, 2nd ed., New York, NY: Guilford Press.

Murphy, S. A., I. J. Chung, and L. C. Johnson (2002), "Patterns of Mental Distress Following the Violent Death of a Child and Predictors of Change Over Time," *Research in Nursing and Health*, 25, 425-37.

Preacher, K. J., A. L. Wichman, R. C. MacCallum, and N. E. Briggs (2008), *Latent Growth Curve Modeling,* Thousand Oaks, CA: Sage Publications.

CHAPTER 4

종단자료분석 (Ⅱ)

1. 분할모델
2. 자기회귀교차지연모델
3. 자기회귀교차지연모델의 분석
4. 잠재성장매개모델
5. 한국청소년패널(KYPS) 자료를 이용한 종단자료분석

CHAPTER

4 종단자료분석(Ⅱ)

1. 분할모델

분할잠재성장모델(piecewise latent growth model) 또는 간단히 **분할모델(piecewise model)**은 어떤 시점에서 **전환시점(transition point)** 또는 **매듭점(knot point)**이 나타나는가를 확인하고자 하는 모델이다. 이를 **스프라인모델(spline model)**이라고도 한다. 전환시점은 이론에 의해 또는 자료에 의해 결정될 수 있다. 분할모델은 최소한 5시점 이상의 종단자료이어야 모델을 식별할 수 있다. 5시점이나 6시점은 2개의 전환시점을 추정할 수 있고, 7시점 이상인 자료는 3개의 전환시점을 추정할 수 있다.

1.1 6시점 자료의 경우

6시점 자료를 대상으로 분할모델에 대해 살펴보기로 한다. 다음은 자료([kline376.sav])를 보인 것이다.

rowtype_	varname_	t1	t2	t3	t4	t5	t6
n		250.00	250.00	250.00	250.00	250.00	250.00
corr	t1	1.00	.	.	.	.	.
corr	t2	.77	1.00	.	.	.	.
corr	t3	.59	.81	1.00	.	.	.
corr	t4	.50	.72	.89	1.00	.	.
corr	t5	.48	.69	.84	.91	1.00	.
corr	t6	.46	.68	.80	.88	.93	1.00
mean		11.77	21.39	27.50	31.02	32.58	34.20
stddev		7.60	8.44	8.95	9.21	9.49	9.62

1) 2시점이 전환시점인 경우

2시점이 전환시점인 경우를 그림으로 나타내면 [그림 4-1]과 같다.

그림 4-1 6시점 분할모델의 예: 2시점이 전환시점인 경우

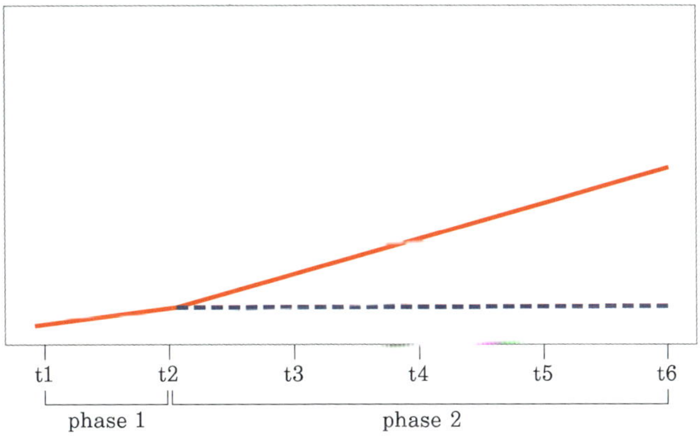

input 4-1a 2시점 분할모델

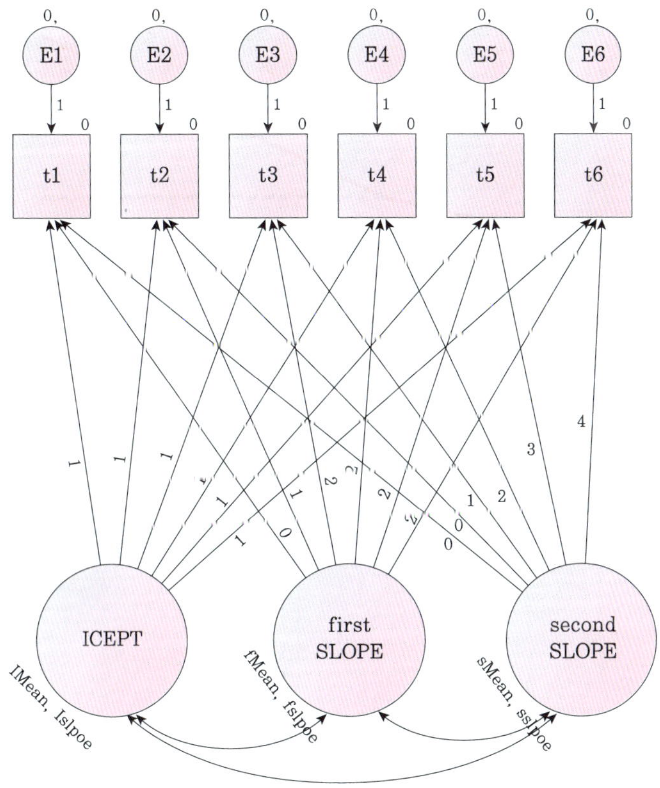

input 4-1a ••• **2시점 분할모델 분석결과**

CMIN

Model	NPAR	CMIN	DF	P	CMIN/DF
Default model	15	152.503	12	.000	12.709

Baseline Comparisons

Model	NFI Delta1	RFI rho1	IFI Delta2	TLI rho2	CFI
Default model	.917	.897	.923	.904	.923

RMSEA

Model	RMSEA	LO 90	HI 90	PCLOSE
Default model	.217	.187	.248	.000

2) 3시점이 전환시점인 경우

3시점이 전환시점인 경우를 그림으로 나타내면 [그림 4-2]와 같다.

그림 4-2 **6시점 분할모델의 예: 3시점이 전환시점인 경우**

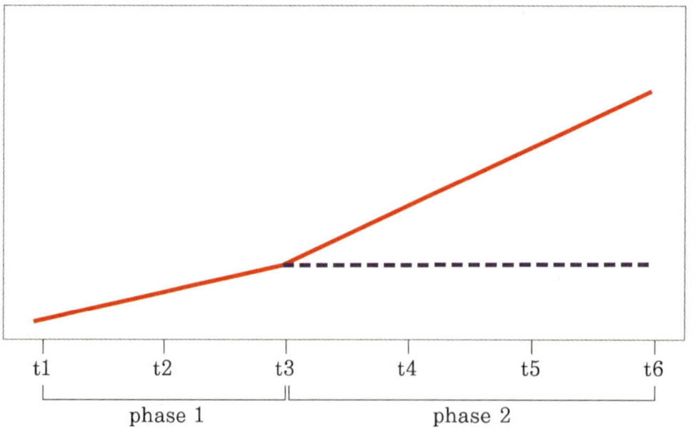

6시점 자료의 경우, 3시점에서 성장형태가 변하는 분할모델을 위한 입력파일이 [input 4-1]이다. 3시점 분할모델의 요인적재량 행렬은 다음과 같다.

$$\Lambda = \begin{pmatrix} 1 & 0 & 0 \\ 1 & 1 & 0 \\ 1 & 2 & 0 \\ 1 & 2 & 1 \\ 1 & 2 & 2 \\ 1 & 2 & 3 \end{pmatrix}$$

input 4-1b ••• 3시점 분할모델

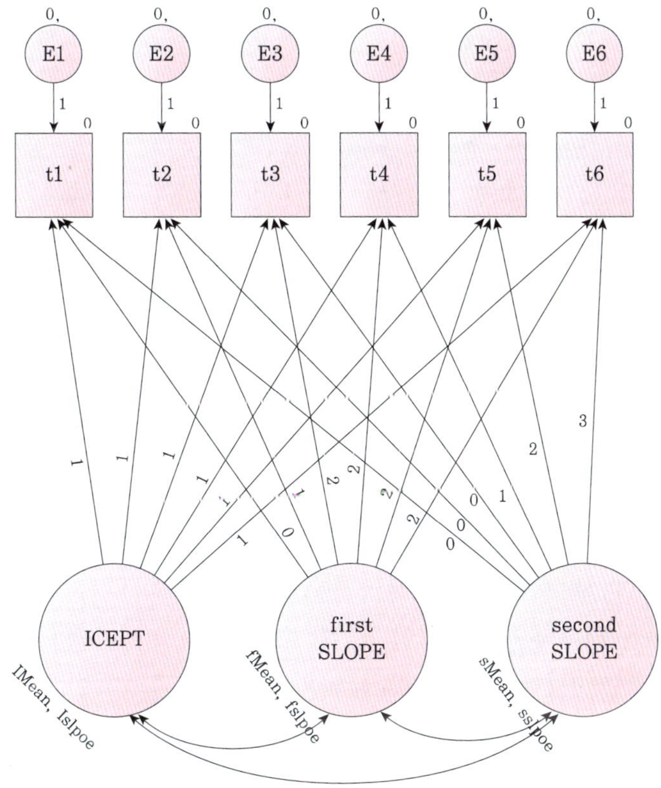

이를 분석하면 다음과 같은 적합도와 모수치를 얻는다.

output 4-1b ••• 3시점 분할모델의 분석결과

CMIN

Model	NPAR	CMIN	DF	P	CMIN/DF
Default model	15	102.788	12	.000	8.566

Baseline Comparisons

Model	NFI Delta1	RFI rho1	IFI Delta2	TLI rho2	CFI
Default model	.944	.930	.950	.938	.950

Means: (Group number 1 - Default model)

	Estimate	S.E.	C.R.	P	Label
ICEPT	11.785	.481	24.512	***	IMean
first_SLOPE	8.279	.246	33.720	***	fMean
second_SLOPE	2.017	.121	16.639	***	sMean

Covariances: (Group number 1 - Default model)

			Estimate	S.E.	C.R.	P	Label
ICEPT	<-->	first_SLOPE	-9.184	2.665	-3.446	***	
first_SLOPE	<-->	second_SLOPE	.338	.494	.684	.494	
ICEPT	<-->	second_SLOPE	-1.935	.933	-2.073	.038	

Variances: (Group number 1 - Default model)

	Estimate	S.E.	C.R.	P	Label
ICEPT	57.185	6.156	9.289	***	Islpoe
first_SLOPE	13.607	1.673	8.132	***	fslope
second_SLOPE	2.496	.383	6.521	***	sslope

'ICEPT'의 평균은 11.785로 나타났다. 이는 관측평균인 11.77과 거의 같다. 'first_SLOPE'의 평균은 8.279로 나타났는데, 이는 1시점에서 3시점에 걸친 변화율이 평균 8.279 만큼 증가한다는 것을 의미한다. 'second_SLOPE'의 평균은 2.017로 나타났는데, 이는 4시점에서 6시점에 걸친 변화율이 평균 2.017 만큼 증가한다는 것을 의미한다. 이 변화율은 '1 phase'에서의 변화율보다 작은 것으로 나타났다.

3시점 분할모델을 [그림 4-3]과 같이 표현할 수도 있다. 'first_SLOPE'가 계속 증가하는 형태를 보인다. 이는 [그림 4-2]와 비교해보면 그 차이를 알 수 있다.

그림 4-3 3시점 분할모델

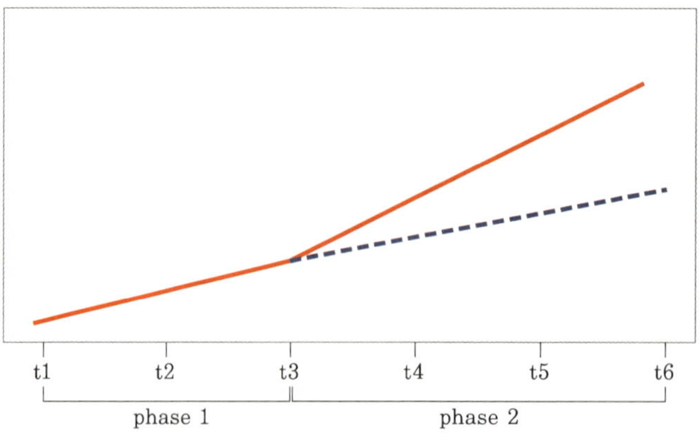

[그림 4-3] 모델을 위한 요인적재량은 다음과 같다.

$$\Lambda = \begin{pmatrix} 1 & 0 & 0 \\ 1 & 1 & 0 \\ 1 & 2 & 0 \\ 1 & 3 & 1 \\ 1 & 4 & 2 \\ 1 & 5 & 3 \end{pmatrix}$$

input 4-1c ••• 3시점 분할모델

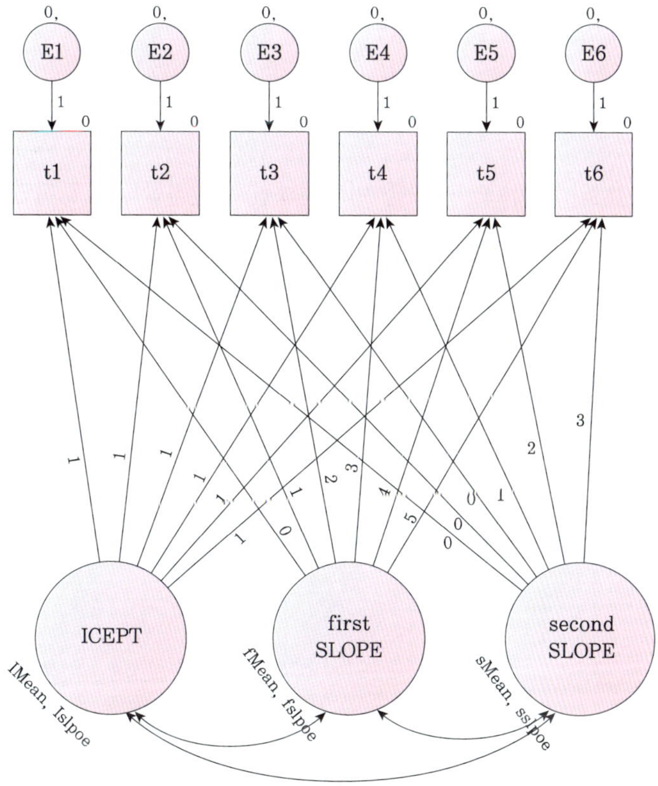

output 4-1c ••• 3시점 분할모델의 분석결과

CMIN

Model	NPAR	CMIN	DF	P	CMIN/DF
Default model	15	102.788	12	.000	8.566

Baseline Comparisons

Model	NFI Delta1	RFI rho1	IFI Delta2	TLI rho2	CFI
Default model	.944	.930	.950	.938	.950

Means: (Group number 1 - Default model)

	Estimate	S.E.	C.R.	P	Label
ICEPT	11.785	.481	24.512	***	IMean
first_SLOPE	8.279	.246	33.720	***	fMean
second_SLOPE	-6.262	.284	-22.068	***	sMean

Covariances: (Group number 1 - Default model)

			Estimate	S.E.	C.R.	P	Label
ICEPT	<-->	first_SLOPE	-9.184	2.665	-3.446	***	
first_SLOPE	<-->	second_SLOPE	-13.269	1.836	-7.226	***	
ICEPT	<-->	second_SLOPE	7.249	2.919	2.483	.013	

Variances: (Group number 1 - Default model)

	Estimate	S.E.	C.R.	P	Label
ICEPT	57.185	6.156	9.289	***	lslpoe
first_SLOPE	13.607	1.673	8.132	***	fslope
second_SLOPE	15.428	2.197	7.024	***	sslope

[output 4-1b]와 [output 4-1c]를 비교해보면 모델적합도는 같지만 모수치에 있어 음영 처리된 부분에서 값이 다름을 알 수 있다. 'second_SLOPE'의 평균값이 −6.262는 2.017−8.279에 의해 얻어진다. 위의 두 가지 모델설정 가운데 첫 번째([input 4-1])가 해석을 하는 데 용이하다.

3) 4시점이 전환시점인 경우

4시점 분할모델의 요인적재량 행렬은 다음과 같다.

$$\Lambda = \begin{pmatrix} 1 & 0 & 0 \\ 1 & 1 & 0 \\ 1 & 2 & 0 \\ 1 & 2 & 0 \\ 1 & 2 & 1 \\ 1 & 2 & 2 \end{pmatrix}$$

4시점 분할모델을 위한 입력파일이 [input 4-1d]이다.

input 4-1d ••• 4시점 분할모델을 위한 입력파일

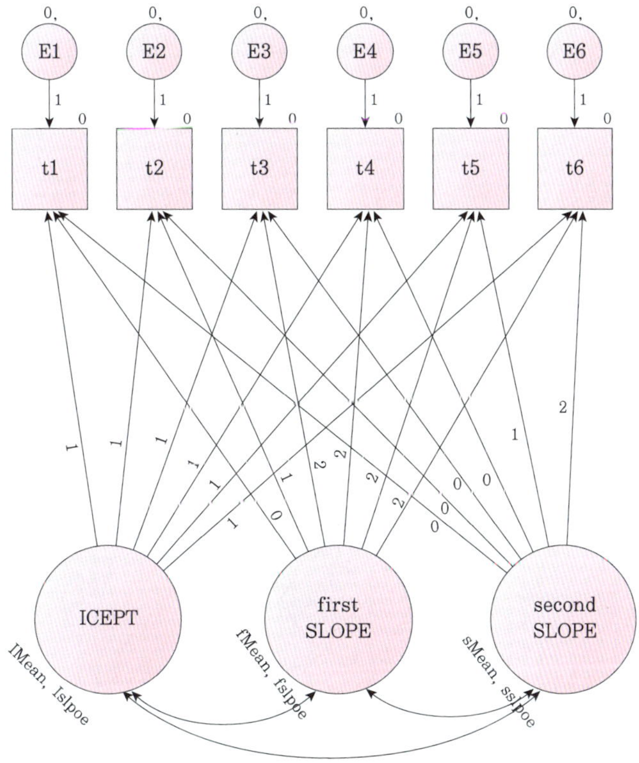

이를 실행하면 다음과 같은 결과를 얻는다.

output 4-1d ••• 4시점 분할모델의 분석결과

CMIN

Model	NPAR	CMIN	DF	P	CMIN/DF
Default model	15	213.870	12	.000	17.822

Baseline Comparisons

Model	NFI Delta1	RFI rho1	IFI Delta2	TLI rho2	CFI
Default model	.884	.855	.890	.862	.890

RMSEA

Model	RMSEA	LO 90	HI 90	PCLOSE
Default model	.260	.230	.291	.000

2시점, 3시점, 4시점을 전환시점으로 가정하고 모델을 추정한 결과, 3시점인 경우 모델 적합도가 가장 좋게 나타난다. 따라서 위의 6시점 자료는 3시점에서 전환시점이 있다고 해석할 수 있다.

1.2 5시점 자료의 경우

Mplus 매뉴얼([ex6.11])에 있는 5시점 자료를 이용하여 분할모델에 대해 살펴보기로 한다.

1) 2시점이 전환시점인 경우

input 4-2a ••• 2시점이 전환시점인 경우

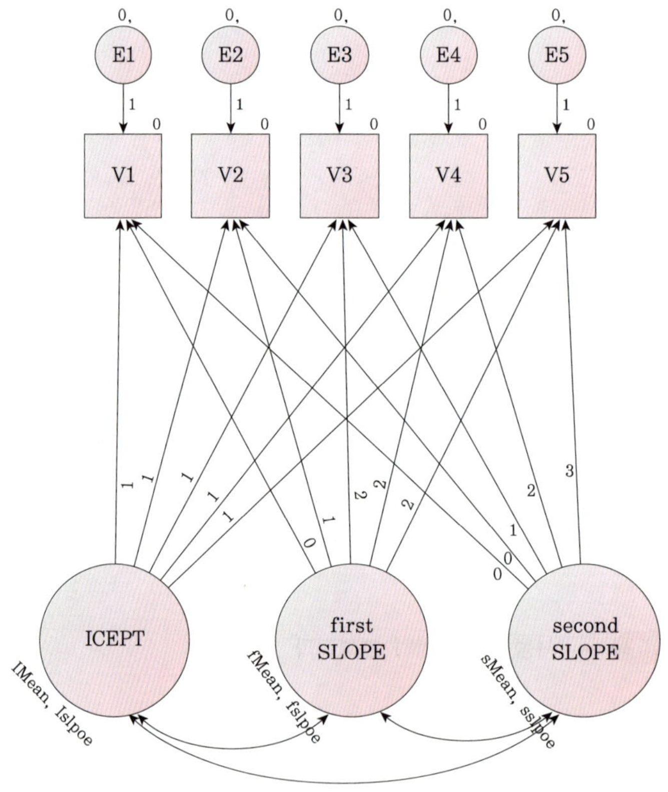

output 4-2a ••• 2시점이 전환시점인 경우의 분석결과

CMIN

Model	NPAR	CMIN	DF	P	CMIN/DF
Default model	14	426.164	6	.000	71.027

Baseline Comparisons

Model	NFI Delta1	RFI rho1	IFI Delta2	TLI rho2	CFI
Default model	.731	.552	.734	.555	.733

RMSEA

Model	RMSEA	LO 90	HI 90	PCLOSE
Default model	.375	.345	.405	.000

2) 3시점이 전환시점인 경우

input 4-2b 3시점이 전환시점인 경우

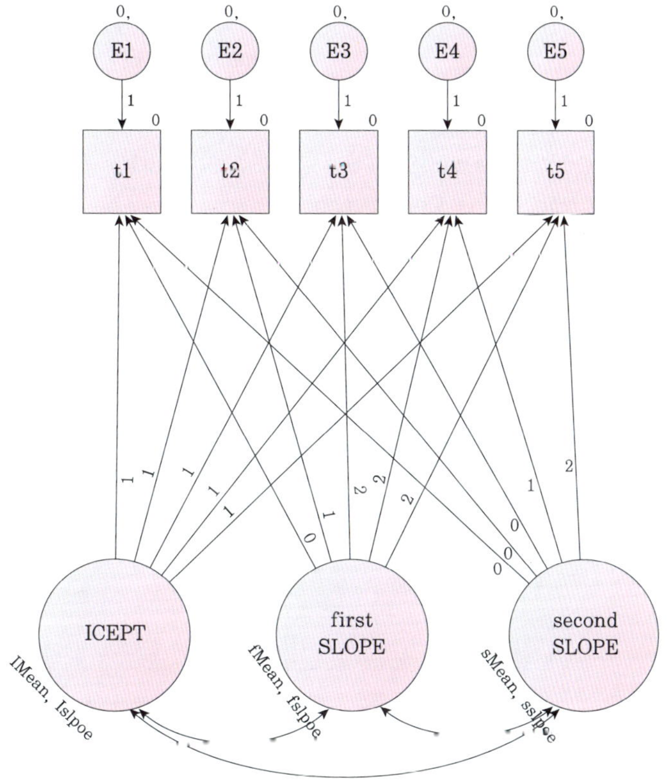

이를 실행하면 다음과 같은 결과를 얻는다.

output 4-2b 3시점이 전환시점인 모델의 분석결과

CMIN

Model	NPAR	CMIN	DF	P	CMIN/DF
Default model	14	5.233	6	.514	.872

Baseline Comparisons

Model	NFI Delta1	RFI rho1	IFI Delta2	TLI rho2	CFI
Default model	.997	.994	1.000	1.001	1.000

RMSEA

Model	RMSEA	LO 90	HI 90	PCLOSE
Default model	.000	.000	.054	.929

Means: (Group number 1 - Default model)

	Estimate	S.E.	C.R.	P	Label
ICEPT	.462	.052	8.967	***	IMean
first_SLOPE	1.071	.030	35.980	***	fMean
second_SLOPE	1.957	.030	64.367	***	sMean

Covariances: (Group number 1 - Default model)

			Estimate	S.E.	C.R.	P	Label
ICEPT	<-->	first_SLOPE	-.029	.049	-.592	.554	
first_SLOPE	<-->	second_SLOPE	-.031	.026	-1.185	.236	
ICEPT	<-->	second_SLOPE	.059	.036	1.643	.100	

Variances: (Group number 1 - Default model)

	Estimate	S.E.	C.R.	P	Label
ICEPT	.985	.101	9.738	***	Islpoe
first_SLOPE	.240	.037	6.504	***	fslope
second_SLOPE	.219	.042	5.252	***	sslope

3) 4시점이 전환시점인 경우

input 4-2c ••• 4시점이 전환시점인 경우

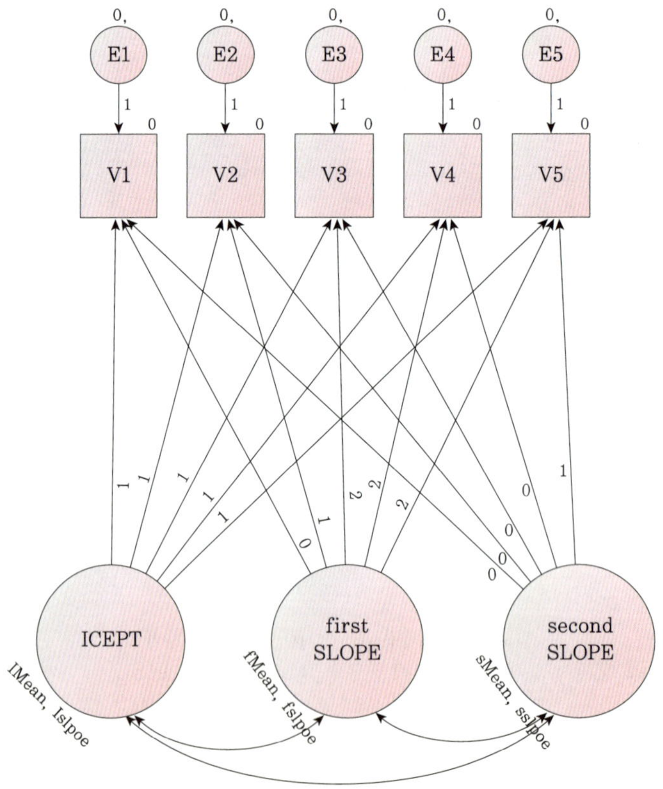

이를 실행하면 식별문제가 있어 추정에 실패한다.

2. 자기회귀교차지연모델

2.1 자기회귀모델

자기회귀모델(autoregressive model)은 **마코브모델(Markov model)** 또는 **심프렉스모델(simplex model)**이라고도 한다. 이 모델은 같은 변수 간에 시간의 경과에 따른 지연효과(lagged effect)를 함수로 표현한 것이다. 자기회귀모델을 나타내면 [그림 4-4]와 같다.

그림 4-4 자기회귀모델

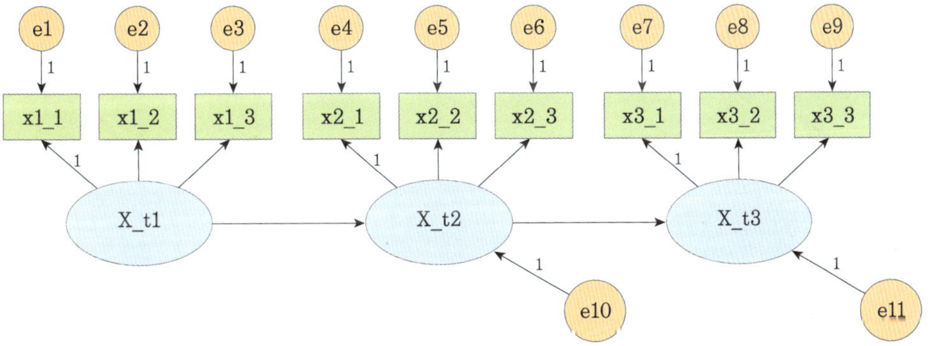

자기회귀모델에서 **비표준화 안정도계수(unstandardized stability coefficient)**와 **표준화 안정도계수(standardized stability coefficient)**는 구분해서 쓰인다. 비표준화계수는 가설검증을 위해 쓰이고 표준화계수는 해석을 하는 데 쓰인다. 자기회귀모델에서의 안정도는 개인 간 차이(inter-individual difference)의 정도를 의미한다.

안정도는 $T-1$시간과 T시간 사이의 개인의 관계로 정의된다. 완벽한 안정도는 두 시점 간에 개인의 변화가 없음을 의미한다. 예를 들어, 2명의 표본이 있다고 할 때 한 시점에서 한 개인이 다른 개인에 비해 두 배 높은 점수를 갖는다고 하면, 다음 시점에서 이러한 관계가 크게 변하지 않을 것으로 기대할 수 있다. 이 경우 표준화 회귀계수는 1이 된다.

정적 안정도(positive stability)는 개인 간에 순서(order)가 크게 변하지 않음을 의미하고, **부적 안정도(negative stability)**는 개인 간에 순서가 바뀌는 것을 의미한다. **낮은 안정도(low stability)**는 순서가 혼합되어 있음을 의미한다. 즉 1시점에서 낮은 사람이 2시점에서는 높고, 반대로 1시점에서 높은 사람이 2시점에서는 낮은 점수를 가짐을 의미한다.

2.2 자기회귀교차지연모델

자기회귀교차지연모델(autoregressive cross-lagged effect model: ARCL)은 시간의 변화에 따라 같은 변수의 관계 또는 다른 변수 간의 관계를 추정하는 방법이다. 이를 [그림 4-5]를 통해 이해하기로 한다. [그림 4-5]는 2-웨이브(wave), 2-변수 패널모델의 경로도를 나타낸 것이다.

그림 4-5 2-웨이브, 2-변수 패널모델

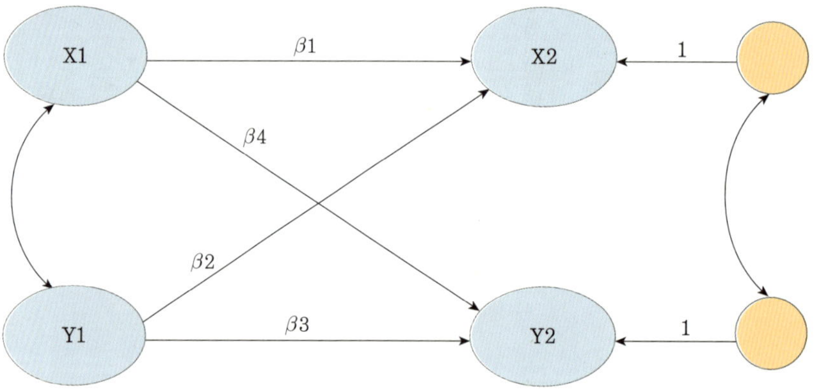

이 모델은 다음과 같은 두 개의 방정식으로 나타낼 수 있다.

$$X_2 = \beta_1 X_1 + \beta_2 Y_1 + \zeta_X$$
$$Y_2 = \beta_3 Y_1 + \beta_4 X_1 + \zeta_Y$$

이 식에서 회귀계수 β_1과 β_3은 **자기회귀효과(autoregressive effect)**로서 동일개념이 다음 시점에 미치는 효과를 의미한다. 자기회귀효과계수는 개념(construct)이 시점에 걸쳐 얼마나 안정적(stability)인가를 의미한다. 자기회귀계수가 작거나 0에 가까우면 해당

개념이 시간에 걸쳐 개인의 상대적 순위(relative standing)가 실질적으로 뒤바뀔 수 있음(reshuffling)을 의미하고, 이 값이 크면 개인차가 상대적으로 크게 변화하지 않음을 의미한다. 그러므로 이 값이 클수록 개인차가 안정적임을 의미한다.

회귀계수 β_2와 β_4는 **교차지연효과(cross-lagged effect)**로서 서로 다른 개념이 시간에 걸쳐 미치는 효과를 의미한다. 자기회귀계수와 교차지연계수는 다른 변수를 통제한 상황에서 추정된다. 예를 들어, β_4는 β_3이 통제된 상황에서 추정된다.

3. 자기회귀교차지연모델의 분석

3.1 종단자료의 측정불변성검증

종단자료의 **측정불변성(measurement invariance)** 또는 **요인불변성(factorial invariance)**은 시간에 걸쳐 동일 개념을 측정한 항목이 동일한 속성을 측정하였는가를 살펴보는 것이다. **종단자료가 다중지표(multiple indicator)로 측정되었다면 측정불변성을 검증해야 한다. 단일지표로 측정된 경우는 이 검증을 할 필요가 없다.**

$$Y_{ijt} = \tau_{jt} + \lambda_{jt}\eta_{it} + \epsilon_{ijt}$$

위 식에서, Y_{ijt}는 t시점($t=1,\cdots,T$)에서 관측변수 $j(j=1,\cdots,J)$에 대한 개인 i ($i=1,\cdots,N$)의 점수를 의미한다. τ_{jt}는 t시점에서 관측변수 j의 절편을 의미하고, λ_{jt}는 t시점에서 관측변수 j의 요인적재량을 의미하고, ϵ_{ijt}는 t시점에서 관측변수 j에 대한 개인 i의 고유요인점수(unique factor score)를 의미한다. 측정불변성은 다음과 같은 네 수준에서 검토된다.

① 형태불변성(configural invariance, form invariance): 시간에 걸쳐 고정요인적재량과 자유요인적재량이 동일한 패턴을 가진다고 가정한 것이다.

② 메트릭불변성(metric invariance): 시간에 걸쳐 요인적재량이 동일하다고 가정한다. 이를 **약한 불변성(weak invariance)**이라고도 한다.

③ 스칼라불변성(scalar invariance): 시간에 걸쳐 절편(intercept)의 값이 동일함을 가정한 것이다. 이를 **강한 불변성(strong invariance)**이라고도 한다.

④ 오차불변성(residual invariance): 시간에 걸쳐 오차(residual)의 값이 동일함을 가정한 것이다. 이를 **엄격한 불변성(strict invariance)**이라고도 한다.

1) 잠재변수의 척도화 접근법

측정불변성검증을 위해 잠재변수를 척도화(scaling)하는 접근법에는 **잠재표준화법(latent standardization method)**과 **마커변수법(marker variable method)**이 있다. Widaman 등(2010)에 소개된 [그림 4-6]의 예를 통해 이에 대해 살펴보기로 한다.

그림 4-6 4시점 모델

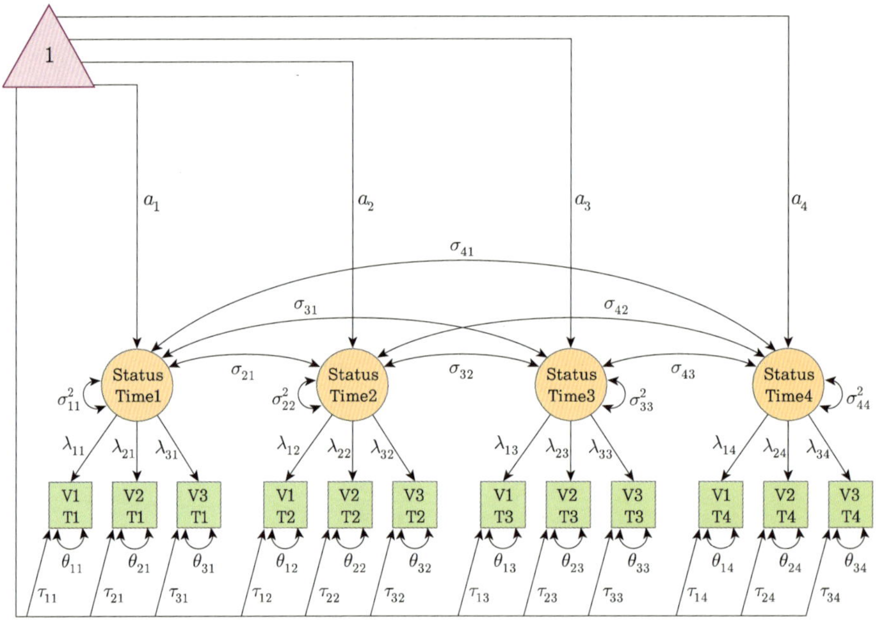

(1) 잠재표준화법

① 형태불변성검증

ⓘ 1시점에서의 잠재변수를 표준화($M = 0$, $SD = 1.0$)하기 위해 $\alpha_1 = 0$, $\sigma^2 = 1.0$으로 고정한다.

ⓘⓘ 첫 번째 요인적재량을 추정한다. 단, 첫 번째 요인적재량이 시간에 걸쳐 동일하도록 제약을 한다($\lambda_{11} = \lambda_{12} = \lambda_{13} = \lambda_{14}$).

ⓘⓘⓘ 첫 번째 절편을 추정한다. 단, 첫 번째 절편이 시간에 걸쳐 동일하도록 제약을 한다($\tau_{11} = \tau_{12} = \tau_{13} = \tau_{14}$).

ⅳ 나머지 모수는 모두 자유스럽게 추정한다.

② 메트릭불변성검증: 나머지 요인적재량에 대해 동일한 제약을 한다.

즉 $\lambda_{21} = \lambda_{22} = \lambda_{23} = \lambda_{24}$, $\lambda_{31} = \lambda_{32} = \lambda_{33} = \lambda_{34}$

③ 스칼라불변성검증: 나머지 절편에 대해 동일한 제약을 한다.

즉 $\tau_{21} = \tau_{22} = \tau_{23} = \tau_{24}$, $\tau_{31} = \tau_{32} = \tau_{33} = \tau_{34}$

④ 오차분산불변성검증: 오차분산에 대해 동일한 제약을 한다.

즉 $\theta_{11} = \theta_{12} = \theta_{13} = \theta_{14}$, $\theta_{21} = \theta_{22} = \theta_{23} = \theta_{24}$, $\theta_{31} = \theta_{32} = \theta_{33} = \theta_{34}$

(2) 마커변수법

마커변수법(marker variable method)은 **준거변수법(reference variable method)**이라고도 한다.

① 형태불변성검증

ⅰ 각 시점에서의 요인적재량 가운데 하나를 1로 고정하고, 절편은 0으로 고정한다.

즉 $\lambda_{11} = 1$, $\tau_{11} = 0$, $\lambda_{12} = 1$, $\tau_{12} = 0$, $\lambda_{13} = 1$, $\tau_{13} = 0$, $\lambda_{14} = 1$, $\tau_{14} = 0$

ⅱ 나머지 모든 모수는 자유스럽게 추정한다.

② 메트릭불변성검증: 나머지 요인적재량에 대해 동일한 제약을 한다.

즉 $\lambda_{22} = \lambda_{23} = \lambda_{24}$, $\lambda_{32} = \lambda_{33} = \lambda_{34}$

③ 스칼라불변성검증: 나머지 절편에 대해 동일한 제약을 한다.

즉 $\tau_{22} = \tau_{23} = \tau_{24}$, $\tau_{32} = \tau_{33} = \tau_{34}$

④ 오차분산불변성검증: 오차분산에 대해 동일한 제약을 한다.

즉 $\theta_{11} = \theta_{12} = \theta_{13} = \theta_{14}$, $\theta_{21} = \theta_{22} = \theta_{23} = \theta_{24}$, $\theta_{31} = \theta_{32} = \theta_{33} = \theta_{34}$

스칼라불변성 또는 오차불변성이 자료를 잘 적합하는 것으로 나타나면 이 모델이 기본모델이 되고 이를 이용하여 다른 모델을 비교할 수 있다. 형태불변성이나 메트릭불변성의 충족만으로는 측정불변성검증이 충분하지 않다.

2) 측정불변성검증의 예

[그림 4-7] 모델을 토대로 측정불변성 검증 및 ARCL 분석에 대해 살펴보기로 한다. [그림 4-7]에서 'F1', 'F2', 'F3'은 동일 개념을 시간에 걸쳐 측정한 것을 의미하고, 'F4', 'F5', 'F6'도 마찬가지로 다른 동일 개념을 시간에 걸쳐 측정한 것을 의미한다. 'F1', 'F2',

'F3'은 각각 5개의 항목을 이용하여 측정하였고, 'F4', 'F5', 'F6'은 각각 3개의 항목을 이용하여 측정하였다.

그림 4-7 자기회귀교차지연(ARCL) 모델의 예

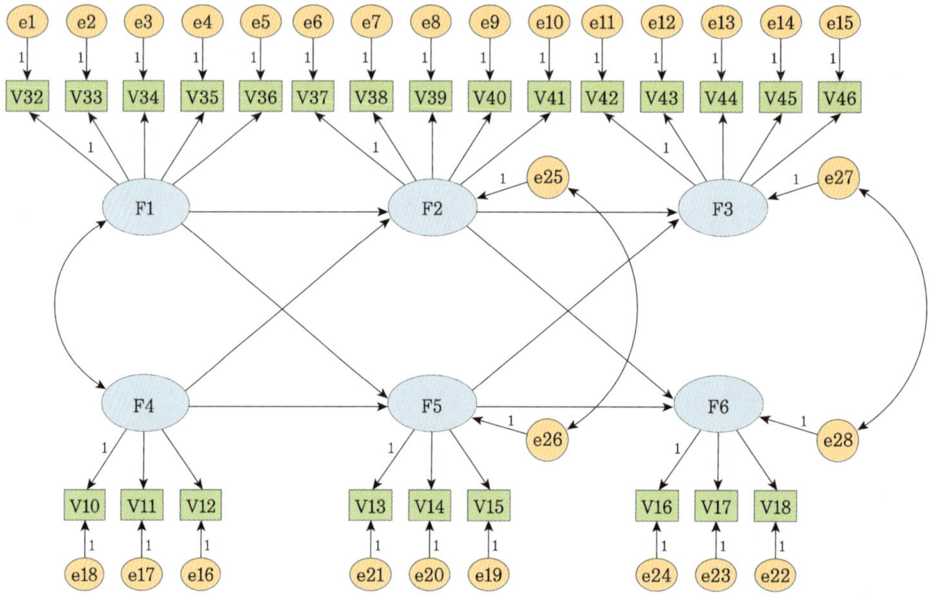

(1) 잠재표준화법에 의한 측정불변성검증

① 형태불변성검증

ⓘ 'F1'과 'F4'를 표준화하기 위해 평균은 0, 분산은 1로 입력한다.

ⓘⓘ v32, v37, v42의 요인적재량을 동일하게 하기 위해 동일한 명칭을 부여한다(예: a1).

ⓘⓘⓘ v10, v13, v16의 요인적재량을 동일하게 하기 위해 동일한 명칭을 부여한다(예: b1).

ⓘⓥ v32, v37, v42의 절편을 동일하게 하기 위해 동일한 명칭을 부여한다(예: t1).

ⓥ v10, v13, v16의 절편을 동일하게 하기 위해 동일한 명칭을 부여한다(예: t41).

input inv-1 ••• 형태불변성검증 모델

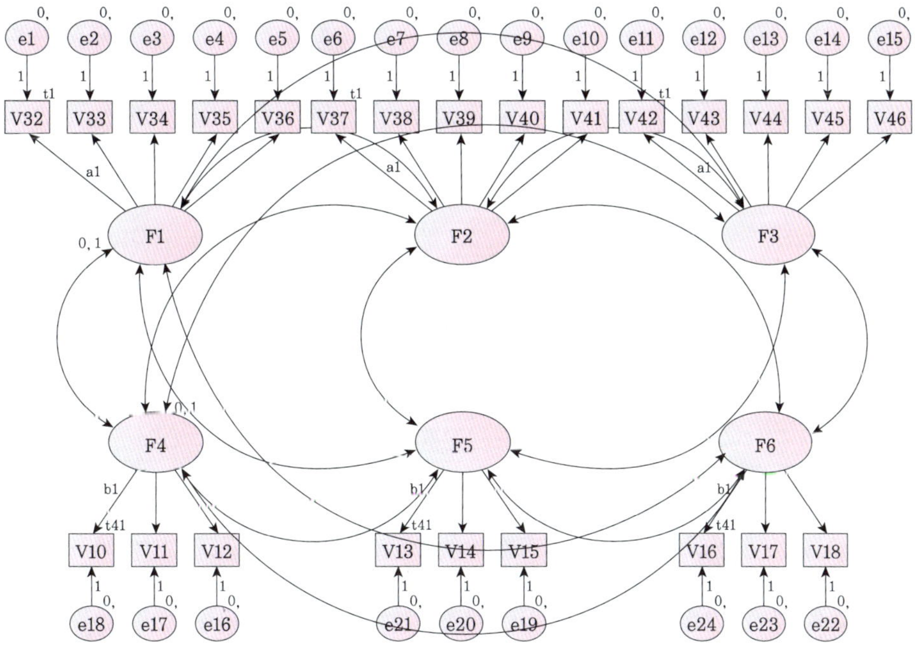

output inv-1 ••• 형태불변성검증결과

CMIN

Model	NPAR	CMIN	DF	P	CMIN/DF
Default model	87	600.775	237	.000	2.535

Baseline Comparisons

Model	NFI Delta1	RFI rho1	IFI Delta2	TLI rho2	CFI
Default model	.893	.876	.933	.921	.932

RMSEA

Model	RMSEA	LO 90	HI 90	PCLOSE
Default model	.052	.047	.057	.280

형태불변성검증을 위해 모델설정을 할 때 'F2', 'F3', 'F5', 'F6' 등에 대해서는 잠재표준화를 해서는 안 된다. 이에 해당하는 입력파일이 [input inv-1a]이다.

input inv-1a ••• 형태불변성검증 모델

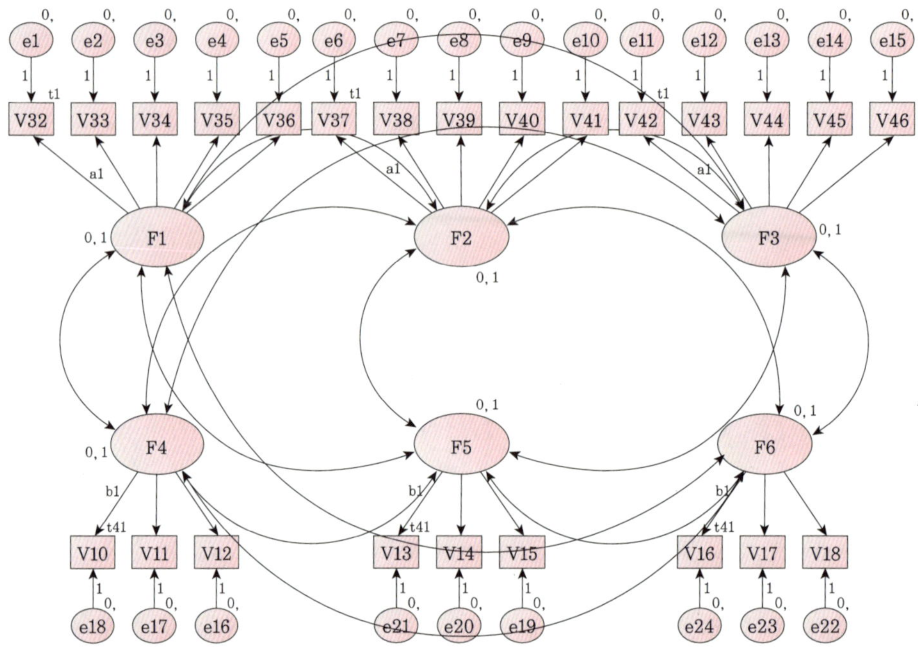

이를 실행하면 다음과 같은 결과를 얻는다.

output inv-1a ••• 형태불변성검증결과

CMIN

Model	NPAR	CMIN	DF	P	CMIN/DF
Default model	79	639.793	245	.000	2.611

② 메트릭불변성검증

ⓘ v33, v38, v43의 요인적재량을 동일하게 하기 위해 동일한 명칭을 부여한다(예: a2).

ⓘⓘ v34, v39, v44의 요인적재량을 동일하게 하기 위해 동일한 명칭을 부여한다(예: a3).

ⓘⓘⓘ v35, v40, v45의 요인적재량을 동일하게 하기 위해 동일한 명칭을 부여한다(예: a4).

ⓘⓥ v36, v41, v46의 요인적재량을 동일하게 하기 위해 동일한 명칭을 부여한다(예: a5).

ⓥ v11, v14, v17의 요인적재량을 동일하게 하기 위해 동일한 명칭을 부여한다(예: b2).

ⓥⓘ v12, v15, v18의 요인적재량을 동일하게 하기 위해 동일한 명칭을 부여한다(예: b3).

input inv-2 메트릭불변성검증 모델

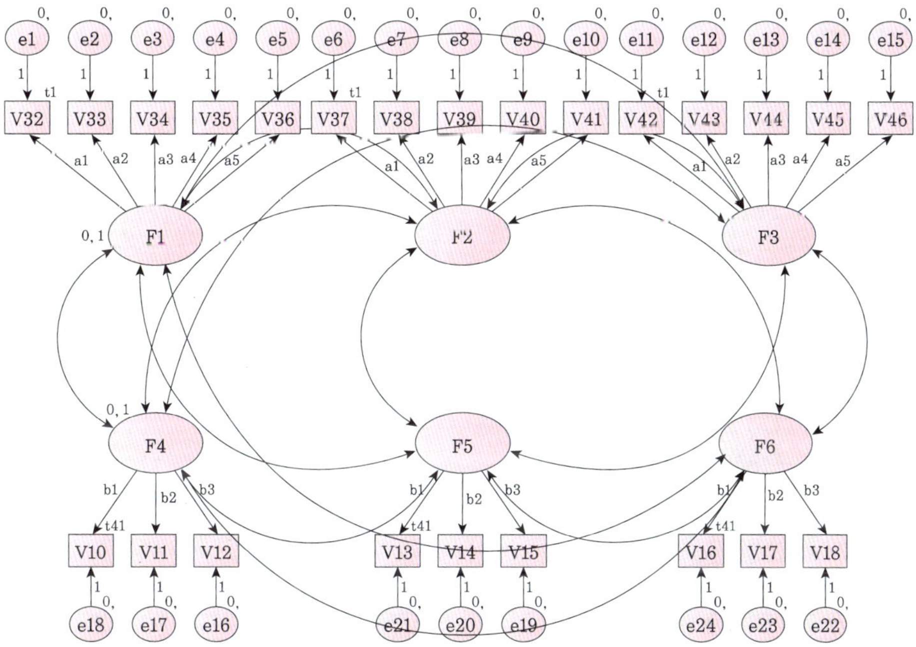

output inv-2 메트릭불변성검증결과

CMIN

Model	NPAR	CMIN	DF	P	CMIN/DF
Default model	75	624.772	249	.000	2.509

Baseline Comparisons

Model	NFI Delta1	RFI rho1	IFI Delta2	TLI rho2	CFI
Default model	.889	.877	.930	.922	.930

RMSEA

Model	RMSEA	LO 90	HI 90	PCLOSE
Default model	.051	.046	.056	.326

③ 스칼라불변성검증

ⓘ v33, v38, v43의 절편을 동일하게 하기 위해 동일한 명칭을 부여한다(예: t2).

ⅱ v34, v39, v44의 절편을 동일하게 하기 위해 동일한 명칭을 부여한다(예: t3).

ⅲ v35, v40, v45의 절편을 동일하게 하기 위해 동일한 명칭을 부여한다(예: t4).

ⅳ v36, v41, v46의 절편을 동일하게 하기 위해 동일한 명칭을 부여한다(예: t5).

ⅴ v11, v14, v17의 절편을 동일하게 하기 위해 동일한 명칭을 부여한다(예: t42).

ⅵ v12, v15, v18의 절편을 동일하게 하기 위해 동일한 명칭을 부여한다(예: t43).

input inv-3 스칼라불변성검증 모델

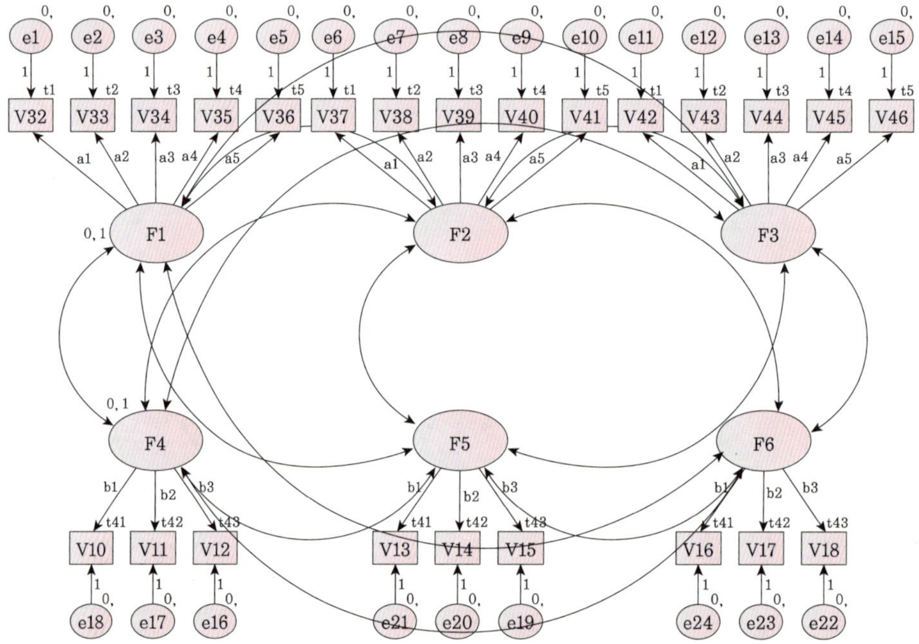

output inv-3 스칼라불변성검증결과

CMIN

Model	NPAR	CMIN	DF	P	CMIN/DF
Default model	63	641.027	261	.000	2.456

Baseline Comparisons

Model	NFI Delta1	RFI rho1	IFI Delta2	TLI rho2	CFI
Default model	.886	.880	.929	.925	.929

RMSEA

Model	RMSEA	LO 90	HI 90	PCLOSE
Default model	.050	.045	.055	.438

④ 오차분산불변성검증

ⓘ e1, e6, e11의 오차분산을 동일하게 하기 위해 같은 이름을 부여한다(예: e1).

ⓘⓘ e2, e7, e12의 오차분산을 동일하게 하기 위해 같은 이름을 부여한다(예: e2).

ⓘⓘⓘ e3, e8, e13의 오차분산을 동일하게 하기 위해 같은 이름을 부여한다(예: e3).

ⓘⓥ e4, e9, e14의 오차분산을 동일하게 하기 위해 같은 이름을 부여한다(예: e4).

ⓥ e5, e10, e15의 오차분산을 동일하게 하기 위해 같은 이름을 부여한다(예: e5).

ⓥⓘ e18, e21, e24의 오차분산을 동일하게 하기 위해 같은 이름을 부여한다(예: e6).

ⓥⓘⓘ e17, e20, e23의 오차분산을 동일하게 하기 위해 같은 이름을 부여한다(예: e7).

ⓥⓘⓘⓘ e16, e19, e22의 오차분산을 동일하게 하기 위해 같은 이름을 부여한다(예: e8).

input inv-4 ••• **오차분산불변성검증 모델**

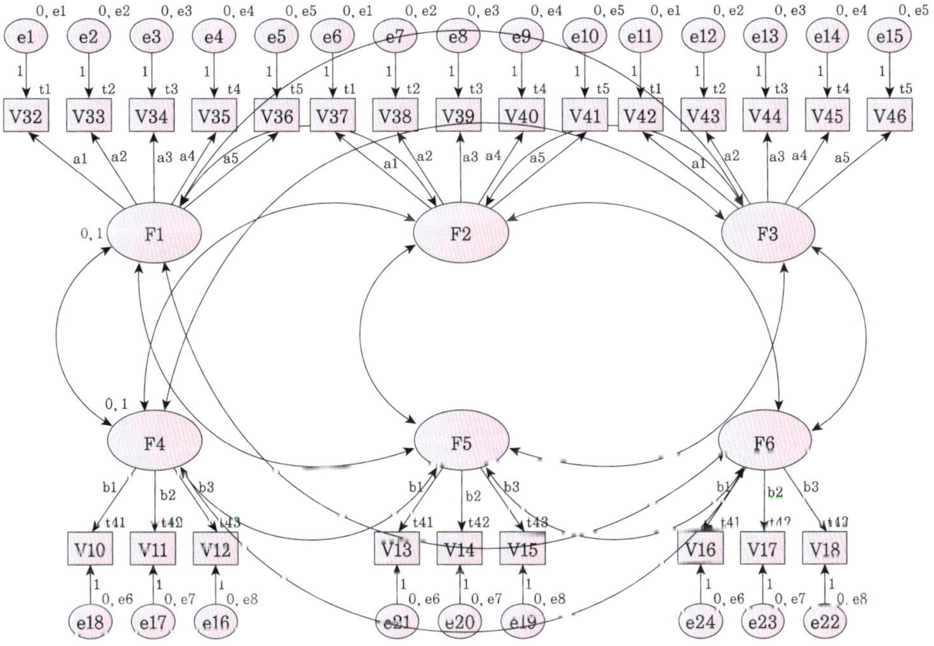

output inv-4 ••• **오차분산불변성검증결과**

CMIN

Model	NPAR	CMIN	DF	P	CMIN/DF
Default model	47	679.632	277	.000	2.454

Baseline Comparisons

Model	NFI Delta1	RFI rho1	IFI Delta2	TLI rho2	CFI
Default model	.879	.880	.925	.925	.925

```
RMSEA
  Model                  RMSEA    LO 90    HI 90    PCLOSE
  Default model           .050     .046     .055      .442
```

지금까지 분석한 결과를 표로 제시하면 [표 4-1]과 같다.

표 4-1 측정불변성검증결과

모델	χ^2	df	TLI	CFI	RMSEA	$\Delta\chi^2(\Delta df)$	
모델 1: 형태불변성	600.775	237	.921	.932	.052		
모델 2: 메트릭불변성	624.772	249	.922	.930	.051	23.997(12)	$p > 0.05$
모델 3: 스칼라불변성	641.027	261	.925	.929	.050	16.255(12)	$p < 0.05$
모델 4: 오차분산불변성	679.632	277	.925	.925	.050	38.605(16)	$p > 0.05$

모델 1과 모델 2를 비교하면 χ^2차이가 $df = 12$에서 23.997로 $\alpha = 0.05$ 수준에서 임계치 21.03을 초과해 유의적인 차이가 있다. χ^2차이만으로 보면 메트릭불변성이 충족되지 않는다. 그러나 다른 적합도지수를 고려하면 메트릭불변성이 충족된다고 볼 수 있다. 모델 2와 모델 3을 비교하면 스칼라불변성이 충족된다. 모델 3과 모델 4를 비교하면 오차분산불변성이 충족된다. 연구자가 고민되는 부분은 모델 3을 최종모델로 할 것인가 아니면 모델 4를 최종모델로 할 것인가이다. 이 예에서는 오차분산불변성과 스칼라불변성을 각각 최종모델로 선정해서 분석해보기로 한다.

3.2 경로계수의 추정: ARCL 분석

1) 오차분산불변성이 최종모델인 경우

오차분산불변성을 최종모델로 선정하여 ARCL 분석을 하기로 한다. 이를 위한 입력파일이 [input arcl-1]이다.

input arcl-1 ••• 오차분산불변성이 최종모델인 경우의 ARCL 분석

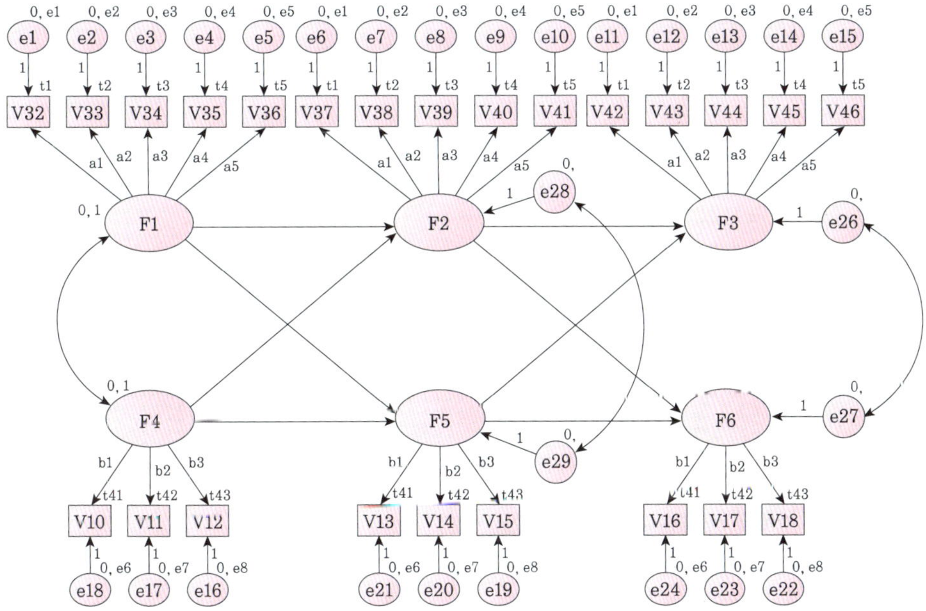

이를 분석하면 다음과 같은 결과를 얻는다.

output arcl-1 ••• ARCL 분석결과

CMIN

Model	NPAR	CMIN	DF	P	CMIN/DF
Default model	43	761.551	281	.000	2.710

Baseline Comparisons

Model	NFI Delta1	RFI rho1	IFI Delta2	TLI rho2	CFI
Default model	.865	.867	.910	.912	.910

RMSEA

Model	RMSEA	LO 90	HI 90	PCLOSE
Default model	.055	.050	.059	.050

Regression Weights: (Group number 1 - Default model)

			Estimate	S.E.	C.R.	P	Label
F2	<---	F1	.651	.049	13.237	***	
F5	<---	F4	.458	.047	9.662	***	
F2	<---	F4	-.008	.049	-.172	.864	
F5	<---	F1	-.172	.047	-3.638	***	
F3	<---	F2	.656	.044	14.847	***	
F6	<---	F5	.630	.047	13.335	***	
F3	<---	F5	-.094	.049	-1.916	.055	

```
F6    <---    F2         -.020    .042    -.491    .624
Standardized Regression Weights: (Group number 1 - Default model)
                                Estimate
F2    <---    F1                .612
F5    <---    F4                .472
F2    <---    F4                -.008
F5    <---    F1                -.178
F3    <---    F2                .651
F6    <---    F5                .643
F3    <---    F5                -.085
F6    <---    F2                -.023
Covariances: (Group number 1 - Default model)
                         Estimate   S.E.    C.R.      P
F4    <-->    F1         -.223      .050    -4.485    ***
e28   <-->    e29        -.065      .042    -1.565    .118
e26   <-->    e27        -.024      .038    -.630     .529
Correlations: (Group number 1 - Default model)
                                Estimate
F4    <-->    F1                -.223
e28   <-->    e29               -.095
e26   <-->    e27               -.042
```

표 4-2 자기회귀교차지연 분석결과

효과	비표준화계수	표준오차	표준화계수
F1 → F2	.651**	.049	.612
F4 → F5	.458**	.047	.472
F4 → F2	−.008ns	.049	−.008
F1 → F5	−.172**	.047	−.178
F2 → F3	.656**	.044	.651
F5 → F6	.630**	.047	.643
F5 → F3	−.094*	.049	−.085
F2 → F6	−.020ns	.042	−.023
F1 ↔ F4	−.223**	.050	−.223
F2 ↔ F5	−.065ns	.042	−.095
F3 ↔ F6	−.024ns	.038	−.042

주: ns: non-significant, * $p < 0.05$, ** $p < 0.01$

자기회귀효과(autoregressive effect)는 'F1 → F2'는 $\beta = .612$, 'F2 → F3'은 $\beta = .651$로 유의적이다. 또한 'F4 → F5', 'F5 → F6'은 각각 $\beta = .472$, $\beta = .643$으로 유의적이다. 따

라서 자기회귀효과는 시간에 걸쳐 상대적으로 안정적인 것으로 나타났다.

교차지연효과(cross-lagged effect)는 'F1 → F5'는 $\beta = -.178$로 유의적이고, 'F4 → F2'는 $\beta = -.008$로 비유의적이고, 'F2 → F6'은 $\beta = -.023$으로 비유의적이고, 'F5 → F3'은 $\beta = -.085$로 유의적이다. 교차지연효과계수는 부호가 부적(−)인 것으로 나타났다.

2) 스칼라불변성이 최종모델인 경우

스칼라불변성을 최종모델로 선정하였다고 가정하고 모델을 추정해보기로 한다. 이를 위한 입력파일이 [input arcl-2]이다.

input arcl-2 ••• 스칼라불변성이 최종모델인 경우의 ARCL 분석

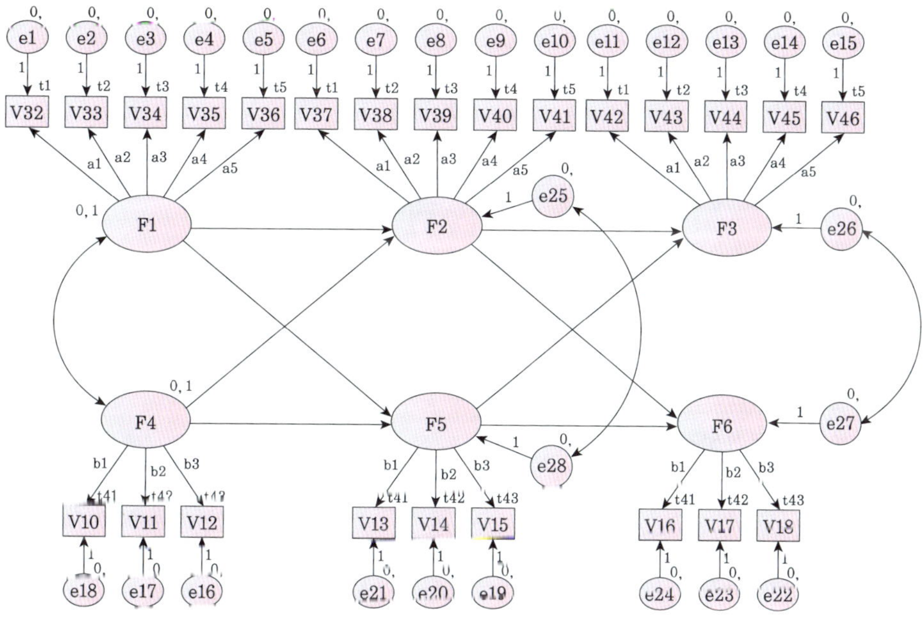

이를 분석하면 다음과 같은 결과를 얻는다.

output arcl-2 ••• 스칼라불변성이 최종모델인 경우의 ARCL 분석결과

CMIN

Model	NPAR	CMIN	DF	P	CMIN/DF
Default model	59	716.090	265	.000	2.702

Baseline Comparisons

Model	NFI Delta1	RFI rho1	IFI Delta2	TLI rho2	CFI
Default model	.873	.867	.916	.912	.916

RMSEA

Model	RMSEA	LO 90	HI 90	PCLOSE
Default model	.055	.050	.059	.060

Regression Weights: (Group number 1 - Default model)

			Estimate	S.E.	C.R.	P	Label
F2	<---	F1	.650	.049	13.267	***	
F5	<---	F4	.451	.045	9.929	***	
F5	<---	F1	-.172	.046	-3.750	***	
F2	<---	F4	-.004	.048	-.080	.936	
F3	<---	F2	.664	.045	14.715	***	
F6	<---	F5	.681	.051	13.233	***	
F6	<---	F2	-.007	.042	-.168	.866	
F3	<---	F5	-.100	.053	-1.877	.061	

Standardized Regression Weights: (Group number 1 - Default model)

			Estimate
F2	<---	F1	.615
F5	<---	F4	.487
F5	<---	F1	-.186
F2	<---	F4	-.004
F3	<---	F2	.653
F6	<---	F5	.665
F6	<---	F2	-.008
F3	<---	F5	-.086

(1) 경로계수의 등가성검증

자기회귀계수 가운데 'F1 → F2'는 $\beta=.612$, 'F2 → F3'은 $\beta=.651$로 비슷한 값을 보이고 있다. 이 계수가 동일한 값인지를 검증하기 위해 **등가성검증(equality test)**을 할 수 있다.

input arcl-3 ••• 경로계수(자기회귀계수)의 등가성검증 모델

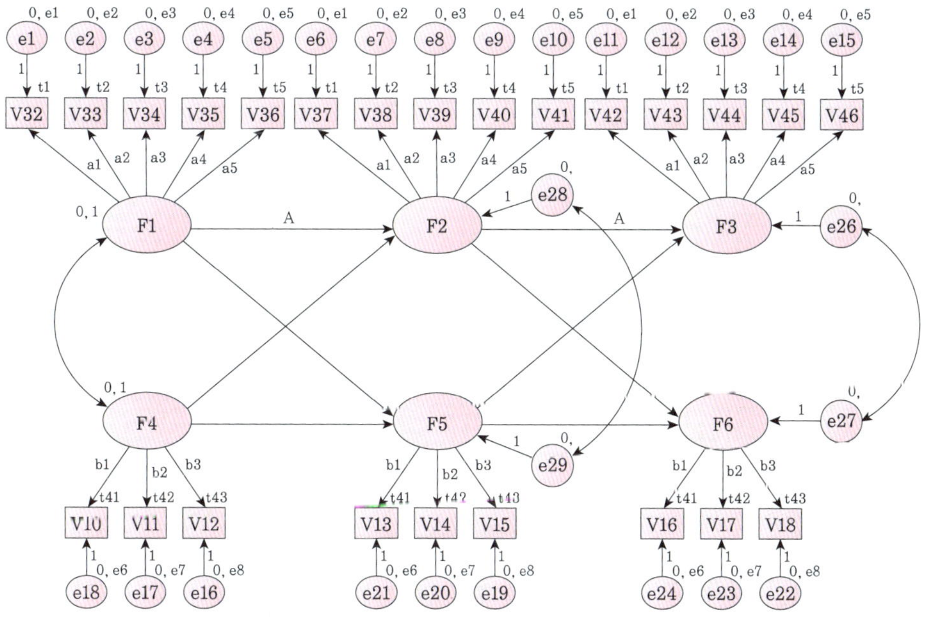

이를 분석하면 다음과 같은 결과를 얻는다.

output arcl-3 ••• 자기회귀계수의 등가성검증결과

CMIN

Model	NPAR	CMIN	DF	P	CMIN/DF
Default model	42	761.557	282	.000	2.701

[output arcl-2]에서 얻은 χ^2값과 위 모델을 추정해서 얻은 χ^2값을 비교하면 $\Delta\chi^2 = .006$, $\Delta df = 1$로 유의적이지 않아 두 경로계수가 같다는 모델이 채택된다. 그러므로 두 계수 값은 약간의 차이가 있기는 하지만 실질적으로 같은 값이라고 할 수 있다.

(2) 마커변수법에 의한 측정불변성검증

마커변수법에 의한 측정불변성검증 결과는 잠재표준화법과 동일하므로 입력파일만 제시하기로 한다.

① 형태불변성검증

input inv2-1 ••• **형태불변성검증 모델**

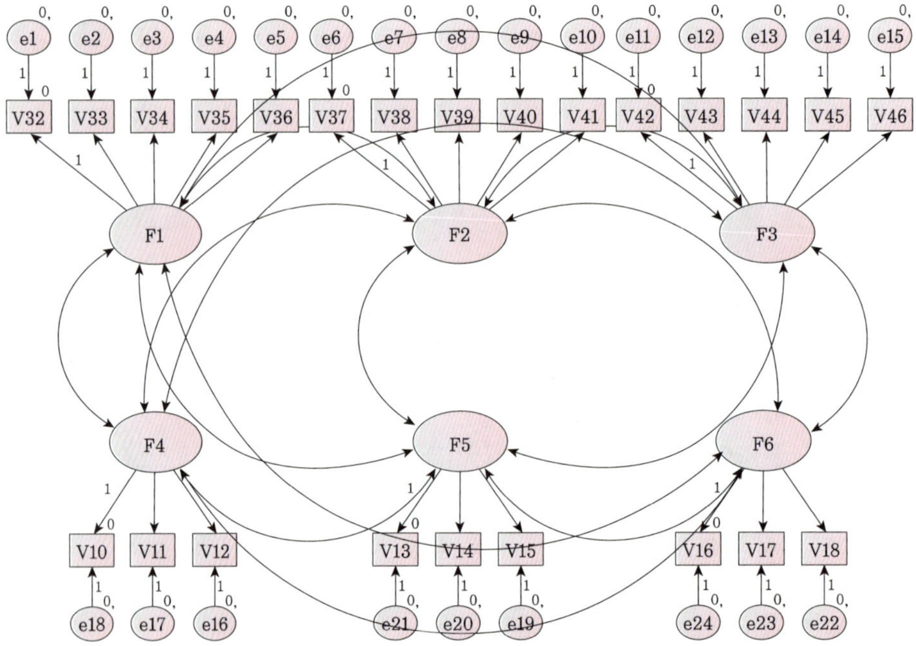

② 메트릭불변성검증

input inv2-2 ••• **메트릭불변성검증 모델**

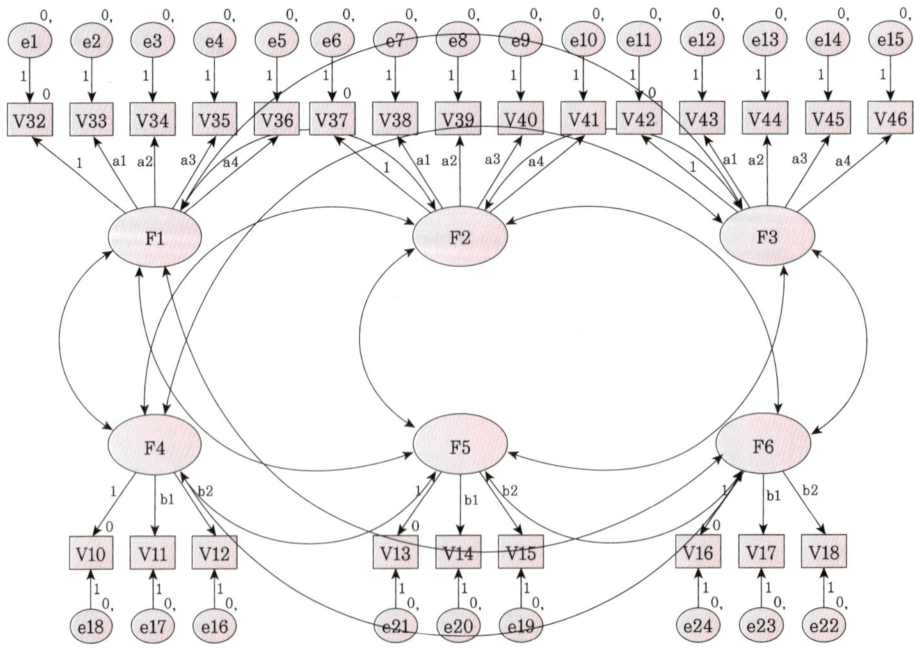

③ 스칼라불변성검증

input inv2-3 ••• 스칼라불변성검증 모델

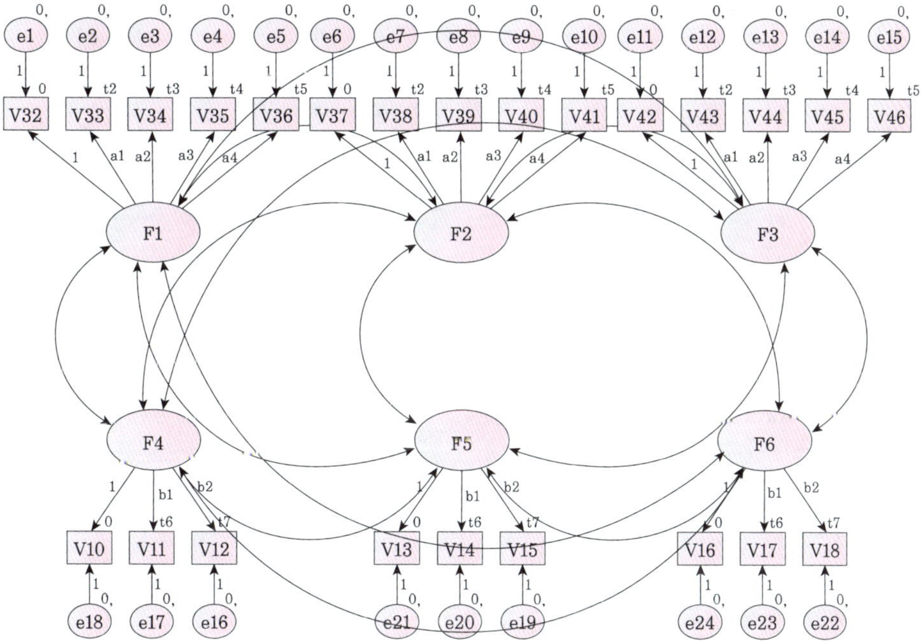

④ 오차분산불변성검증

input inv2-4 ••• 오차분산불변성검증 모델

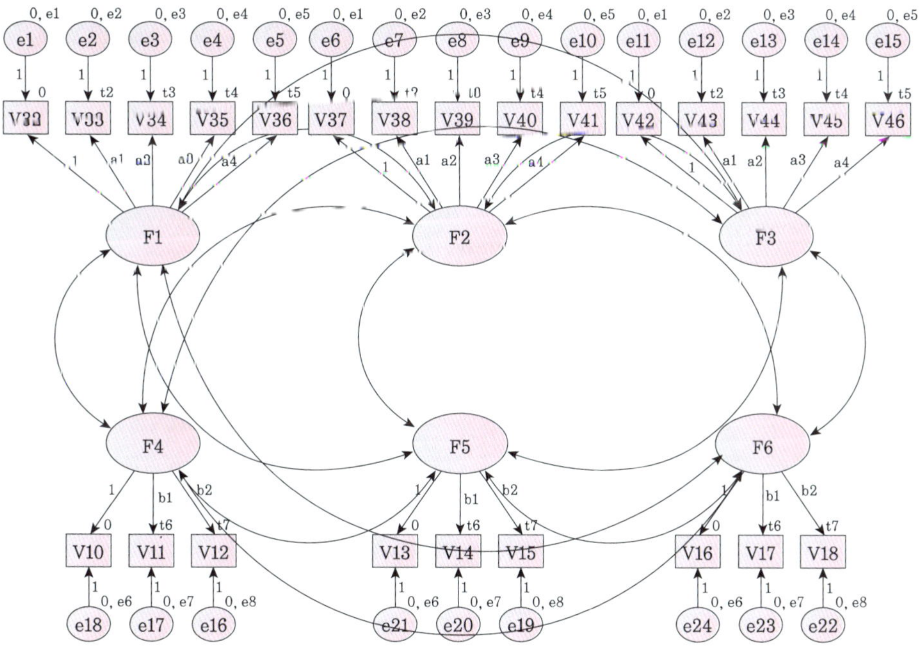

⑤ 경로계수의 추정

input arcl2-1 ••• **경로계수의 추정모델**

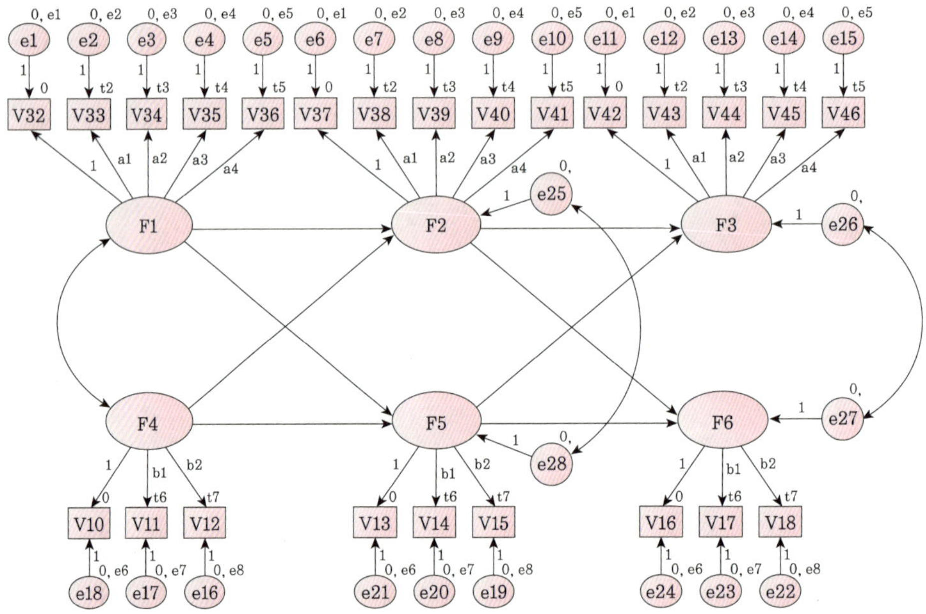

3.3 교차지연패널모델의 매개효과분석

교차지연패널모델(cross-lagged panel model: CLPM)에 의해 지연효과가 있는 패널 자료를 대상으로 매개효과를 분석할 수 있다. 이하에서 CLPM에 의한 매개효과에 대해 살펴보기로 한다.

그림 4-8 CLPM: 3시점 모델

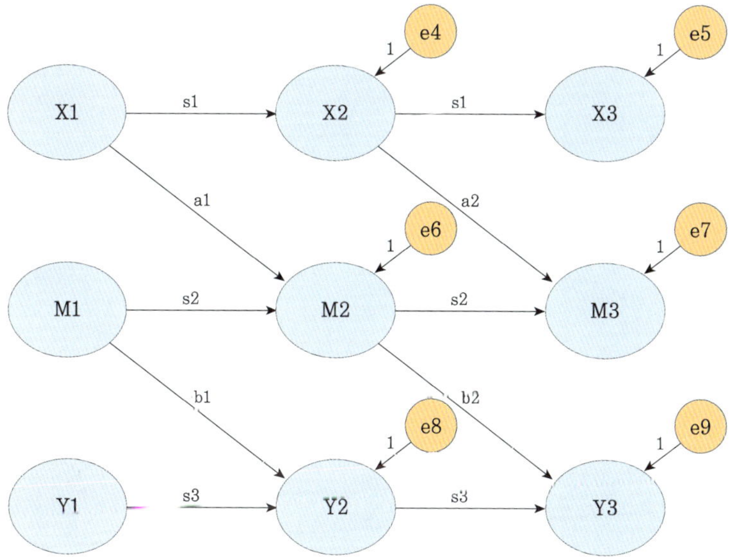

[그림 4-8]의 모델에서 간접효과는 a_1b_1, a_2b_2, a_1b_2 이다. 직접효과에 대한 관점은 학자에 따라 조금씩 다르다. Preacher와 그의 동료들(예: Preacher, 2015; Selig & Preacher, 2009), Cole과 그의 동료(2003, 2007)는 $X_1 \rightarrow Y_3$을 직접효과(c')로 보는 데 비해, MacKinnon과 그의 동료들(예: MacKinnon, 2008; Krull et al., 2016)은 $X_1 \rightarrow Y_2$, $X_2 \rightarrow Y_3$을 직접효과로 본다.

간접효과의 해석은 안정성, 고정성, 균형성의 관점에서 이루어진다. ① **안정성(stability)**은 변수의 개인차가 시간의 경과에 따라 유지되는 정도를 의미하고, ② **고정성(stationarity)**은 인과구조가 시간이 경과에 따라 변하지 않은 정도를 의미하고, ③ **균형성(equilibrium)**은 횡단자료의 분산과 공분산이 시간의 경과에 따라 유지되는 것을 의미한다. 즉 횡단자료를 여러 번 측정해도 분산과 공분산이 크게 달라지지 않는 것을 의미한다. 결국 간접효과가 있다는 것은 이들 세 가지 속성이 있다는 것으로 해석할 수 있다.

그림 4-9 CLPM: 4시점 모델의 경우

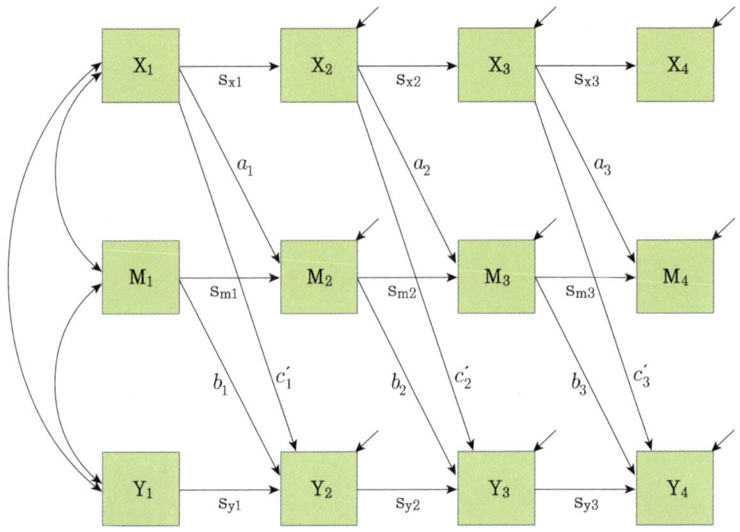

[그림 4-9] 모델은 다음과 같은 식으로 표현할 수 있다.

$$X_2 = i_{x2} + s_{x1}X1 + e_{x2} \quad (1)$$

$$X_3 = i_{x3} + s_{x2}X_2 + e_{x3} \quad (2)$$

$$X_4 = i_{x4} + s_{x3}X_3 + e_{x4} \quad (3)$$

$$M_2 = i_{m2} + a_1X_1 + s_{m1}M_1 + e_{m2} \quad (4)$$

$$M_3 = i_{m3} + a_2X_2 + s_{m2}M_2 + e_{m3} \quad (5)$$

$$M_4 = i_{m4} + a_3X_3 + s_{m3}M_3 + e_{m4} \quad (6)$$

$$Y_2 = i_{y2} + b_1M_1 + c_1'X_1 + s_{y1}Y_1 + e_{y2} \quad (7)$$

$$Y_3 = i_{y3} + b_2M_2 + c_2'X_2 + s_{y2}Y_2 + e_{y3} \quad (8)$$

$$Y_4 = i_{y4} + b_3M_3 + c_3'X_3 + s_{y3}Y_3 + e_{y4} \quad (9)$$

위 식에서 a_1, a_2, a_3은 X가 M에 미치는 **시간특정효과(time-specific effect)**를 의미하고, b_1, b_2, b_3은 X를 통제한 상황에서 M이 Y에 미치는 시간특정효과를 의미한다. c_1', c_2', c_3'은 X가 Y에 미치는 시간특정직접효과를 의미한다.

[그림 4-9] 모델에서 간접효과는 다음과 같은 것들이 있다. 먼저, 각각의 지연(lag)에 대한 간접효과인 a_1b_1, a_2b_2, a_3b_3이 있다. 그 다음, X, M, Y의 시간적 순서를 반영한 간접효과인 a_1b_2, a_2b_3이 있다. 이 외에도, **시간특정간접효과(time-specific indirect** effect)가 있는데 예를 들어, ① $X_1 \rightarrow X_2 \rightarrow M_3 \rightarrow Y_4(s_{x1}a_2b_3)$, ② $X_1 \rightarrow M_2 \rightarrow M_3 \rightarrow Y_4(a_1s_{m2}b_3)$, ③ $X_1 \rightarrow M_2 \rightarrow Y_3 \rightarrow Y_4(a_1b_2s_{y3})$ 등이 그것이다. 이들 세 개의 시간특정간접효과를 모두 합친 것을 **전체간접효과(overall indirect effect)**라 한다. 이들 시간특정간접효과는 특정 시점에서 발생하기보다는 시간의 경과에 따라 점차 변할 수도 있기 때문에 관심의 대상이 아니다. 그러나 CLPM의 매개효과에서 전체간접효과와 동시에 시간특정간접효과를 보고하는 것이 바람직하다.

4. 잠재성장매개모델

Krull 등(2016)에 소개된 [그림 4-10] 모델을 토대로 잠재성장매개분석에 대해 살펴보기로 한다.

그림 4-10 Krull 등(2016)의 잠재성장매개모델

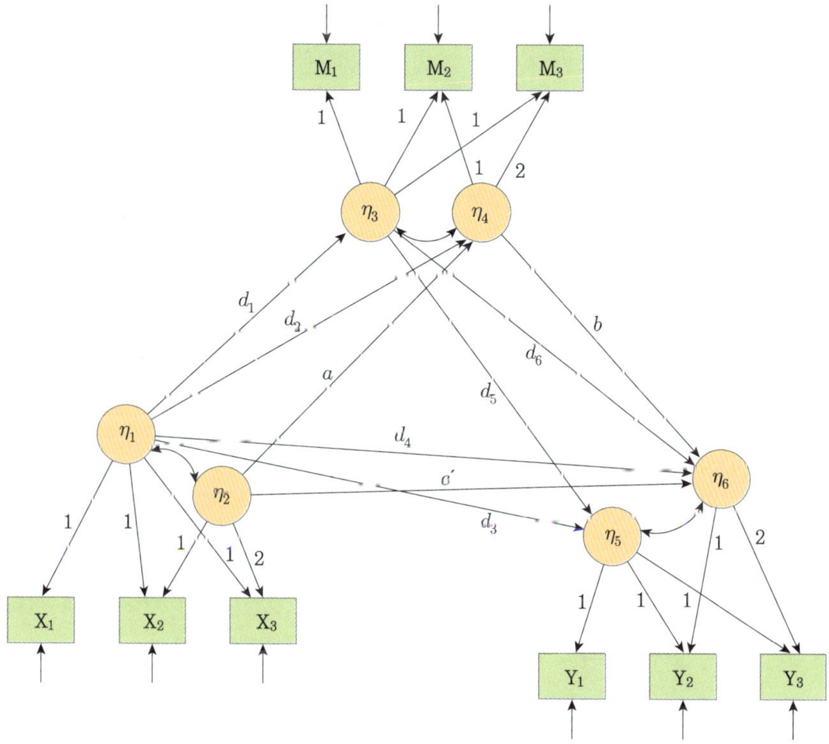

[그림 4-10]은 LGC(latent growth curve) 매개모델을 나타낸 것이다. 성장궤적 X, M, Y는 3시점에 걸쳐 동일한 간격으로 측정된 선형모델을 나타낸 것이다. 절편요인(η_1, η_3, η_5)은 1시점에서의 각 변수의 수준(즉, 시초상태)을 나타낸다. 기울기요인(η_2, η_4, η_6)은 시점당 각 변수의 성장률 또는 변화율을 의미한다. 절편요인의 평균과 분산은 각 변수의 시초상태의 평균과 개인차를 의미한다. 기울기요인의 평균과 분산은 각 변수의 평균성장률과 성장률에서의 개인차를 의미한다.

매개과정은 M과 Y의 시초상태와 성장률에서의 개인차는 X와 M의 시초상태와 성장률에서의 개인차의 함수로 모델링된다. [그림 4-10]에서 잠재요인 간의 관계는 다음과 같은 식으로 표현된다.

$$\eta_{3i} = \pi_{0m} + d_1\eta_{1i} + e_{3i} \tag{10}$$

$$\eta_{4i} = \pi_{1m} + aeta_{2i} + d_2\eta_{1i} + e_{4i} \tag{11}$$

$$\eta_{5i} = \pi_{0y} + d_3\eta_{1i} + d_5\eta_{3i} + e_{5i} \tag{12}$$

$$\eta_{6_i} = \pi_{1y} + b\eta_{4i} + c'\eta_{2i} + d_4\eta_{1i} + d_6\eta_{3i} + e_{6i} \tag{13}$$

여기에서, η_{1i}, η_{3i}, η_{5i}는 하첨자 i로 표기된 개인에 따라 다르게 나타나는 X, M, Y 궤적(trajectory)의 절편요인을 의미하고 η_{2i}, η_{4i}, η_{6i}는 하첨자 i로 표기된 개인에 따라 다르게 나타나는 X, M, Y 궤적의 기울기요인을 의미한다. π_{0m}, π_{0y}, π_{1m}, π_{1y}는 성장요인의 회귀절편을 의미하고, e_{3i}, e_{4i}, e_{5i}, e_{6i}는 성장요인의 잔차(residual)를 의미한다.

식 (10)과 (12)는 M과 Y의 절편요인은 각각 X와 M의 절편요인의 함수임을 의미한다. [그림 4-10]에서 이들 경로는 $X \rightarrow M \rightarrow Y$의 인과적 이론에 기초를 두고 있다. 식 (11)은 M의 기울기요인은 X의 절편과 기울기요인의 함수임을 의미한다. 식 (13)은 Y의 기울기요인은 X와 M의 절편과 기울기요인에 의해 예측됨을 의미한다.

이 모델에서 가능한 간접효과로는 ① 절편만 포함한 관계(예: $\eta_1 \rightarrow \eta_3 \rightarrow \eta_5$), ② 기울기요인만 포함한 관계(예: $\eta_2 \rightarrow \eta_4 \rightarrow \eta_6$), ③ 기울기요인과 절편을 모두 포함한 관계(예: $\eta_1 \rightarrow \eta_3 \rightarrow \eta_5$, $\eta_1 \rightarrow \eta_3 \rightarrow \eta_6$, $\eta_2 \rightarrow \eta_4 \rightarrow \eta_6$) 등이 있다. 이 가운데 기울기요인 간의 관계가 주된 초점이 된다. 이는 X, M, Y 간의 개인 내 변화(within-individual change)의 관점에서 매개효과를 모델링할 수 있기 때문이다.

계수 a는 X의 성장률이 M의 성장률에 미치는 효과를 의미한다. 계수 b는 M의 성장률이 Y의 성장률에 미치는 효과를 의미한다. 이 두 계수의 곱(즉, ab)은 개인 내 변화에 기초한 간접효과의 추정치이다.

5. 한국청소년패널(KYPS) 자료를 이용한 종단자료분석

한국청소년패널(KYPS) 자료 가운데 중2패널의 2차년도, 3차년도, 4차년도 종단자료를 이용하여 잠재성장매개분석 및 자기회귀교차매개분석에 대해 살펴보기로 한다. 이를 위한 연구모델은 [그림 4-11]과 같다고 가정한다.

5.1 연구모델

연구모델은 '부모자녀관계'와 '우울' 간의 관계에서 '자존감'이 매개효과가 있는가를 검증하는 것으로 가정한다.

그림 4-11 연구모델

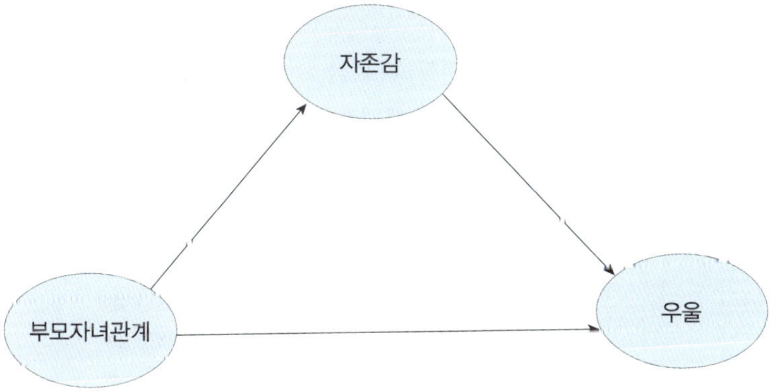

잠새성장모델의 관점에서 이들 세 개념 간의 매개효과분석을 위한 모델은 [그림 4-12]와 같다. 잠재성장모델의 매개효과검증의 주된 관심사항은 독립변수의 변화율(독립_LC), 매개변수의 변화율(매개_LC), 그리고 종속변수의 변화율(종속_LC)이 유의적인지를 검증하는 것이다.

그림 4-12 잠재성장모델의 매개효과분석

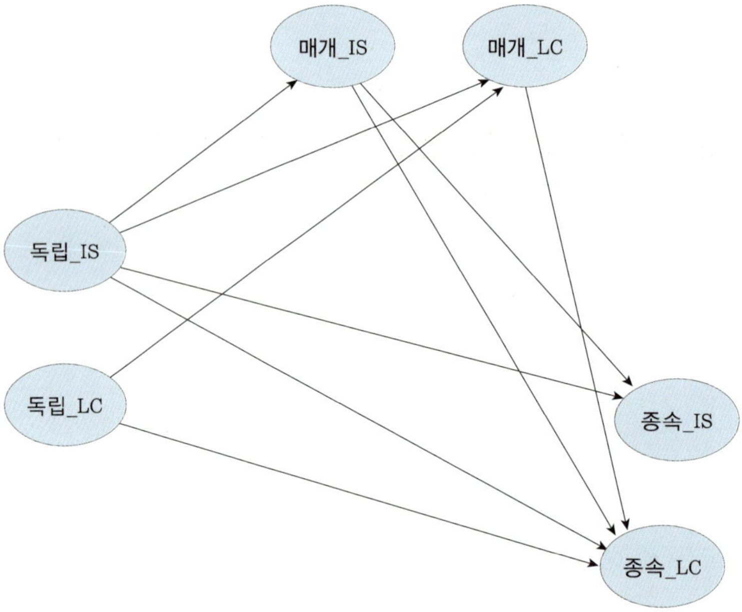

5.2 자료준비

중2패널 2차년도, 3차년도, 4차년도 자료를 이용하여 분석하기로 한다. 이를 위해 각각의 자료를 받은 다음, 분석을 위해 다음과 같은 절차에 따라 한다.

1) 파일합치기 및 변수정리

04-2 중2 패널 2차년도 데이터(SPSS).sav
04-3 중2 패널 3차년도 데이터(SPSS).sav
04-4 중2 패널 4차년도 데이터(SPSS).sav

세 파일을 각각 연다. 2차년도 자료를 중심으로 나머지 3차년도, 4차년도 자료를 합치기로 한다. 2차년도 자료 화면에서 [데이터] → [파일합치기] → [변수추가]를 누른다. 그러면 다음과 같은 화면이 보인다. 3차년도 데이터를 지정하고 [계속] 버튼을 누른다.

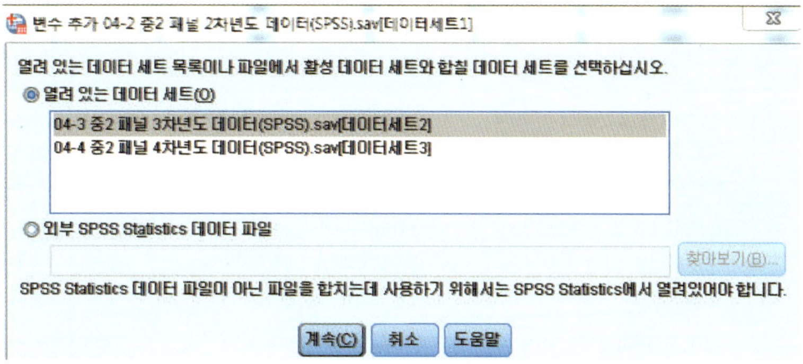

그러면 다음과 같은 화면이 나타난다. [제외된 변수]에 있는 [id(*)]를 지정하고 [기준변수를 통해 배치하는 케이스 판단]을 체크한 다음, ➔ 버튼을 눌러 [기준변수]로 이동시킨다. [확인] 버튼을 누른다. 이와 동일한 방식으로 4차년도 데이터도 합친다.

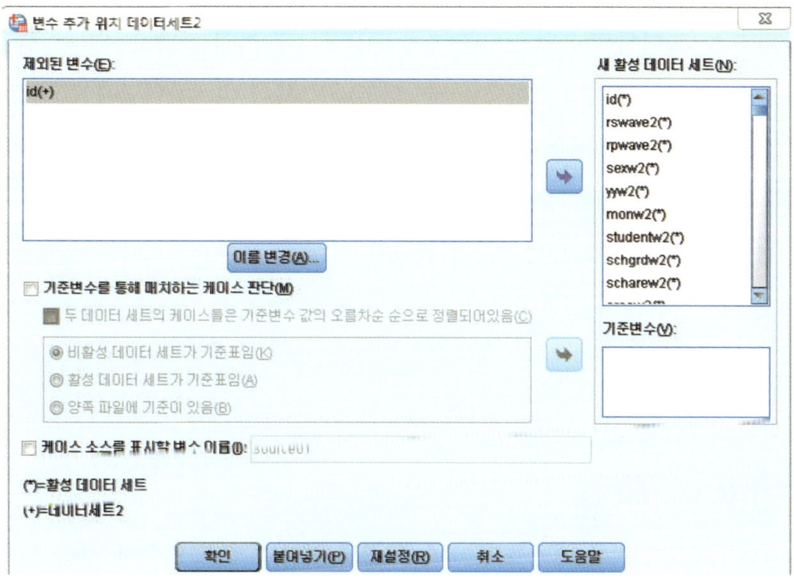

3개의 파일을 합친 데이터를 [2차, 3차, 4차 데이터] 파일명으로 저장하였다. 이제 이 가운데 연구에 필요한 변수만 남기고 나머지 변수는 모두 지우기로 한다. 연구에 필요한 변수는 [표 4-3]과 같다.

표 4-3 중2패널 2차, 3차, 4차 데이터

개념	2차년도	3차년도	4차년도
부모자녀 관계	q33a01w2, q33a02w2, q33a03w2, q33a04w2, q33a05w2, q33a06w2	q33a01w3, q33a02w3, q33a03w3, q33a04w3, q33a05w3, q33a06w3	q33a01w4, q33a02w4, q33a03w4, q33a04w4, q33a05w4, q33a06w4
자존감	q48a01w2, q48a02w2, q48a03w2, q48a04w2, q48a05w2, q48a06w2,	q48a01w3, q48a02w3, q48a03w3, q48a04w3, q48a05w3, q48a06w3,	q48a01w4, q48a02w4, q48a03w4, q48a04w4, q48a05w4, q48a06w4,
우울	r48c13w2, r48c14w2, r48c15w2	r48c13w3, r48c14w3, r48c15w3	r48c13w4, r48c14w4, r48c15w4

2) 결측치 처리 및 역코딩

중2패널자료의 총응답자 수는 3,449명이다. 이 가운데 무응답결측치를 처리하기로 한다. 무응답결측치는 2차, 3차, 4차년도에 걸쳐 모두 응답하지 않은 사례 100명을 제외하고 나머지 3,349명의 무응답을 SPSS에서 EM 방식에 의해 결측치 처리를 한 자료를 [2차, 3차, 4차 결측처리 데이터_EM]으로 저장하였다. 2차, 3차, 4차년도에 걸쳐 측정한 자존감 변수 가운데 'q48a04', 'q48a05', 'q48a06' 변수를 역코딩하고 이를 분석에 이용하기 위해 [2차, 3차, 4차 결측처리 데이터_EM_final]로 저장하였다. 마지막으로, [변수계산]을 이용하여 각각의 개념을 합친 변수를 만들었다.

5.3 자료분석

1) 잠재성장매개분석

잠재성장모델에 의한 매개효과 검증을 위해 다음과 같은 절차에 따라 분석한다. 첫째, 각 개념의 성장형태를 분석한다. 이를 위해 성장형태가 선형인지 아니면 비선형인지를 분석한다. 둘째, 각각의 개념의 성장형태를 파악한 후 이들 개념을 결합한 모델을 분석한다. 셋째, 매개효과를 검증하기 위해 붓스트레핑을 한다.

(1) 부모자녀관계의 잠재성장모델분석

input kyps-1 ••• 부모자녀관계의 잠재성장모델분석

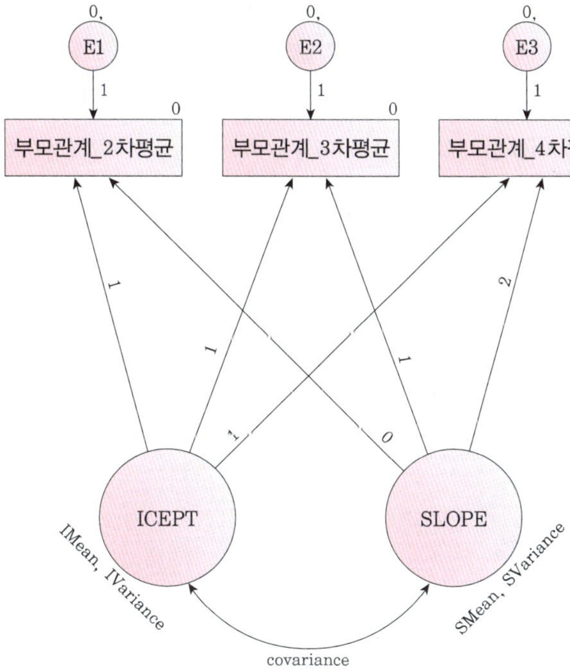

output kyps-1 ••• 부모자녀관계의 잠재성장모델분석결과

CMIN

Model	NPAR	CMIN	DF	P	CMIN/DF
Default model	8	.545	1	.460	.545

Baseline Comparisons

Model	NFI Delta1	RFI rho1	IFI Delta2	TLI rho2	CFI
Default model	1.000	1.000	1.000	1.000	1.000

RMSEA

Model	RMSEA	LO 90	HI 90	PCLOSE
Default model	.000	.000	.041	.985

(2) 자존감의 잠재성장모델분석

input kyps-2 ••• 자존감의 잠재성장모델분석

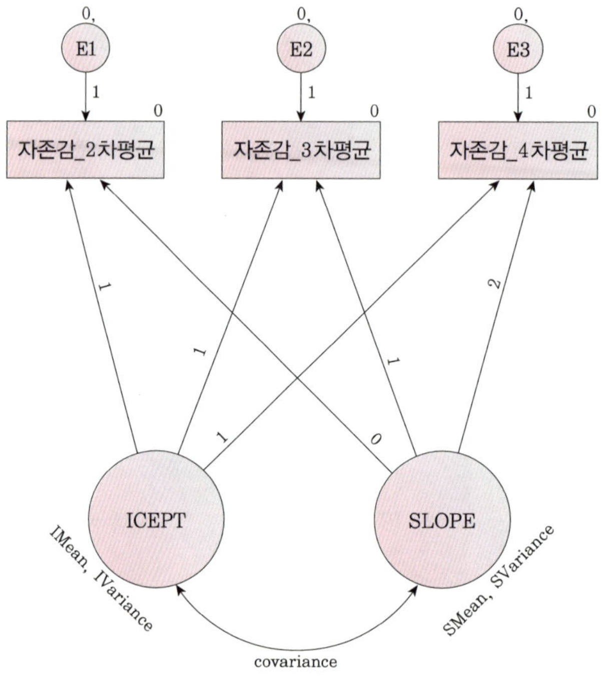

output kyps-2 ••• 자존감의 잠재성장모델분석결과

CMIN

Model	NPAR	CMIN	DF	P	CMIN/DF
Default model	8	2.534	1	.111	2.534

Baseline Comparisons

Model	NFI Delta1	RFI rho1	IFI Delta2	TLI rho2	CFI
Default model	.998	.995	.999	.997	.999

RMSEA

Model	RMSEA	LO 90	HI 90	PCLOSE
Default model	.021	.000	.056	.903

(3) 우울의 잠재성장모델분석

input kyps-3 ••• 우울의 잠재성장모델분석

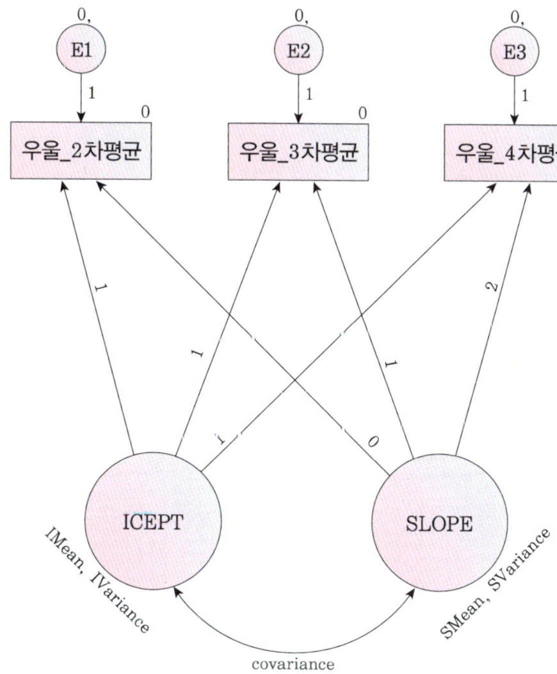

output kyps-3 ••• 우울의 잠재성장모델분석결과

CMIN

Model	NPAR	CMIN	DF	P	CMIN/DF
Default model	8	.091	1	.762	.091

Baseline Comparisons

Model	NFI Delta1	RFI rho1	IFI Delta2	TLI rho2	CFI
Default model	1.000	1.000	1.001	1.002	1.000

RMSEA

Model	RMSEA	LO 90	HI 90	PCLOSE
Default model	.000	.000	.031	.996

(4) 부모자녀관계, 자존감, 우울을 결합한 모델

input kyps-4 ••• 부모자녀관계, 자존감, 우울을 결합한 모델

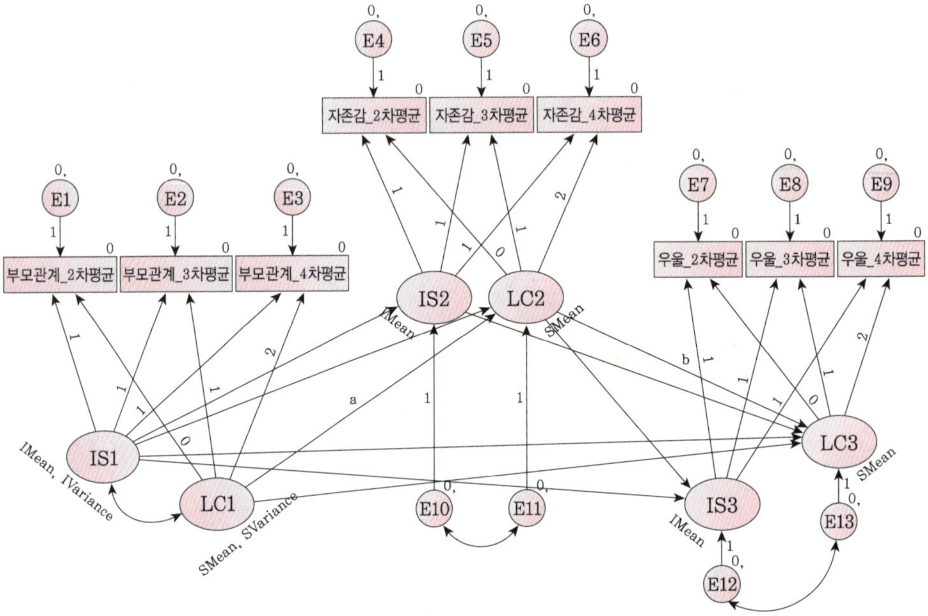

output kyps-4 ••• 부모자녀관계, 자존감, 우울을 결합한 모델의 분석결과

CMIN

Model	NPAR	CMIN	DF	P	CMIN/DF
Default model	29	797.611	25	.000	31.904

Baseline Comparisons

Model	NFI Delta1	RFI rho1	IFI Delta2	TLI rho2	CFI
Default model	.903	.861	.906	.864	.906

RMSEA

Model	RMSEA	LO 90	HI 90	PCLOSE
Default model	.096	.090	.102	.000

Regression Weights: (Group number 1 - Default model)

			Estimate	S.E.	C.R.	P	Label
IS2	<---	IS1	-.034	.005	-7.395	***	
LC2	<---	IS1	-.019	.008	-2.416	.016	
LC2	<---	LC1	2.696	.513	5.257	***	a
IS3	<---	IS1	.148	.024	6.148	***	
LC3	<---	IS1	.031	.028	1.116	.265	
LC3	<---	LC1	-2.298	.394	-5.827	***	
IS3	<---	IS2	-.396	.025	-15.823	***	
LC3	<---	IS2	-.025	.029	-.844	.399	

LC3	<---	LC2	-.189	.147	-1.286	.199	b

Indirect Effects (Group number 1 - Default model)

	LC1	IS1	LC2	IS2	LC3	IS3
LC2	.000	.000	.000	.000	.000	.000
IS2	.000	.000	.000	.000	.000	.000
LC3	-.510	.004	.000	.000	.000	.000
IS3	.000	.013	.000	.000	.000	.000

Indirect Effects - Two Tailed Significance (BC) (Group number 1 - Default model)

	LC1	IS1	LC2	IS2	LC3	IS3
LC2	...	...	...	...	...	...
IS2	...	...	...	...	...	...
LC3	.176	.146	...	...	...	...
IS3	...	.001	...	...	...	...

$a=2.696$, $b=-.189$를 곱하면 $ab=-.510$의 간접효과계수를 얻고, 이를 통계적 유의성은 붓스트래핑에 의해 유의적이지 않은 것으로 나타난다. 그러므로 매개효과가 없다고 해석한다.

(5) 팬텀변수에 의한 간접효과 추정

팬텀변수에 의해 간접효과를 추정하기 위해 다음과 같이 입력파일을 만든다.

input kyps-5 ••• 팬텀변수에 의한 간접효과 추정

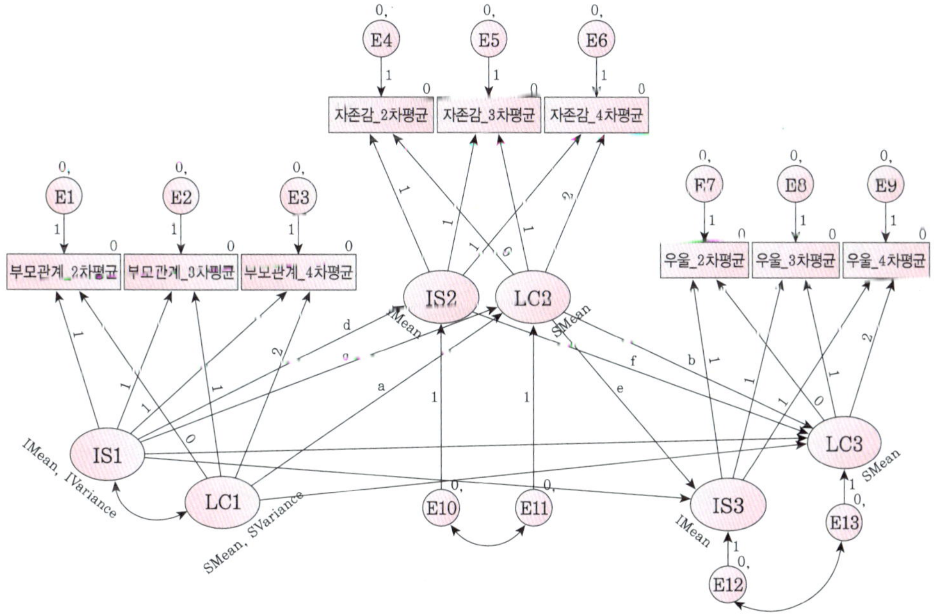

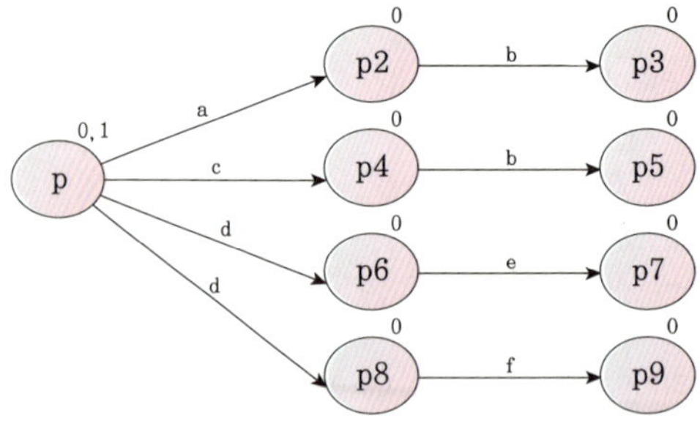

실행 아이콘을 누르면 다음과 같은 경고창이 뜬다.

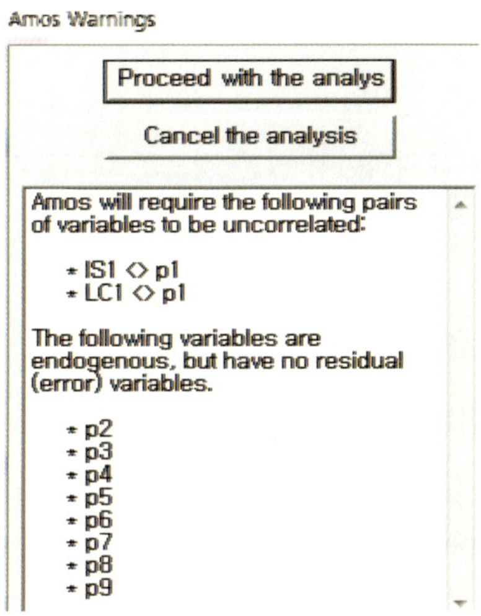

[Proceed with the analysis] 버튼을 누르면 다음과 같은 결과를 얻는다.

output kyps-5 ••• **팬텀변수에 의한 간접효과 추정결과**

Indirect Effects (Group number 1 - Default model)

	p	LC1	IS1	LC2	IS2	LC3	IS3
p9	.001	.000	.000	.000	.000	.000	.000
p5	.004	.000	.000	.000	.000	.000	.000
p7	.013	.000	.000	.000	.000	.000	.000
p3	-.510	.000	.000	.000	.000	.000	.000

Indirect Effects - Two Tailed Significance (BC) (Group number 1 - Default model)

	p	LC1	IS1	LC2	IS2	LC3	IS3
p9	.387	...	...	...	...	...	...
p5	.114	...	...	...	...	...	...
p7	.001	...	...	...	...	...	...
p3	.176	...	...	...	...	...	...

앞서 실행한 것([input kyps-4])과 동일한 결과를 얻는 것을 알 수 있다.

2) 자기회귀교차지연모델의 매개효과

그림 4-13 부모자녀관계 → 자존감 → 우울의 매개효과모델

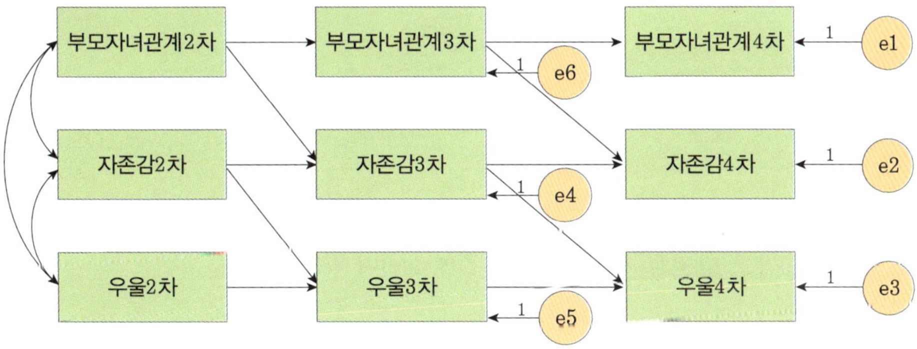

[그림 4-13]의 모델을 토대로 CLPM 매개효과를 검증하는 데 관련된 이슈별로 살펴보기로 한다.

(1) 오차 간에 상관을 설정할 것인가?

input 자기회귀교차지연매개_1 ••• 오차 간에 상관이 없는 모델

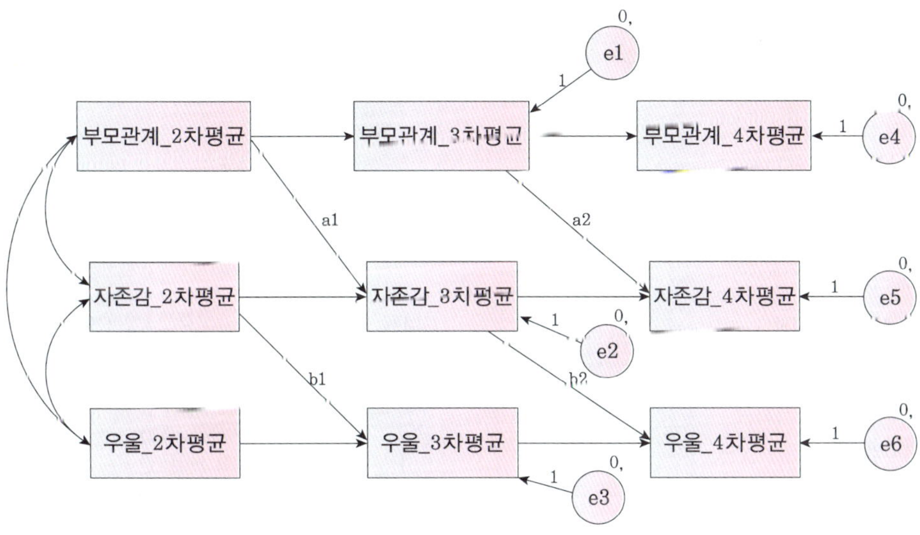

output 자기회귀교차지연매개_1 ••• 오차 간에 상관이 없는 모델의 분석결과

CMIN

Model	NPAR	CMIN	DF	P	CMIN/DF
Default model	31	1389.623	23	.000	60.418

Baseline Comparisons

Model	NFI Delta1	RFI rho1	IFI Delta2	TLI rho2	CFI
Default model	.831	.736	.834	.739	.833

RMSEA

Model	RMSEA	LO 90	HI 90	PCLOSE
Default model	.133	.127	.139	.000

input 자기회귀교차지연매개_2 ••• 오차 간에 상관이 있는 모델

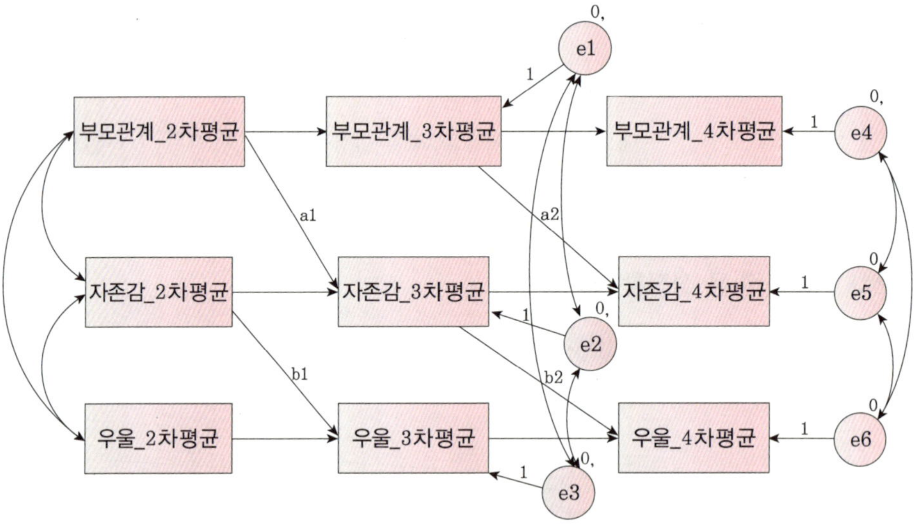

output 자기회귀교차지연매개_2 ••• 오차 간에 상관이 있는 모델의 분석결과

CMIN

Model	NPAR	CMIN	DF	P	CMIN/DF
Default model	37	628.812	17	.000	36.989

Baseline Comparisons

Model	NFI Delta1	RFI rho1	IFI Delta2	TLI rho2	CFI
Default model	.924	.838	.926	.842	.925

RMSEA

Model	RMSEA	LO 90	HI 90	PCLOSE
Default model	.104	.097	.111	.000

오차 간에 상관이 없는 모델과 오차 간에 상관이 있는 모델을 비교하면 오차 간에 상관이 있는 모델이 적합도가 더 좋은 것으로 나타난다. 따라서 오차 간에 상관이 있는 모델을 연구모델로 한다.

(2) 직접효과는 있는가?

input 자기회귀교차지연매개_3 ••• 직접효과모델

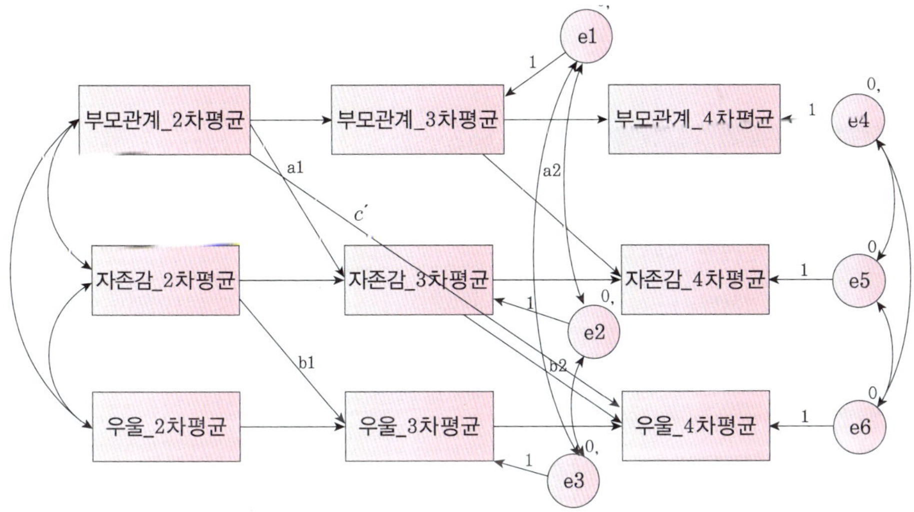

output 자기회귀교차지연매개_3 ••• 직접효과모델의 분석결과

CMIN

Model	NPAR	CMIN	DF	P	CMIN/DF
Default model	38	628.362	16	.000	39.273

Baseline Comparisons

Model	NFI Delta1	RFI rho1	IFI Delta2	TLI rho2	CFI
Default model	.924	.828	.926	.832	.925

RMSEA

Model	RMSEA	LO 90	HI 90	PCLOSE
Default model	.107	.100	.114	.000

직접효과가 없는 모델과 직접효과가 있는 모델을 비교하면 모델적합도가 큰 차이가 없다. 따라서 직접효과는 없다고 할 수 있다. 이는 분석결과에서도 확인할 수 있다.

output 자기회귀교차지연매개_3 ••• **직접효과모델의 분석결과**

Regression Weights: (Group number 1 - Default model)

			Estimate	S.E.	C.R.	P	Label
우울_4차평균	<---	부모관계_2차평균	.013	.019	.687	.492	c'

(3) 간접효과를 모두 한 번에 추정하는 방법은 없는가?

간접효과 세 개(a_1b_1, a_1b_2, a_2b_2)를 한꺼번에 모두 추정하는 방법은 팬텀변수(phantom variable)를 이용하는 것이다. 이를 위해 다음과 같은 입력파일을 만든다.

input 자기회귀교차지연매개_4 ••• **팬텀변수모델**

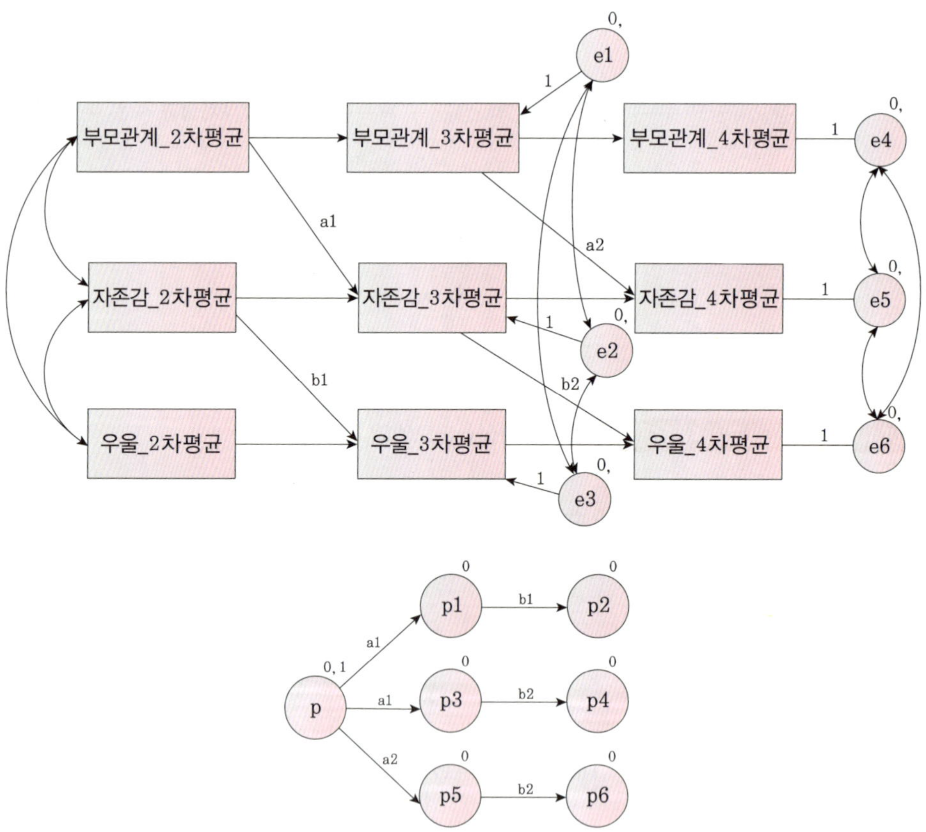

output 자기회귀교차지연매개_4 ••• **팬텀변수모델의 분석결과**

CMIN

Model	NPAR	CMIN	DF	P	CMIN/DF
Default model	37	628.812	17	.000	36.989

Baseline Comparisons

Model	NFI Delta1	RFI rho1	IFI Delta2	TLI rho2	CFI
Default model	.924	.838	.926	.842	.925

RMSEA

Model	RMSEA	LO 90	HI 90	PCLOSE
Default model	.104	.097	.111	.000

Regression Weights: (Group number 1 - Default model)

			Estimate	S.E.	C.R.	P	Label
부모관계_3차평균	<---	부모관계_2차평균	.562	.013	42.454	***	
자존감_3차평균	<---	자존감_2차평균	.349	.015	23.123	***	
우울_3차평균	<---	우울_2차평균	.387	.015	25.677	***	
자존감_3차평균	<---	부모관계_2차평균	.103	.012	8.471	***	a1
우울_3차평균	<---	자존감_2차평균	-.133	.024	-5.638	***	b1
p1	<---	p	.103	.012	8.471	***	a1
p3	<---	p	.103	.012	8.471	***	a1
p5	<---	p	.052	.013	4.104	***	a2
부모관계_4차평균	<---	부모관계_3차평균	.641	.014	46.100	***	
우울_4차평균	<---	우울_3차평균	.405	.016	25.734	***	
우울_4차평균	<---	자존감_3차평균	-.163	.025	-6.548	***	b2
자존감_4차평균	<---	부모관계_3차평균	.052	.013	4.104	***	a2
자존감_4차평균	<---	자존감_3차평균	.450	.016	28.525	***	
p2	<---	p1	-.133	.024	-5.638	***	b1
p4	<---	p3	-.163	.025	-6.548	***	b2
p6	<---	p5	-.163	.025	-6.548	***	b2

Indirect Effects (Group number 1 - Default model)

	p	우울_2차평균	자존감_2차평균	부모관계_2차평균
p5	.000	.000	.000	.000
p3	.000	.000	.000	.000
p1	.000	.000	.000	.000
우울_3차평균	.000	.000	.000	.000
자존감_3차평균	.000	.000	.000	.000
부모관계_3차평균	.000	.000	.000	.000
p6	-.009	.000	.000	.000
p4	-.017	.000	.000	.000
p2	-.014	.000	.000	.000
자존감_4차평균	.000	.000	.157	.076
우울_4차평균	.000	.156	.111	-.017
부모관계_4차평균	.000	.000	.000	.360

Indirect Effects - Two Tailed Significance (BC) (Group number 1 - Default model)

	p	우울_2차평균	자존감_2차평균	부모관계_2차평균
p5	...	...	...	...
p3	...	...	...	...
p1	...	...	...	...
우울_3차평균	...	...	...	...
자존감_3차평균	...	...	...	...

부모관계_3차평균	...	...	...	...
p6	.001	...	...	...
p4	.002	...	...	...
p2	.001	...	...	...
자존감_4차평균	...	...	.003	.002
우울_4차평균	...	.003	.003	.002
부모관계_4차평균	...	...	...	.002

세 개의 간접효과가 모두 유의적인 것으로 나타나 매개효과가 있다. 부모자녀관계가 좋으면 자존감이 증가하고 자존감이 증가하면 우울이 감소하는 것으로 해석할 수 있다. 분석결과를 제시하기 위해 [표 4-4]와 같은 표를 만든다.

표 4-4 부모자녀관계 → 자존감 → 우울의 매개효과분석결과

경로	계수	간접효과	유의도	95% 신뢰구간
부모관계2차평균 → 자존감3차평균	.103	-.014	.001	[-.016, -.004]
자존감2차평균 → 우울3차평균	-.133			
부모관계2차평균 → 자존감3차평균	.103	-.017	.002	[-.025, -.011]
자존감3차평균 → 우울4차평균	-.163			
부모관계3차평균 → 자존감4차평균	.052	-.009	.001	[-.021, -.009]
자존감3차평균 → 우울4차평균	-.163			

참고문헌

[1] 국내문헌

김주환 · 김민규 · 홍세희 (2009), 『구조방정식모형으로 논문 쓰기』, 서울: 커뮤니케이션북스.

박현정 · 이진실 (2013), "잠재성장모형과 자기회귀교차지연모형을 활용한 종단매개효과 검증: 부모자녀관계가 자아존중감을 매개로 우울에 미치는 영향," *교육평가연구*, 제26권 제1호, 83-106.

홍세희 · 박민선 · 김원정 (2007), "인터넷 중독과 부모와의 의사소통 사이의 자기회귀교차지연 효과 검증: 성별간 다집단 분석," *교육심리연구*, 21권 1호, 129-143.

[2] 국외문헌

Biesanz, J. C. (2012), "Autoregressive Longitudinal Models," In R. H. Hoyle (Ed.), *Handbook of Structural Equation Modeling* (pp. 459-471), New York, NY: Guilford Press.

Bollen, K. A., and P. J. Curran (2006), *Latent Curve Models: A Structural Equation Perspective*. Hoboken, NJ: Wiley-Interscience.

Burkholder, G. J., and L. L. Harlow (2003), "An Illustration of a Longitudinal Cross-Lagged Design for Larger Structural Equation Models," *Structural Equation Modeling*, 10(3), 465-86.

Cheong, J. W., D. P. MacKinnon, and S. T. Khoo (2003), "Investigation of Mediational Processes Using Parallel Process Latent Growth Curve Modeling," *Structural Equation Modeling*, 10(2), 238-62.

Cole, D. A., and S. E. Maxwell (2003), "Testing Mediational Models with Longitudinal Data: Questions and Tips in the Use of Structural Equation Modeling," *Journal of Abnormal Psychology*, 112, 558-77.

Curran, P. J., and A. M. Hussong (2003), "The Use of Latent Trajectory Models in Psychopathology Research," *Journal of Abnormal Psychology*, 112, 526-44.

Duncan, T. E., S. C. Duncan, and A. L. Strycker (2006), *An Introduction to Latent Variable Growth Curve Modeling: Concepts, Issues, and Applications. 2nd ed.* Mahwah, NJ: Lawrence Erlbaum Associates.

Flora, D. B. (2008), "Specifying Piecewise Latent Trajectory Models for Longitudinal Data," *Structural Equation Modeling*, 15(3), 513-33.

Grimm, K. J., N. Ram, and R. Estabrook (2017), *Growth Modeling: Structural Equation and Multilevel Modeling Approach*, New York, NY: Guilford Press.

Krull, J. L, J. W. Cheong, M. S. Fritz, and D. P. MacKinnon (2016), "Moderation and Mediation in Interindividual Longitudinal Analysis," In D. Cicchetti (Ed.), *Developmental Psychopathology Volume 1: Theory and Method* (pp. 922-985), 3rd ed.,

John Wiley and Sons.

Lee, C., D. A. Dickson, C. S. Conley, G. N. Holmbeck (2014), "A Closer Look at Self-Esteem, Perceived Social Support, and Coping Strategy: A Prospective Study of Depressive Symptomatology Across the Transition to College" *Journal of Social and Clinical Psychology*, 33(6), 560-85.

Little, T. D., K. J. Preacher, N. A. Card, and J. P. Selig (2007), "New Developments in Latent Variable Panel Analyses of Longitudinal Data," *International Journal of Behavioral Development*, 31(4), 357-65.

Little, T. D., N. A. Card, D. W. Slegers, and E. C. Ledford (2007), "Representing Contextual Effects in Multiple-Group MACS Models," In T. D. Little, J. A. Bovaird, & N. A. Card (Eds.), *Modeling Contextual Effects in Longitudinal Studies* (pp. 121-147), Mahwah, NJ: Lawrence Erlbaum Associates.

MacKinnon, D. P. (2008), *Introduction to Statistical Mediation Analysis*, New York, NY: Lawrence Erlbaum Associates.

Martens, M. P., and R. H. Haase (2006), "Advanced Applications of Structural Equation Modeling in Counseling Psychology Research," *Counseling Psychologist*, 34, 806-38.

Maxwell, S. E., and D. A. Cole (2007), "Bias in Cross-Sectional Analyses of Longitudinal Mediation," *Psychological Methods*, 12(1), 23-44.

McArdle, J. J. (2009), "Latent Variable Modeling of Differences and Changes with Longitudinal Data," *Annual Review of Psychology*, 60, 577-605.

Newsom, J. T. (2012), "Basic Longitudinal Analysis Approaches for Continuous and Categorical Variables," In J. T. Newsom, R. N. Jones, & S. M. Hofer (Eds.). *Longitudinal Data Analysis: A Practical Guide for Researchers in Aging, Health, and Social Science* (pp. 143-179), New York, NY: Routledge.

Newsom, J. T. (2015), *Longitudinal Structural Equation Modeling: A Comprehensive Introduction*, New York, NY: Routledge.

Ployhart, R. E., and R. J. Vandenberg (2010), "Longitudinal Research: The Theory, Design, and Analysis of Change," *Journal of Management*, 36, 94-120.

Preacher, K. J. (2015), "Advances in Mediation Analysis: A Survey and Synthesis of New Developments," *Annual Review of Psychology*, 66(1), 825-52.

Preacher, K. J., A. L. Wichman, R. C. MacCallum, and N. E. Briggs (2008), *Latent Growth Curve Modeling,* Thousand Oaks, CA: Sage Publications.

Roth, D. L., and D. P. MacKinnon (2012), "Mediation Analysis with Longitudinal Data," In J. T. Newsom, R. N. Jones, & S. M. Hofer (Eds.), *Longitudinal Data Analysis: A Practical Guide for Researchers in Aging, Health, and Social Science* (pp. 181-216), New York, NY: Routledge.

Rovine, M. J., and Liu, S. (2012), "Structural Equation Modeling Approaches to Longitudinal Data," In J. T. Newsom, R. N. Jones, & S. M. Hofer (Eds.), *Longitudinal Data Analysis: A Practical Guide for Researchers in Aging, Health, and Social Science* (pp. 243-290), New York, NY: Routledge.

Schlueter, E., E. Davidov, and P. Schmidt (2007), "Applying Autoregressive Cross-Lagged and Latent Growth Curve Models to a Three-Wave Panel Study" In K. van Montfort, J. Oud, & A. Satorra (Eds.), (pp. 315-336), Mahwah, NJ: Lawrence Erlbaum Associates.

Selig, J. P., and K. J. Preacher (2009), "Mediation Models for Longitudinal Data in Developmental Research," *Research in Human Development*, 6(2-3), 144-64.

Selig, J. P., and T. D. Little (2012), "Autoregressive and Cross-Lagged Panel Analysis for Longitudinal Data," In B. Laursen, T. D. Little, & N. A. Card (Eds.), *Handbook of Developmental Research Methods* (pp. 265-278), New York, NY: Guilford Press.

Wang, R., H. Liu, J. Jaing, Y. Song (2017), "Will Materialism Lead to Happiness? A Longitudinal Analysis of the Mediating Role of Psychological Needs Satisfaction," *Personality and Individual Differences*, 105, 312-17.

Widaman, K. F., E. Ferrer, and R. D. Conger (2010), "Factorial Invariance within Longitudinal Structural Equation Models: Measuring the Same Construct across Time," *Child Development Perspectives*, 4(1), 10-8.

[부록] 김주환 등(2009)의 접근법

[그림 4-7] 모델을 김주환 등(2009)의 접근법에 따라 자기회귀교차지연모델을 추정해 보기로 한다.

1 모델 1의 추정

모델 1은 [그림 4-7] 모델에 대해 아무런 제약을 하지 않은 모델이다.

input kim-1 모델 1: 비제약모델 경로도

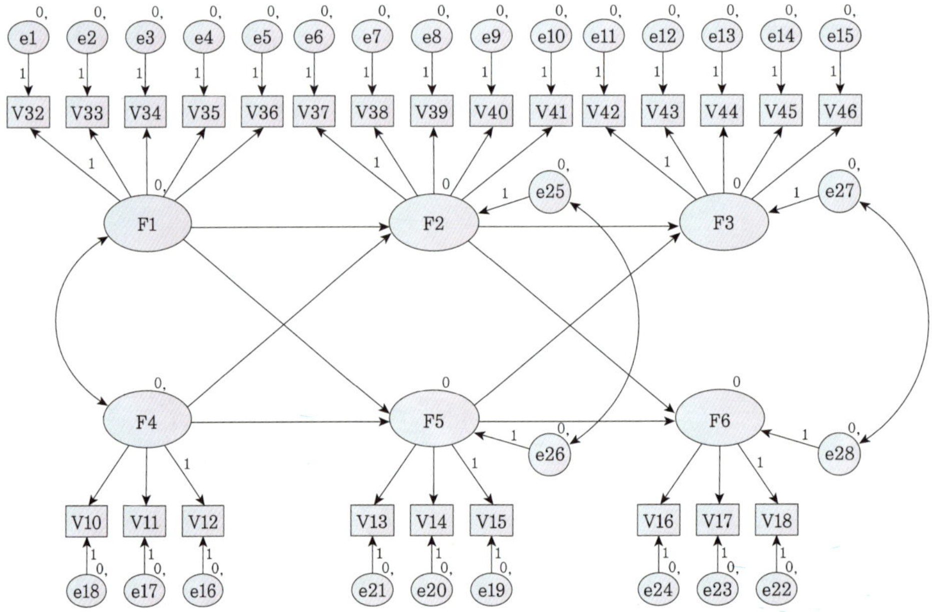

이를 추정하면 다음과 같은 적합도를 얻는다.

output kim-1 모델 1의 추정결과

CMIN

Model	NPAR	CMIN	DF	P	CMIN/DF
Default model	83	674.985	241	.000	2.801

Baseline Comparisons

Model	NFI Delta1	RFI rho1	IFI Delta2	TLI rho2	CFI
Default model	.880	.863	.919	.907	.919

RMSEA

Model	RMSEA	LO 90	HI 90	PCLOSE
Default model	.056	.051	.061	.023

2 동일한 개념을 시간에 걸쳐 측정한 'F1', 'F2', 'F3'의 요인적재치에 대해 동일한 제약을 가한 모델을 추정한다. 이를 위해 'V33', 'V38', 'V43'에 대해 동일한 명칭을 부여하고(예: a1), 'V34' 'V39' 'V44'에 대해 동일한 명칭을 부여하고(예: a2), 'V35', 'V40', 'V45'에 대해 동일한 명칭을 부여하고(예: a3), 'V36', 'V41', 'V46'에 대해 동일한 명칭을 부여한다(예: a4).

input kim-2 모델 2: 요인적재치 동일화 제약 모델

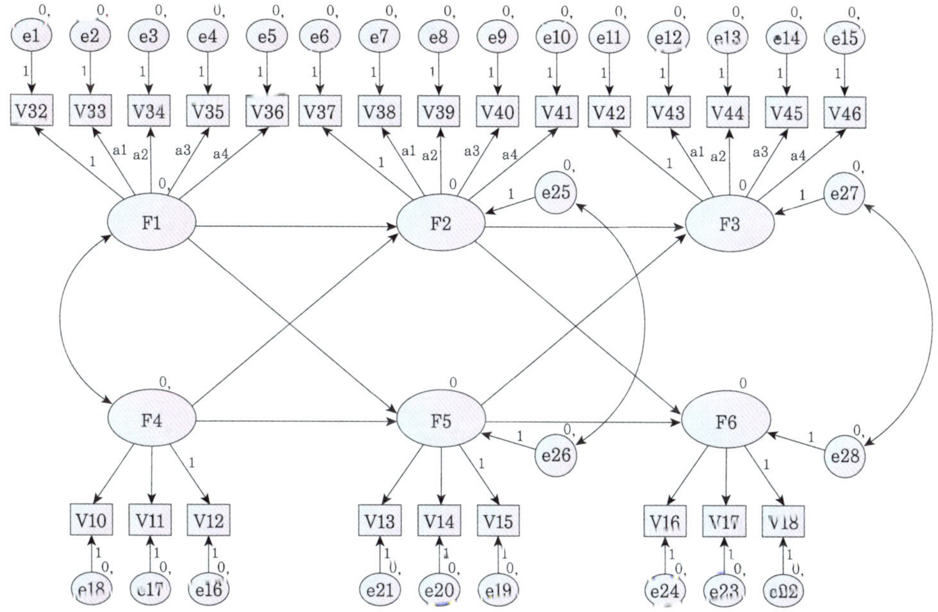

output kim-2 모델 2의 추정결과

CMIN

Model	NPAR	CMIN	DF	P	CMIN/DF
Default model	75	691.498	249	.000	2.777

Baseline Comparisons

Model	NFI Delta1	RFI rho1	IFI Delta2	TLI rho2	CFI
Default model	.877	.864	.918	.908	.917

RMSEA

Model	RMSEA	LO 90	HI 90	PCLOSE
Default model	.056	.051	.061	.029

3 마찬가지로 동일한 개념을 시간에 걸쳐 측정한 'F4', 'F5', 'F6'의 요인적재치에 대해 동일한 제약을 가한 모델을 추정한다. 이를 위해 'V10', 'V13', 'V16'에 대해 동일한 명칭을 부여하고(예: b1), 'V11' 'V14' 'V17'에 대해 동일한 명칭을 부여한다(예: b2).

input kim-3 모델 3: 요인적재치 동일화 제약 모델

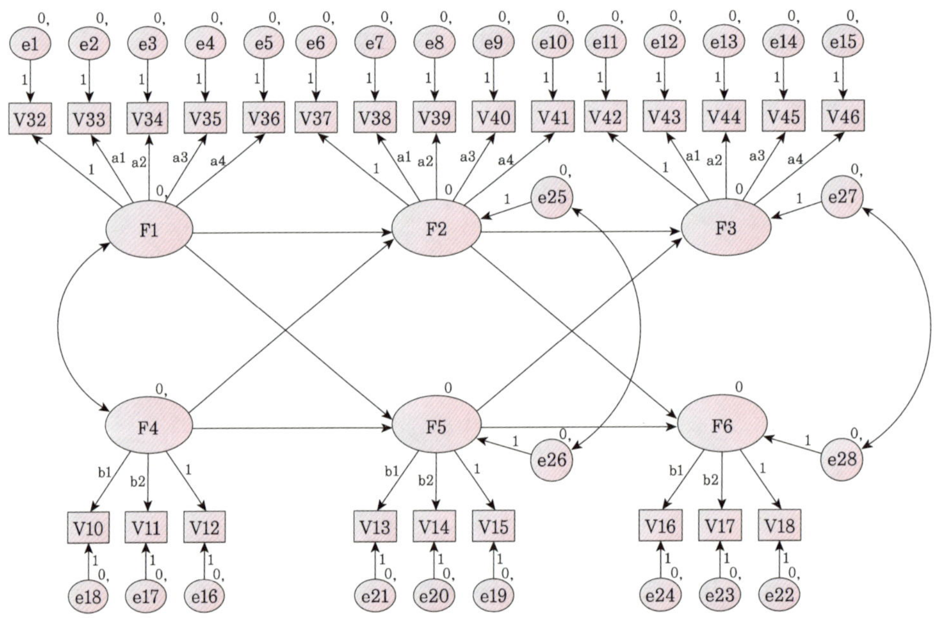

output kim-3 모델 3의 추정결과

CMIN

Model	NPAR	CMIN	DF	P	CMIN/DF
Default model	71	700.061	253	.000	2.767

Baseline Comparisons

Model	NFI Delta1	RFI rho1	IFI Delta2	TLI rho2	CFI
Default model	.876	.864	.917	.909	.916

RMSEA

Model	RMSEA	LO 90	HI 90	PCLOSE
Default model	.056	.051	.060	.031

4 경로계수 'F1' → 'F2' → 'F3'에 대해 동일성 제약을 가한 모델을 추정한다. 이를 위해 'F1' → 'F2' 경로계수에 대해 'A', 'F2' → 'F3' 경로계수에 대해 'A'라는 동일 명칭을 부여한다.

input kim-4 모델 4: 경로계수 동일화 제약 모델

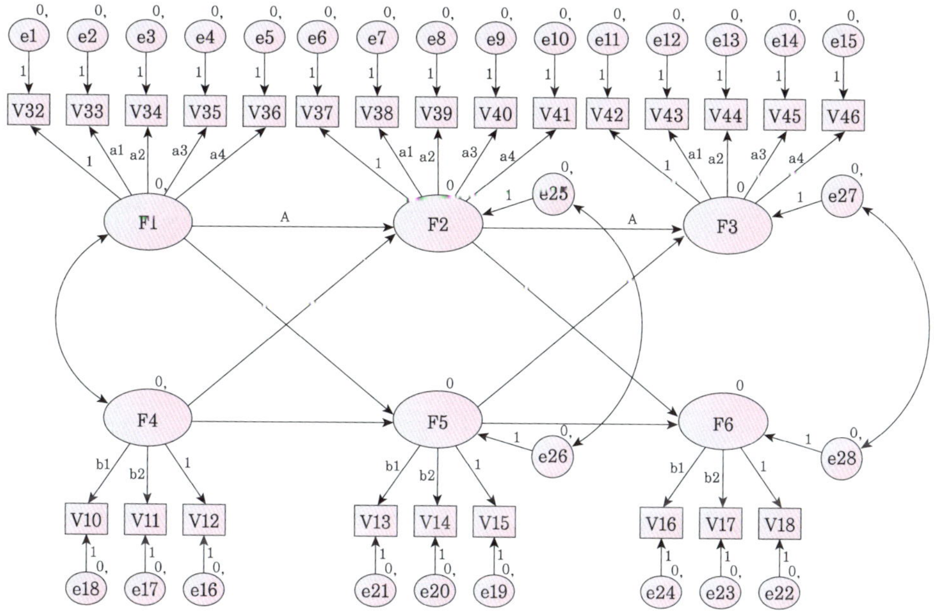

output kim-4 모델 4의 추정결과

CMIN

Model	NPAR	CMIN	DF	P	CMIN/DF
Default model	70	700.110	254	.000	2.756

Baseline Comparisons

Model	NFI Delta1	RFI rho1	IFI Delta2	TLI rho2	CFI
Default model	.876	.865	.917	.909	.917

RMSEA

Model	RMSEA	LO 90	HI 90	PCLOSE
Default model	.055	.050	.060	.035

5 경로계수 'F4' → 'F5' → 'F6'에 대해 동일성 제약을 가한 모델을 추정한다. 이를 위해 'F4' → 'F5' 경로계수에 대해 'B', 'F5' → 'F6' 경로계수에 대해 'B'라는 동일 명칭을 부여한다.

input kim-5 모델 5: 경로계수 동일화 제약 모델

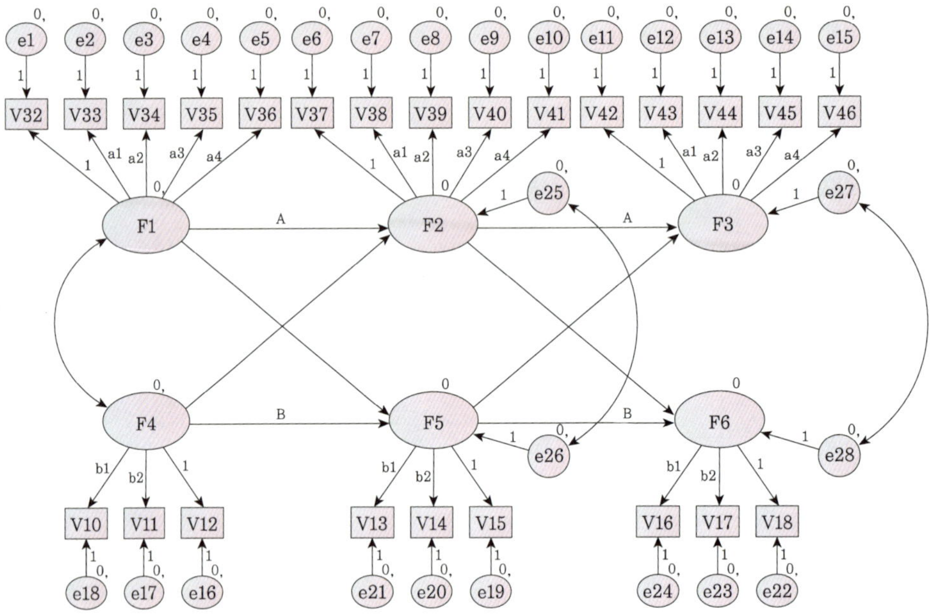

output kim-5 모델 5의 추정결과

CMIN

Model	NPAR	CMIN	DF	P	CMIN/DF
Default model	69	710.768	255	.000	2.787

Baseline Comparisons

Model	NFI Delta1	RFI rho1	IFI Delta2	TLI rho2	CFI
Default model	.874	.863	.915	.908	.915

RMSEA

Model	RMSEA	LO 90	HI 90	PCLOSE
Default model	.056	.051	.061	.024

6 경로계수 'F1' → 'F5', 'F2'→ 'F6'에 대해 동일성 제약을 가한 모델을 추정한다. 이를 위해 'F1' → 'F5' 경로계수에 대해 'C', 'F2' → 'F6' 경로계수에 대해 'C'라는 동일 명칭을 부여한다.

input kim-6 모델 6: 경로계수 동일화 제약 모델

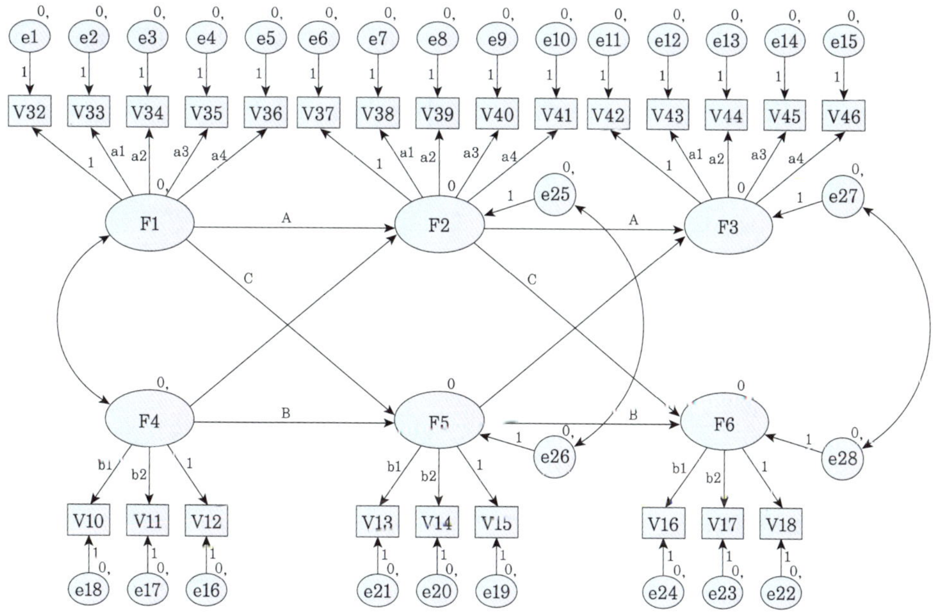

output kim-6 모델 6의 추정결과

CMIN

Model	NPAR	CMIN	DF	P	CMIN/DF
Default model	68	713.654	256	.000	2.788

Baseline Comparisons

Model	NFI Delta1	RFI rho1	IFI Delta2	TLI rho2	CFI
Default model	.873	.863	.915	.908	.915

RMSEA

Model	RMSEA	LO 90	HI 90	PCLOSE
Default model	.056	.051	.061	.024

7 경로계수 'F4' → 'F2', 'F5'→ 'F3'에 대해 동일성 제약을 가한 모델을 추정한다. 이를 위해 'F4' → 'F2' 경로계수에 대해 'D', 'F5' → 'F3' 경로계수에 대해 'D'라는 동일 명칭을 부여한다.

input kim-7 ••• 모델 7: 경로계수 동일화 제약 모델

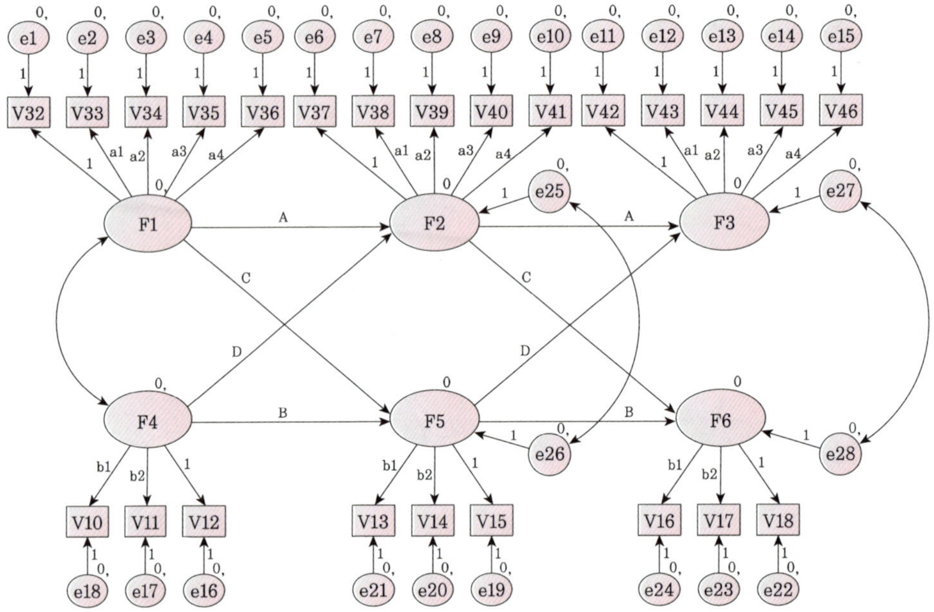

output kim-7 ••• 모델 7의 추정결과

CMIN

Model	NPAR	CMIN	DF	P	CMIN/DF
Default model	67	714.759	257	.000	2.781

Baseline Comparisons

Model	NFI Delta1	RFI rho1	IFI Delta2	TLI rho2	CFI
Default model	.873	.864	.915	.908	.914

RMSEA

Model	RMSEA	LO 90	HI 90	PCLOSE
Default model	.056	.051	.061	.025

8 오차공분산 'e25' → 'e26', 'e27'→ 'e28'에 대해 동일성 제약을 가한 모델을 추정한다. 이를 위해 해당 공분산에 대해 각각 'E'라는 동일 명칭을 부여한다.

input kim-8 ••• 모델 8: 오차공분산 동일화 제약 모델

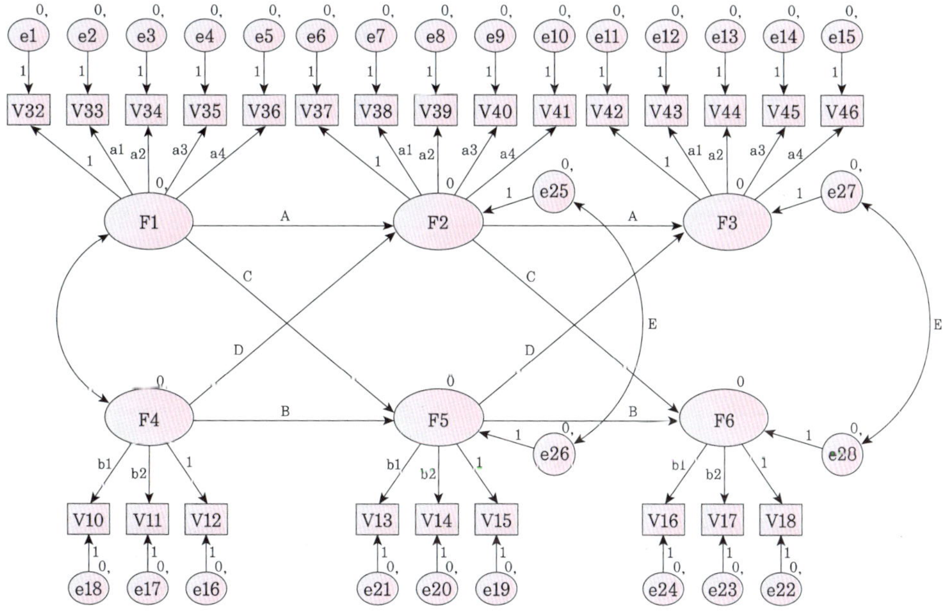

output kim-8 ••• 모델 8의 추정결과

CMIN

Model	NPAR	CMIN	DF	P	CMIN/DF
Default model	66	715.544	258	.000	2.773

Baseline Comparisons

Model	NFI Delta1	RFI rho1	IFI Delta2	TLI rho2	CFI
Default model	.873	.864	.915	.909	.915

RMSEA

Model	RMSEA	LO 90	HI 90	PCLOSE
Default model	.056	.051	.060	.028

Regression Weights: (Group number 1 - Default model)

			Estimate	S.E.	C.R.	P	Label
F5	<---	F1	-.094	.032	-2.971	.003	C
F2	<---	F4	-.044	.030	-1.463	.144	D
F2	<---	F1	.661	.031	21.231	***	A
F5	<---	F4	.555	.032	17.556	***	B
F6	<---	F2	-.094	.032	-2.971	.003	C
F3	<---	F5	-.044	.030	-1.463	.144	D
F3	<---	F2	.661	.031	21.231	***	A
F6	<---	F5	.555	.032	17.556	***	B

```
Standardized Regression Weights: (Group number 1 - Default model)
                                        Estimate
F5      <---        F1                    -.089
F2      <---        F4                    -.044
F2      <---        F1                     .618
F5      <---        F4                     .561
F6      <---        F2                    -.100
F3      <---        F5                    -.044
F3      <---        F2                     .660
F6      <---        F5                     .585
```

지금까지 추정한 결과를 표로 제시하면 [표 4-5]와 같다. 분석결과를 토대로 모델비교를 한다.

▌표 4-5 ▌자기회귀교차지연모델 검증결과

모델	χ^2	df	TLI	CFI	RMSEA	$\Delta\chi^2(\Delta df)$
모델 1	674.985	241	.907	.919	.056	
모델 2	691.498	249	.908	.917	.056	$\Delta\chi^2(8)=16.513$
모델 3	700.061	253	.909	.916	.056	$\Delta\chi^2(4)=8.563$
모델 4	700.110	254	.909	.917	.055	$\Delta\chi^2(1)=0.049$
모델 5	710.768	255	.908	.915	.056	$\Delta\chi^2(1)=10.658$
모델 6	713.654	256	.908	.915	.056	$\Delta\chi^2(1)=2.886$
모델 7	714.759	257	.908	.914	.056	$\Delta\chi^2(1)=1.105$
모델 8	715.544	258	.909	.915	.056	$\Delta\chi^2(1)=0.785$

모델 8을 최종모델로 선정하였다고 가정하고 분석결과를 제시하기로 한다.

▌표 4-6 ▌최종모델의 분석결과

효과	비표준화계수	표준오차	표준화계수
F1 → F2	.661***	.031	.618
F4 → F5	.555***	.032	.561
F4 → F2	-.044ns	.030	-.044
F1 → F5	-.094***	.032	-.089
F2 → F3	.661***	.031	.660
F5 → F6	.555***	.032	.585
F5 → F3	-.044ns	.030	-.044
F2 → F6	-.094	.032	-.100

위의 결과는 [표 4-2]와 약간의 차이가 있는 것을 알 수 있다.

CHAPTER 5

베이지언 SEM, 범주형 자료분석

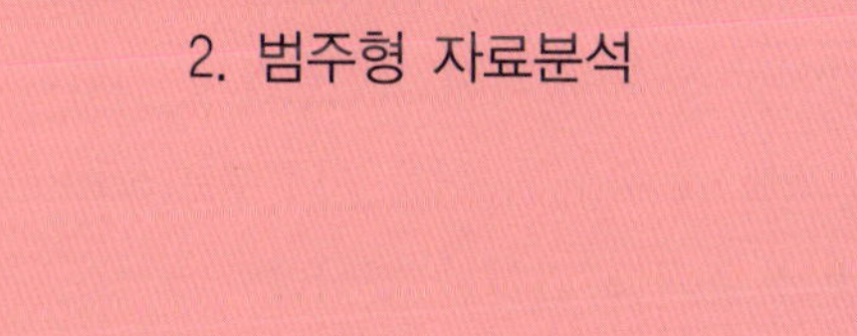

CHAPTER

5 베이지언 SEM, 범주형 자료분석

1. 베이지언 SEM

1.1 베이지언 통계의 의의

최대우도추정(maximum likelihood estimation: MLE)과 가설검증에서 모수치의 참값은 고정되어 있지만 알려지지 않은(fixed but unknown) 것으로 간주된다. 그리고 표본으로부터 얻어진 그들 모수치는 확률적이기는 하지만 알려진(random but known) 것으로 간주된다. 이에 반해, **베이지언 추정(Bayesian estimation)**으로 알려진 통계적 추론에서는 알려지지 않은 어떤 값이든 확률변수로 취급하고 그에 대한 확률분포를 할당한다. 베이지언 관점에서 진실한 모델 모수는 알려져 있지 않아서 확률적으로 취급되고 모수들은 **결합확률분포(joint probability distribution)**를 할당할 수 있는 것으로 간주된다. 이러한 확률분포는 모수가 변화할 수 있는 것이 아니라, 모수에 대해 우리가 알고 있는 상태를 알려주는 의미를 갖는다. 자료를 보기 전의 모수의 분포를 **사전분포(prior distribution)**라 한다. 자료를 관측한 다음 자료에 의해 제공된 증거들은 **베이즈 정리(Bayes' theorem)**로 불리는 공식에 의해 사전분포와 결합된다. 여기에서 얻어진 결과는 모수에 대해 개선된 분포를 갖게 되며 이를 **사후분포(posterior distribution)**라 하며, 이는 사전의 신념과 실증적 증거를 결합한 것이다.

모델의 모수에 대한 결합사후분포를 묘사하는 데 어려움이 있다. 따라서 베이지언 분석을 할 때, 사후분포의 요약을 해석하기 쉽게 나타낼 필요가 있다. 이를 위해, 각각의 모수에 대한 한계사후밀도를 한 번에 하나씩 나타내는 것이 좋은 방안이 된다. 표본이 큰 자료에서 모수의 한계사후분포(marginal posterior distribution)는 정규분포를 따르는 경향이 있다. 한계사후분포의 평균을 **사후평균(posterior mean)**이라 하고, 이를 모수치로 보고할 수 있다.

1.2 베이지언 통계학과 빈도론자 통계학

1) 베이지언 통계학의 기본개념

베이지언 통계학의 기본철학은 '사전분포'와 '자료분포'로부터 '사후분포'를 추출할 수 있다는 것이다. 베이지언 통계를 이해하기 위해 이들 세 가지 개념에 대해 알아보기로 한다.

(1) 사전분포

사전확률분포(prior)는 연구자가 갖고 있는 사전 정보이다. 베이지언 통계에서 중요한 개념 중의 하나는 사전확률분포이다. 사전분포가 전통적 통계학자와 베이지언 통계학자들 간에 가장 논쟁이 된 이슈이다.

과학적 연구방법은 연구자의 사전적 지식과 의견을 배제하고 자료에 있는 정보에만 의존해야 한다는 피셔(R. A. Fisher)의 주장에 많은 학자들이 공감한다. 이에 대해 베이지언 통계학자는 사전분포를 사용하더라도 사전분포의 영향을 분석에서 실질적으로 배제할 수 있으며, 사전분포의 영향은 자료가 증가하면서 거의 사라지게 되므로 자료의 양이 극단적으로 적은 경우가 아니라면 전통적 통계분석과 크게 다르지 않다고 주장한다. 사전분포에는 두 가지 유형이 있다.

① 정보가 없는 사전분포

정보가 없는 사전분포(non-informative prior)는 사전에 정보가 없는 경우에 해당한다. 정보가 없는 사전분포인 경우, ML 추정에 의해 얻어진 값과 베이지언 추정에 의해 얻어진 값은 거의 비슷하다. Amos는 사전분포로 균일분포(uniform distribution)를 디폴트로 가정한다.

② 정보가 있는 사전분포

정보가 있는 사전분포(informative prior distribution)는 사전에 어느 정도의 정보 또는 배경지식이 있는 경우에 해당한다. 예를 들어, 정규분포, 이항분포, 베타분포 등 특정 사건(event)에 대해 사전에 정보를 갖고 있는 경우이다.

(2) 우도함수

우도함수(likelihood function)는 수집한 자료로부터 얻는 정보이다. 우도함수는 특정 모수가 주어졌을 때 자료가 그 모수를 만들 수 있는 가능성(likelihood)을 확률분포의 형태로 보인 것이다. 빈도론자 통계학에서의 우도는 하나의 상수값에 해당하지만, 베이지언 통계학에서는 0에서 1 사이의 확률분포로 표현된다.

(3) 사후분포

사후확률분포(posterior)는 사전확률분포를 자료의 확률분포를 통해 업데이트한 결과로 베이지언 분석의 결과이다. 연구자가 사전에 갖고 있는 모수에 대한 정보를 자료에서 얻게 된 새로운 정보를 이용하여 수정한 것이 사후확률분포이다. 사후확률분포를 통해 가설검정을 할 수 있다. 사후확률분포를 이해하기 위해 다음의 베이즈 정리를 살펴보기로 한다.

$$P(H|D) = \frac{P(D|H)P(H)}{P(D)}$$

베이즈 정리(Bayes' theorem)에서 P는 확률분포, H는 믿음이나 가설, D는 자료나 경험을 나타낸다. 이 정리에서 좌변은 자료를 얻고 난 뒤의 생각(또는 믿음)이나 가설에 대한 사후확률분포(posterior)를 나타낸다. 우변은 조건확률의 공식에 따라 다시 풀어쓴 것으로 사후확률은 가설이 있을 때 자료를 얻을 우도확률분포(likelihood)와 가설이나 생각을 확률로 나타낸 사전분포(prior)의 곱을 자료의 확률로 나눈 분포로 나타낼 수 있다는 것이다. 사전분포, 우도, 사후확률 등의 세 가지 개념을 이용한 베이지언 통계의 기본 개념을 나타내면 [그림 5-1]과 같다.

그림 5-1 베이지언 통계의 기본 개념

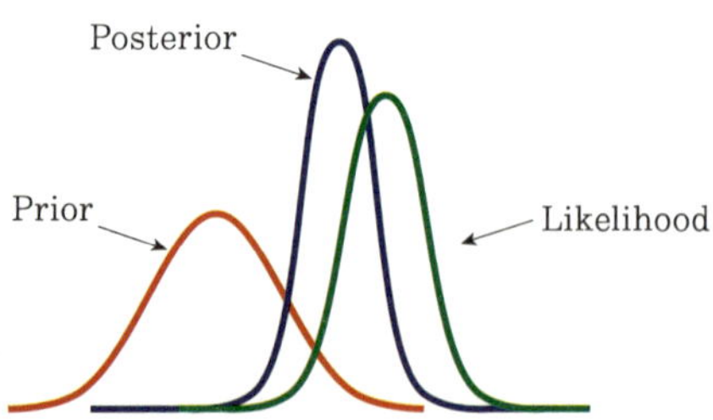

이 세 가지 개념을 이용하여 얻을 수 있는 사후분포의 예를 나타내면 [그림 5-2]와 같다.

그림 5-2 사후분포의 예

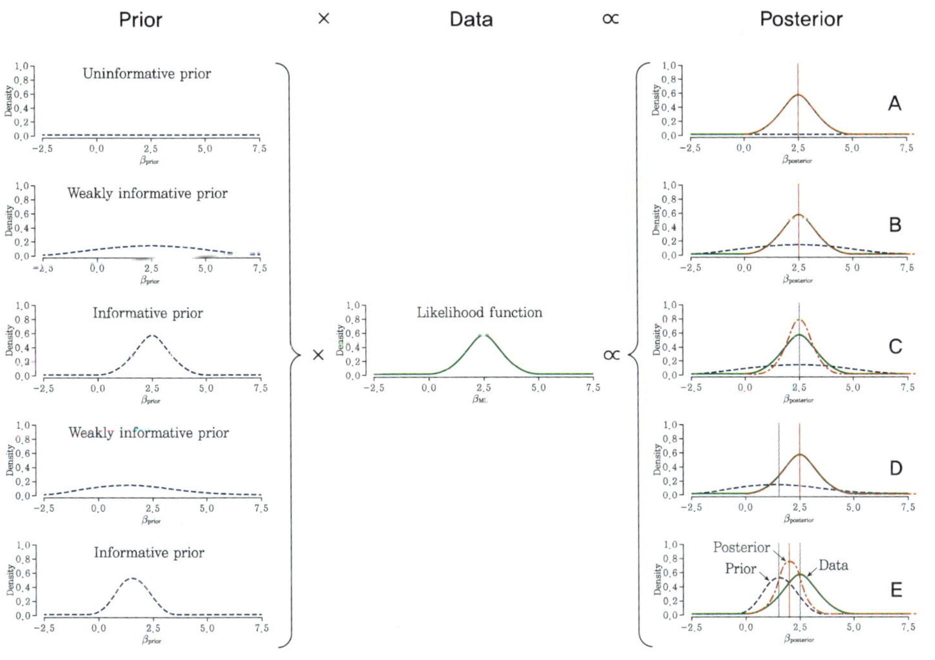

2) 빈도론자 통계학

동일한 실험이나 조사를 무한 번 반복하는 것을 가정하고, 어떤 사건이 발생할 빈도(frequency)의 관점에서 확률을 해석하는 접근법을 **빈도론자 통계학(frequentist statistics)**이라 한다. 빈도론자 통계학은 확률을 빈도의 관점에서 해석하여 통계적 추론을 한다. 우리가 알고 있는 **전통적 통계분석(traditional statistical analysis)**이 빈도론자 통계학에 해당한다.

빈도론자 통계학은 자료를 모집단으로부터 추출된 표본으로 간주하고 표본에서 관찰된 자료의 특성인 표본통계량(sample statistics)을 통해 모집단에 존재하는 모수(parameter)를 추정하고자 한다. 빈도론자 통계학은 표본에서 관찰된 자료의 특성이 모집단의 참값과 얼마나 근사한가를 알아보기 위해 **영가설유의도검정(null hypothesis significance test: NHST)**을 한다.

NHST는 영가설을 참값으로 갖는 가상의 모집단으로부터 표본추출을 무한 번 반복할 때 연구자가 현재 가진 자료보다 더 극단적인 자료를 얻게 될 빈도(frequency)를 확인한다. 그 빈도가 1/20(0.05)보다 작다면 현재 가진 자료는 영가설을 참값으로 갖는 가상의 모집단으로부터 추출된 표본으로 볼 수 없으며 따라서 영가설은 기각된다.

3) 빈도론자 통계학과 베이지언 통계학의 차이점

빈도론자 통계학과 베이지언 통계학의 주요한 차이 중의 하나는 미지의 모수(unknown parameter)의 본질에 관한 것이다. 빈도론자 통계학에서는 모수는 알려져 있지는 않지만 고정되어 있다고(unknown but fixed) 가정한다. 즉 모집단에 하나의 참값만 있다고 가정한다. 이에 비해 베이지언 통계학에서는 알려지지 않은 모든 모수는 불확실하게 취급되고 따라서 확률분포로 나타낼 수 있다고 본다. 빈도론자 통계학과 베이지언 통계학의 차이점을 정리하면 [표 5-1]과 같다.

표 5-1 빈도론자 통계학과 베이지언 통계학의 비교

	빈도론자 통계학	베이지언 통계학
p-value의 정의	모집단 내에서 영가설이 참이라는 가정하에 자료가 극단적인 값을 가질 확률	가설에 대한 확률
대표본의 필요성	정규이론에 기초한 방법이 사용되는 경우에는 필요함	필요하지 않음
사전지식을 포함하는 것이 가능한가?	아니오	예
모델 내 파라미터의 본질	알려지지 않고 고정됨(unknown but fixed)	알려지지 않음. 따라서 확률(random)적임
모집단 모수	하나의 참값(one true value)	불확실성을 반영하는 값의 분포
불확실성은 어떻게 정의되나?	무한한 반복된 표본추출의 아이디어에 기초한 표본분포	모집단 모수에 해당하는 확률분포
추정된 구간	신뢰구간(confidence interval): 모집단으로부터 표본을 무한히 추출할 때 모집단의 참값이 95%를 포함할 가능성(chance)	신용구간(credibility interval): 모집단의 값이 구간의 한계(limit) 내에 있을 95% 확률

위의 차이점 가운데 '추정된 구간'에 대해 좀 더 자세히 살펴보기로 한다. 먼저, 빈도론자 통계학의 관점에서 신뢰구간은 확률변수이고 파라미터는 고정된 상수이기 때문에 95% 신뢰구간은 "신뢰구간이 참값과 파라미터를 포함할 확률이 95%"라고 해석되고, 베이지언 통계학의 관점에서 신용구간은 파라미터가 상수가 아닌 확률변수이기 때문에 "파

라미터가 신용구간에 있을 확률이 95%"라고 해석된다.

1.3 베이지언 추정: 예 1

Amos는 **마르코브체인 몬테카를로(Markov Chain Monte Carlo: MCMC)** 시뮬레이션 기법을 이용하여 베이지언 추정을 한다. MCMC에 의해 표본을 추출하는 방법에 여러 가지가 있는데, Amos는 **깁스 샘플링(Gibbs sampling)**에 의해 표본추출을 한다.

베이지언 추정을 위해서는 원자료가 필요하고, 행렬요약인 경우에는 평균에 관한 정보가 있어야 한다. 이하에서 '합리적 행동모델'을 통해 베이지언 추정에 대해 알아보기로 한다.

1 Amos에 의해 베이지언 추정을 하기 위해서는 평균 및 절편의 추정이 필요하다. 이를 위해 [View] 메뉴 → [Analysis Properties]의 [Estimation] 탭에서 [Estimate means and intercepts]를 체크한다.

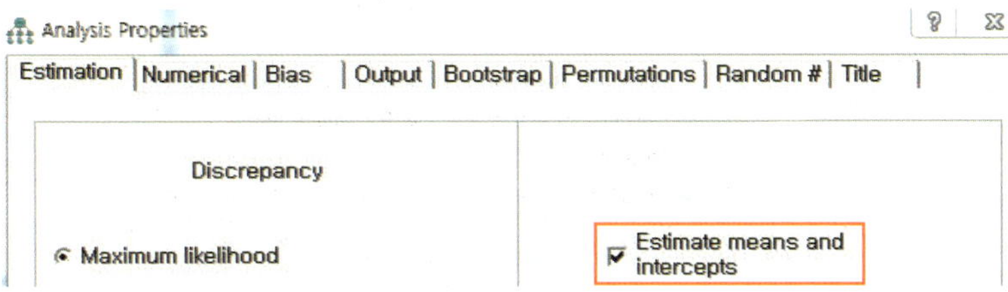

input 5-1 합리적 행동모델의 베이지언 추정

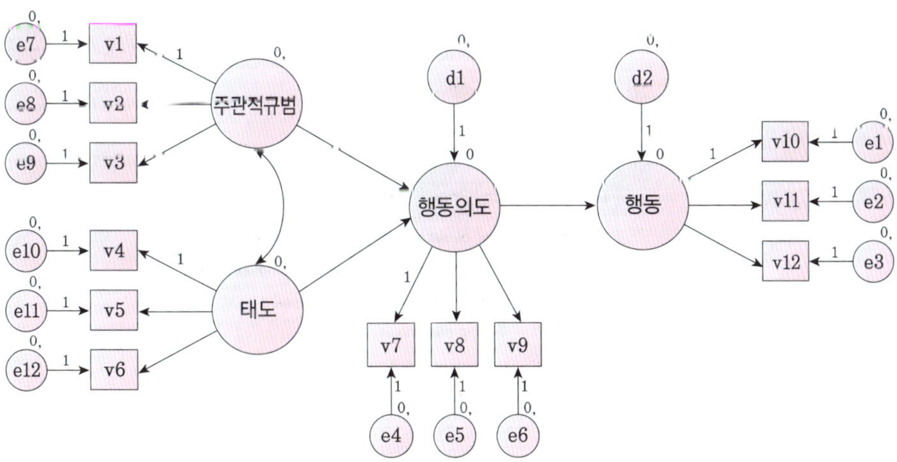

2 베이지언 분석을 위해 [Analyze] 메뉴에서 [Bayesian Estimation]을 클릭하거나, 도구상자에 있는 베이지언 아이콘( )을 클릭한다. 그러면 분석이 실행되며 다음과 같은 베이지언 분석창이 생긴다. 베이지언 분석창에 있는 아이콘 가운데 많이 쓰이는 것을 중심으로 그 의미를 살펴보기로 한다.

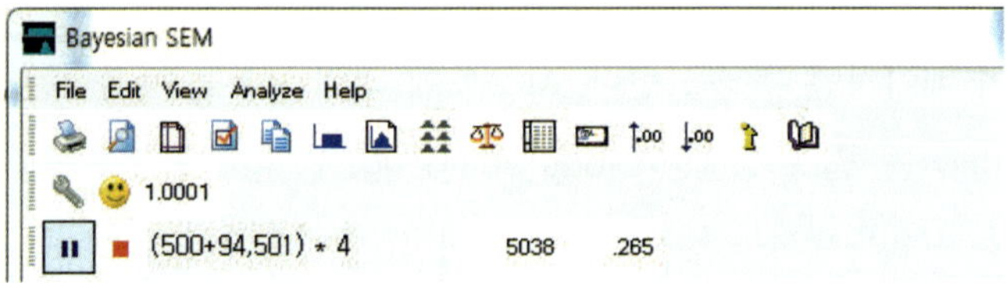

① 옵션 아이콘( ): 옵션 아이콘에 제공되는 탭 가운데 [Display]와 [MCMC]가 많이 쓰인다. 다음은 [Display] 탭에 제공되는 정보이다. 여기에서 신용구간(credible interval)의 신뢰수준 '50'이 디폴트로 되어 있는데 이를 '95'로 바꾼다.

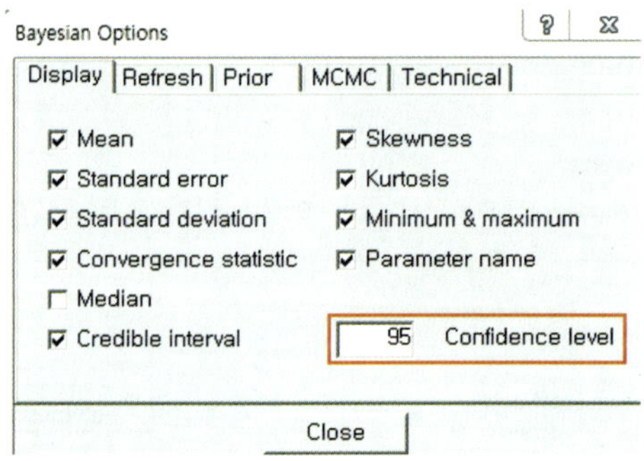

다음은 [MCMC] 탭에 제공되는 정보이다. Amos는 수렴기준(convergence criterion)이 1.002로 되어 있다. 수렴통계치(convergence statistics: C.S)가 이 값보다 작으면 수렴통계치 아이콘이 빨간색( )에서 노란색( )으로 변한다.

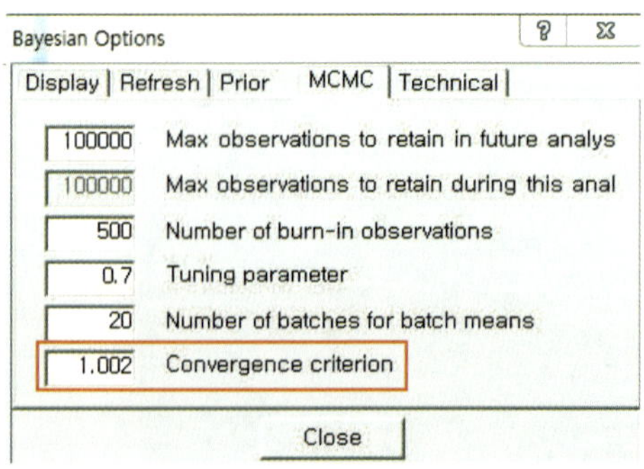

② 적합측정치 아이콘(⚖): **적합측정치(Fit measure)** 아이콘은 모델과 자료와의 적합도를 제공한다. 이 아이콘을 누르면 사후예측확률(posterior predictive *p*: *ppp*), DIC, 효과적 모수의 수(effective number of parameters) 등의 정보가 제공된다.

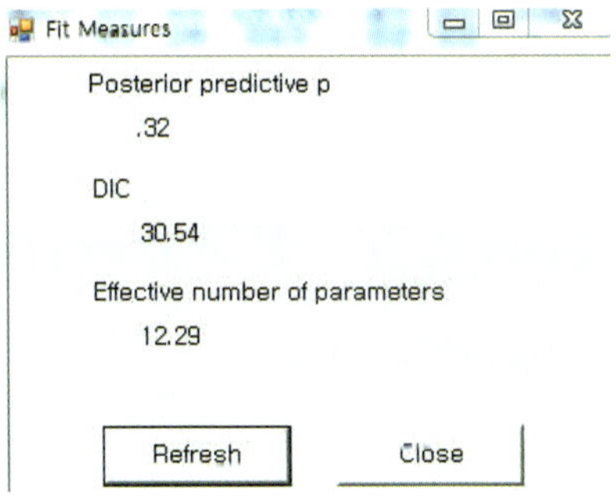

③ 추가적 추정치 아이콘(▦): **추가적 추정치(Additional estimand)**에는 연구자가 옵션 아이콘의 [Display] 탭에서 지정한 추가적 정보와 [Analysis Properties] 아이콘에서 지정한 정보(예: 간접효과) 등이 제공된다.

④ 주문추정치 아이콘(▭): 연구자가 요구하는 추정치를 얻을 수 있다. **주문추정치(custom estimand)**는 연구자가 필요로 하는 모수치를 함수관계로 표현하여 얻을 수 있다. 주문추정치 아이콘을 누르면 다음과 같은 창이 보인다. 이 창에서 'Your code goes here'라고 되어 있는 부분에 연구자가 원하는 함수관계를 표현할 수 있다.

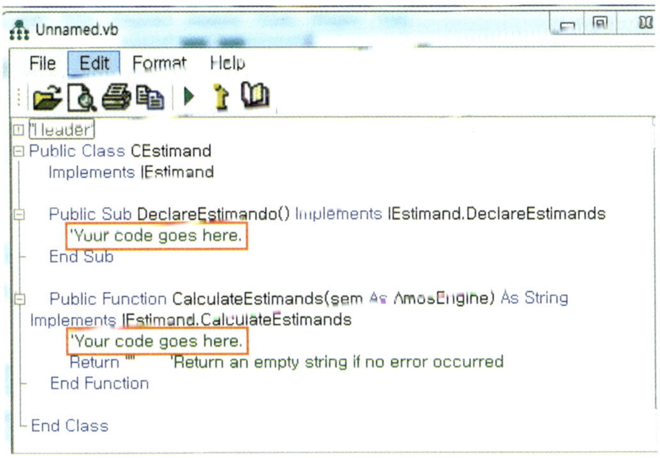

3 베이지언 창에서 **수렴통계치(convergence statistic: c.s)**가 빨간색(☹)에서 노란색(☺)으로 변할 때까지 표본추출을 하도록 기다린다. Amos는 1.002보다 작은 것을 수렴기준의 디폴트로 설정한다. 다음은 [input 5-1]을 베이지언 추정으로 추정한 결과이다.

output 5-1 베이지언 추정결과

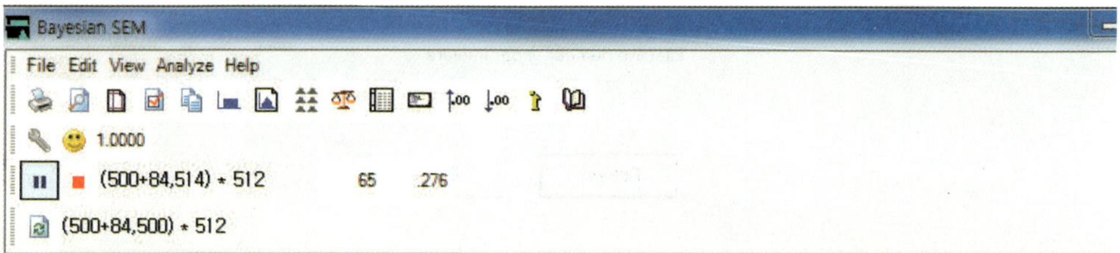

	Mean	S.E.	S.D.	C.S.	95% Lower bound	95% Upper bound	Skewness	Kurtosis	Min	Max	Name
Regression weights											
v3<--주관적규범	1.121	0.000	0.041	1.000	1.043	1.204	0.133	0.044	0.970	1.325	
v2<--주관적규범	0.825	0.000	0.035	1.000	0.757	0.895	0.086	0.050	0.681	0.984	
v6<--태도	1.054	0.000	0.041	1.000	0.976	1.137	0.129	0.039	0.886	1.247	
v5<--태도	1.160	0.000	0.043	1.000	1.078	1.249	0.162	0.061	0.975	1.378	
v9<--행동의도	1.027	0.000	0.051	1.000	0.932	1.131	0.181	0.051	0.830	1.263	
v8<--행동의도	1.070	0.000	0.048	1.000	0.981	1.167	0.189	0.085	0.892	1.317	
v11<--행동	0.742	0.000	0.031	1.000	0.682	0.805	0.090	0.082	0.596	0.890	
v12<--행동	0.519	0.000	0.031	1.000	0.460	0.580	0.045	-0.001	0.382	0.651	
행동의도<--주관적규범	0.287	0.000	0.038	1.000	0.214	0.363	0.068	0.006	0.117	0.443	
행동의도<--태도	0.133	0.000	0.037	1.000	0.062	0.206	0.039	0.034	-0.028	0.301	
행동<--행동의도	0.527	0.000	0.053	1.000	0.426	0.632	0.084	0.018	0.288	0.760	

4 노란색으로 변하면 일시정지 아이콘(⏸)을 누른다. 중지버튼을 누르지 않으면 추정이 계속된다.

5 추가적 추정치 아이콘(▤)을 누르면 연구자가 지정한 추가적 추정치를 얻을 수 있다. 예를 들어, 간접효과 추정치를 얻고자 한다면 베이지언 추정을 하기 전에 [Analysis Properties]의 [Output] 탭에서 [indirect, direct and total effect]를 먼저 체크한다. 다음은 [input 5-1]의 추가적 추정치를 실행한 결과를 제시한 것이다.

output 5-1 ••• 추가적 추정치: 간접효과

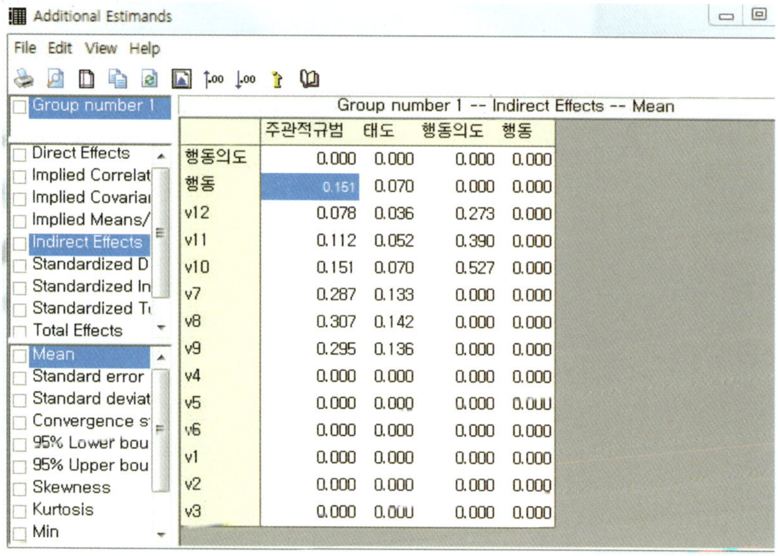

	주관적규범	태도	행동의도	행동
행동의도	0.000	0.000	0.000	0.000
행동	0.151	0.070	0.000	0.000
v12	0.078	0.036	0.273	0.000
v11	0.112	0.052	0.390	0.000
v10	0.151	0.070	0.527	0.000
v7	0.287	0.133	0.000	0.000
v8	0.307	0.142	0.000	0.000
v9	0.295	0.136	0.000	0.000
v4	0.000	0.000	0.000	0.000
v5	0.000	0.000	0.000	0.000
v6	0.000	0.000	0.000	0.000
v1	0.000	0.000	0.000	0.000
v2	0.000	0.000	0.000	0.000
v3	0.000	0.000	0.000	0.000

'주관적 규범'이 행동의도를 매개해 '행동'에 미치는 간접효과는 0.151이다. 이의 95% 하한경계와 상한경계는 왼쪽 밑에 있는 [95% Lower bound]와 [95% Upper bound]를 클릭하면 볼 수 있다. 이 예에서는 이들 값이 각각 '0.106', '0.202'로 95% 신용구간 내에 0을 포함하지 않아 유의적이라고 할 수 있다.

1.4 베이지언 추정: 예 2

Levy & Choi(2012)에 소개된 다음 모델을 대상으로 베이지언 분석을 해보기로 한다. 그들의 모델은 다음과 같다.

input 5-2 Levy & Choi 모델

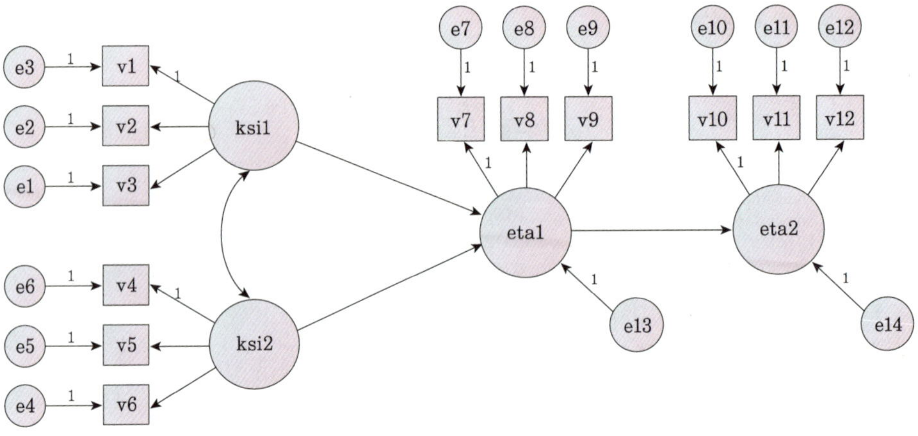

1) ML에 의한 추정

이 모델을 ML에 의해 추정한 결과 모델적합도 및 모수치는 다음과 같다.

output 5-2 ML 추정에 의한 분석결과

CMIN

Model	NPAR	CMIN	DF	P	CMIN/DF
Default model	40	53.596	50	.338	1.072

Regression Weights: (Group number 1 - Default model)

			Estimate	S.E.	C.R.	P
eta1	<---	ksi1	.563	.072	7.841	***
eta1	<---	ksi2	.790	.086	9.151	***
eta2	<---	eta1	.473	.057	8.334	***

2) 베이지언 추정

이 모델을 베이지언 추정에 의해 분석하기로 한다. 이를 추정하면 다음과 같은 결과를 얻는다.

	Mean	S.E.	S.D.	C.S.	95% Lower bound	95% Upper bound	Skewness	Kurtosis	Min	Max	Name
Regression weights											
v3<--ksi1	0.942	0.002	0.088	1.000	0.778	1.126	0.232	0.195	0.618	1.370	
v2<--ksi1	1.191	0.002	0.106	1.000	0.999	1.415	0.306	0.172	0.826	1.629	
v6<--ksi2	0.900	0.002	0.095	1.000	0.726	1.009	0.277	0.143	0.517	1.325	
v5<--ksi2	0.877	0.002	0.089	1.000	0.714	1.064	0.339	0.282	0.586	1.288	
v8<--eta1	0.874	0.001	0.060	1.000	0.763	1.002	0.239	0.165	0.643	1.163	
v9<--eta1	0.883	0.001	0.062	1.000	0.769	1.011	0.211	0.070	0.665	1.140	
v11<--eta2	0.831	0.002	0.098	1.000	0.656	1.036	0.380	0.267	0.501	1.285	
v12<--eta2	0.687	0.002	0.092	1.000	0.519	0.880	0.297	0.143	0.307	1.074	
eta1<--ksi1	0.564	0.001	0.072	1.000	0.432	0.713	0.207	0.206	0.281	0.904	
eta1<--ksi2	0.797	0.002	0.089	1.000	0.635	0.982	0.254	0.095	0.461	1.150	
eta2<--eta1	0.468	0.001	0.058	1.000	0.358	0.585	0.141	0.006	0.248	0.737	

① mean: 사후평균추정치로서 MCMC 표본의 값을 평균한 것이다. 베이지언 추론에서 사후확률의 평균값은 점추정치(point estimate)이다.

② S.E.: 추정된 사후평균과 참 사후평균(true posterior mean)과의 차이이다.

③ S.D.: 사후평균과 미지의 참 모수와의 차이

④ C.S.: 수렴통계치

⑤ 95% 신용구간: 빈도론자의 신뢰구간(confidence interval)이 모수치가 표집분포의 구간에 있을 가능성을 나타내는 것과는 달리, **베이지언 신용구간(Bayesian credibility interval)**은 모수가 이 범위 안의 값이 될 수 있는 확률을 나타낸 것이다.

1.5 베이지언 추정에 의한 간접효과 추정: 단일매개모델

이하에서 합리적 행동모델을 이용하여 간접효과의 사후분포를 베이지언 추정에 의해 추정하는 것에 대해 알아보기로 한다.

1 [View] 메뉴 → [Analysis Properties]의 [Output] 탭에서 [indirect, direct and total effects]를 체크한다.

2 [Estimation] 탭에서 [Estimate means and intercepts]를 체크한다. 이를 [input 5-3]으로 저장하였다.

input 5-3 합리적 행동모델의 간접효과 추정

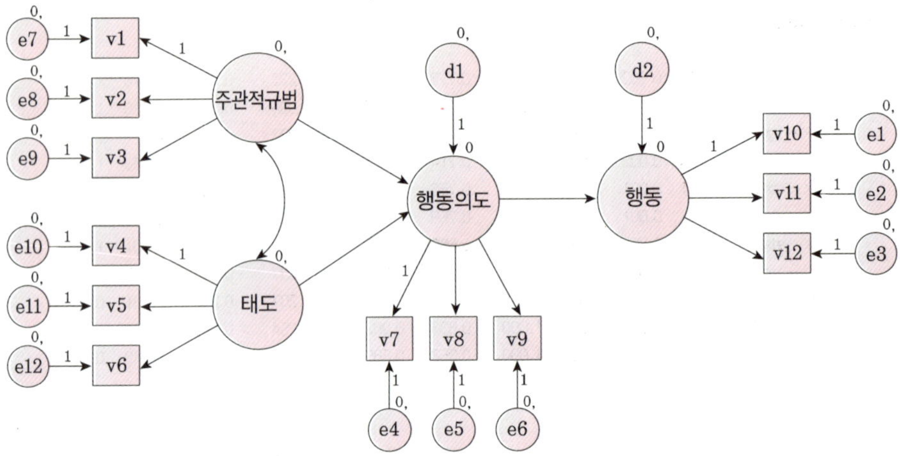

3 [Analyze] 메뉴에서 [Bayesian estimation]을 클릭하면 실행이 된다.

4 수렴이 되면 수렴아이콘이 빨간색(☹)에서 노란색(☺)으로 변한다.

5 이 상황에서 일시정지 아이콘(⏸)을 누른다. 그러면 다음과 같은 베이지언 분석 결과를 볼 수 있다.

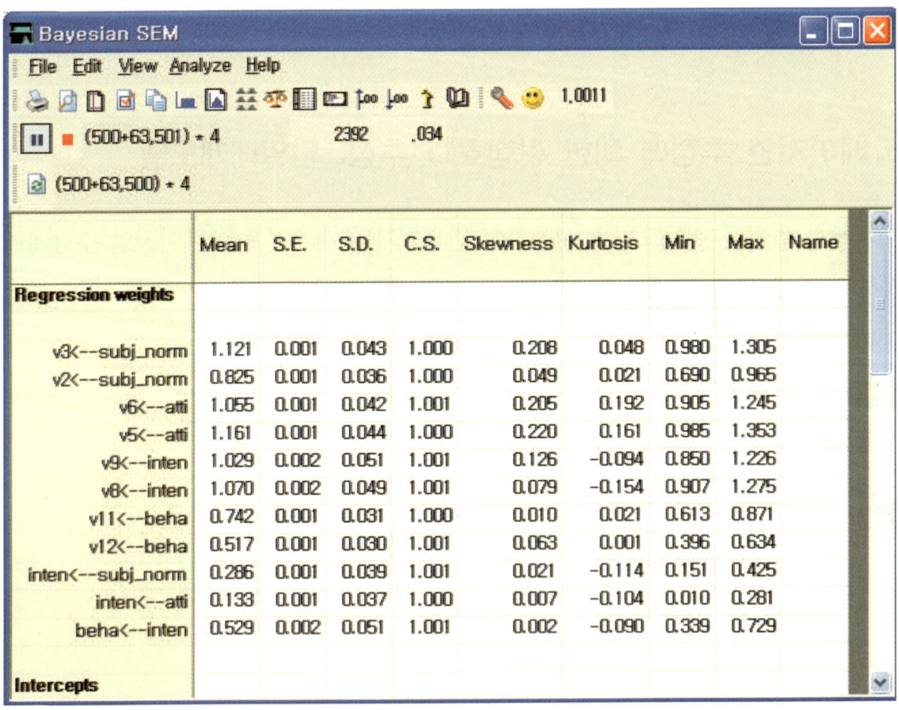

	Mean	S.E.	S.D.	C.S.	Skewness	Kurtosis	Min	Max	Name
Regression weights									
v3<--subj_norm	1.121	0.001	0.043	1.000	0.208	0.048	0.980	1.305	
v2<--subj_norm	0.825	0.001	0.036	1.000	0.049	0.021	0.690	0.965	
v6<--atti	1.055	0.001	0.042	1.001	0.205	0.192	0.905	1.245	
v5<--atti	1.161	0.001	0.044	1.000	0.220	0.161	0.985	1.353	
v9<--inten	1.029	0.002	0.051	1.001	0.126	-0.094	0.850	1.226	
v8<--inten	1.070	0.002	0.049	1.001	0.079	-0.154	0.907	1.275	
v11<--beha	0.742	0.001	0.031	1.000	0.010	0.021	0.613	0.871	
v12<--beha	0.517	0.001	0.030	1.001	0.063	0.001	0.396	0.634	
inten<--subj_norm	0.286	0.001	0.039	1.001	0.021	-0.114	0.151	0.425	
inten<--atti	0.133	0.001	0.037	1.000	0.007	-0.104	0.010	0.281	
beha<--inten	0.529	0.002	0.051	1.001	0.002	-0.090	0.339	0.729	
Intercepts									

6 베이지언 분석창의 [View] 메뉴에서 [Options]를 누른다. [Display] 탭에 신뢰구간(credible interval)이 50으로 지정되어 있는데, 이를 95로 바꾼 다음 [Close] 버튼을 누른다.

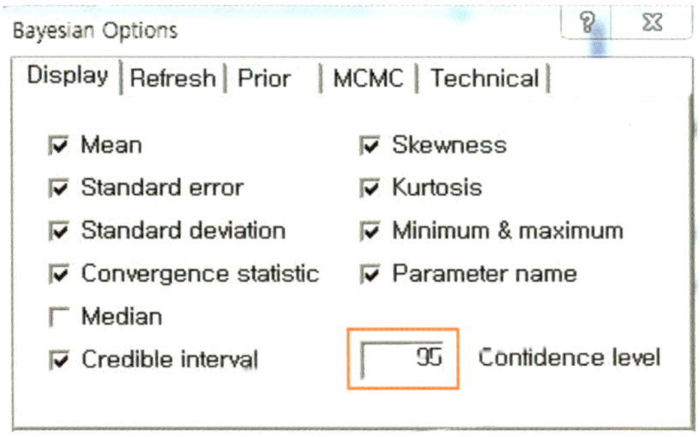

7 [View] 메뉴에서 [Additional Estimands]를 누르면 추가적 추정치를 얻는 과정이 진행된다.

8 **추가적 추정치(Additional Estimands)**창에서 주관적 규범(sub_norm)이 행동(beha)에 미치는 표준화 간접효과의 평균은 0.144임을 보여준다.

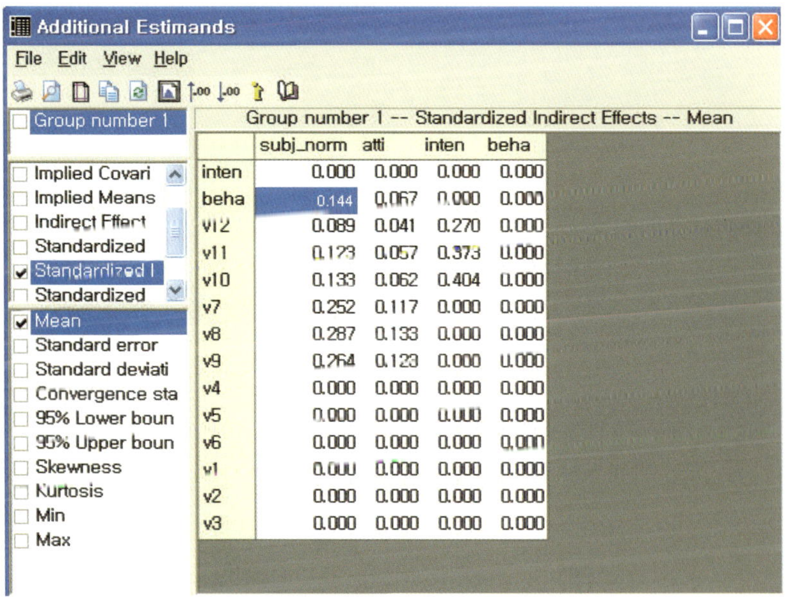

95% 상한경계의 값은 .190, 95% 하한경계의 값은 0.101임을 알 수 있다. 따라서, 95% 신용수준에서 표준화 간접효과 값(.144)은 0.101에서 .190 사이에 있음을 알 수 있다.

1.6 베이지언 추정에 의한 매개효과 추정: 다중매개모델

[input 5-5]의 다중매개모델을 대상으로 Amos에 의한 베이지언 매개효과 추정에 관해 살펴보기로 한다.

input 5-5 다중매개모델

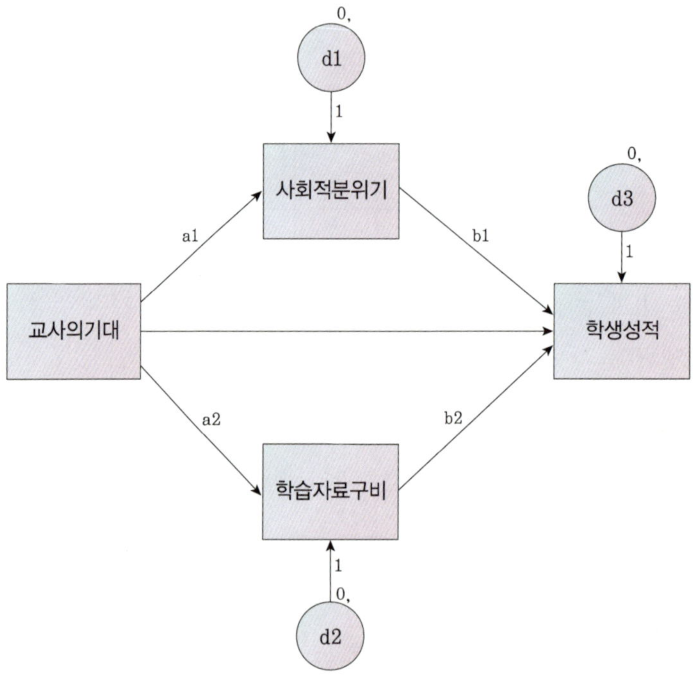

1) ML에 의한 추정

ML에 의한 추정에 관해서는 졸저(2017)를 참고하기 바란다.

2) 베이지언 추정

베이지언 추정을 위해 다음과 같은 절차에 따라 한다.

1 분석속성 아이콘( )을 클릭하여 나타나는 창의 [Estimation] 탭에서 [Estimate means and intercepts]를 체크하고,

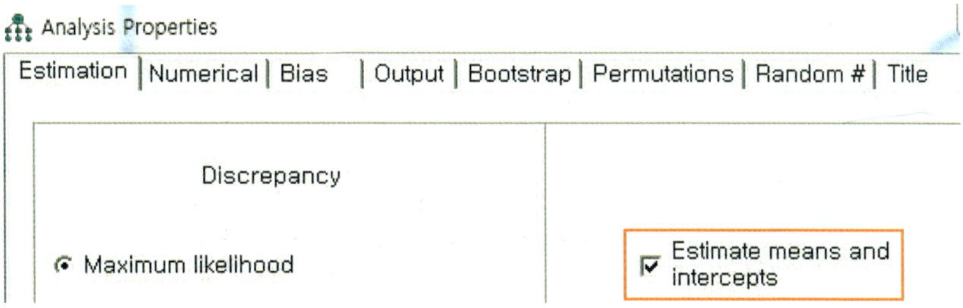

[Output] 탭에서 [Indirect, direct & total effects]를 체크한다.

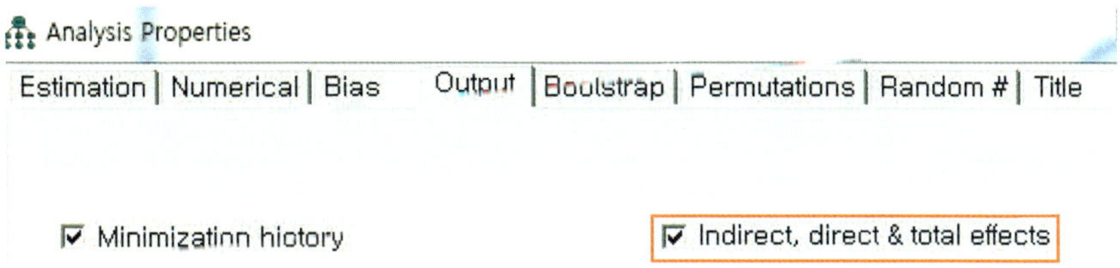

2 베이지언 아이콘( )을 클릭한다. 수렴통계치가 노란색으로 변하면 일시정지 아이콘(Ⅱ)을 누른다. 다음은 분석결과를 제시한 것이다.

output 5-5 베이지언 추정결과

	Mean	S.E.	S.D.	C.S.	95% Lower bound	95% Upper bound	Skewness	Kurtosis	Min	Max	Name
Regression weights											
사회적분위기<--교사의기대	0.840	0.001	0.166	1.000	0.512	1.171	0.003	0.170	0.024	1.673	a1
학생성적<--사회적분위기	0.570	0.001	0.166	1.000	0.242	0.898	-0.013	0.201	-0.177	1.323	b1
학생성적<--학습자료구비	0.530	0.001	0.179	1.000	0.178	0.882	0.004	0.164	-0.204	1.348	b2
학습자료구비<--교사의기대	0.222	0.001	0.155	1.000	-0.085	0.525	-0.011	0.220	-0.526	0.947	a2
학생성적<--교사의기대	0.112	0.001	0.220	1.000	-0.320	0.547	0.001	0.217	-0.901	1.157	

3 추가적 추정치 아이콘( )을 클릭하면 실행이 되고 다음과 같은 결과창이 나타난다.

output 5-5 ••• 베이지언 추정에 의한 간접효과

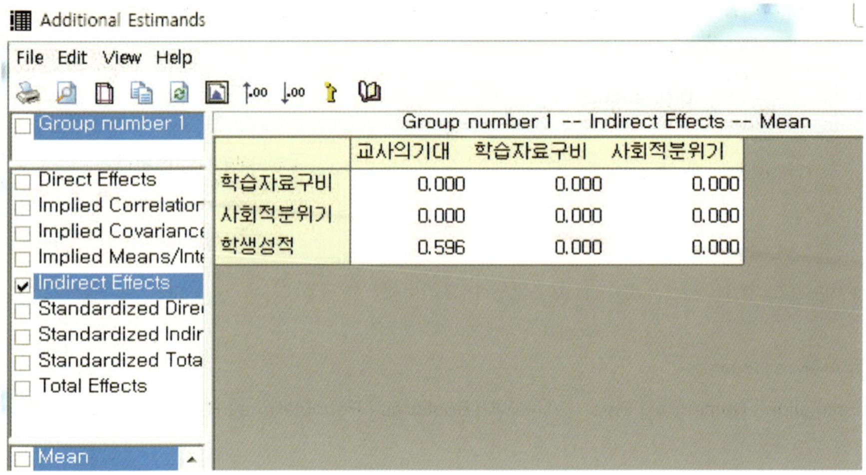

	교사의기대	학습자료구비	사회적분위기
학습자료구비	0.000	0.000	0.000
사회적분위기	0.000	0.000	0.000
학생성적	0.596	0.000	0.000

위 결과에서 볼 수 있듯 간접효과는 두 매개효과의 합에 의한 총간접효과를 보고한다.

3) 베이지언 추정: 특정간접효과 추정

특정간접효과를 추정하기 위해서 다음과 같은 절차에 따라 한다.

1 분석속성 아이콘(▦)을 클릭하여 나타나는 창의 [Estimation] 탭에서 [Estimate means and intercepts]를 체크하고,

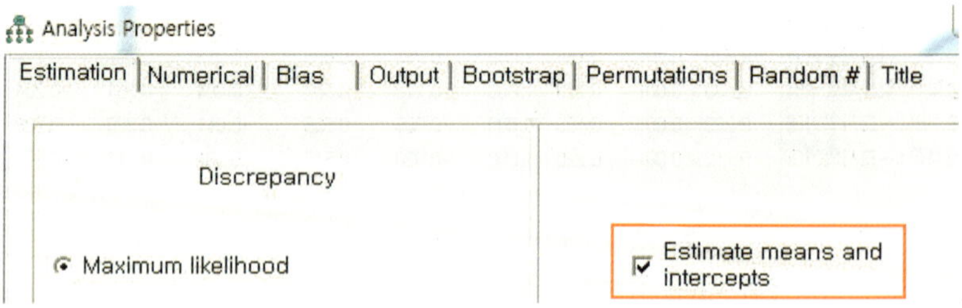

[Output] 탭에서 [Indirect, direct & total effects]를 체크한다.

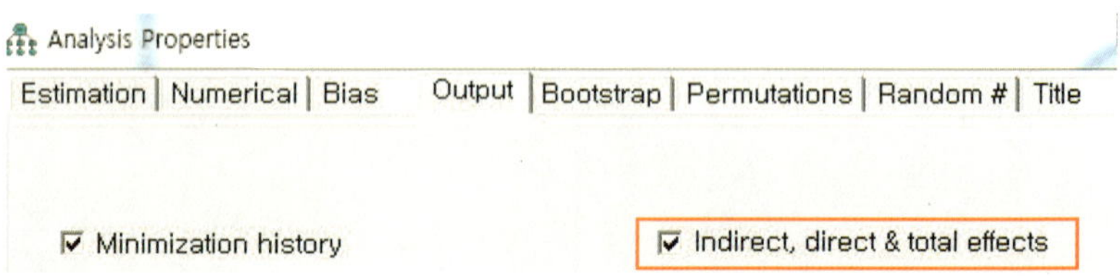

2 베이지언 아이콘( )을 클릭한다. 수렴통계치가 노란색으로 변하면 일시정지 아이콘( )을 누른다.

3 주문추정치 아이콘( )을 클릭하면 다음과 같은 창이 나타난다.

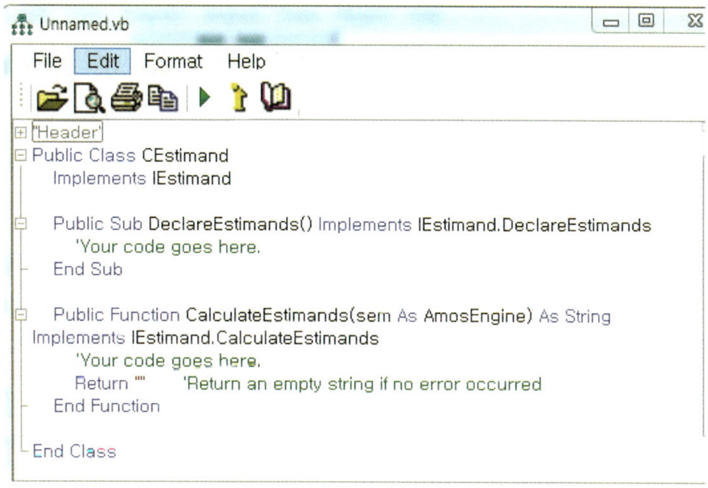

4 여기에서 'Your code goes here'라고 되어 있는 부분에 다음과 같이 입력한다.

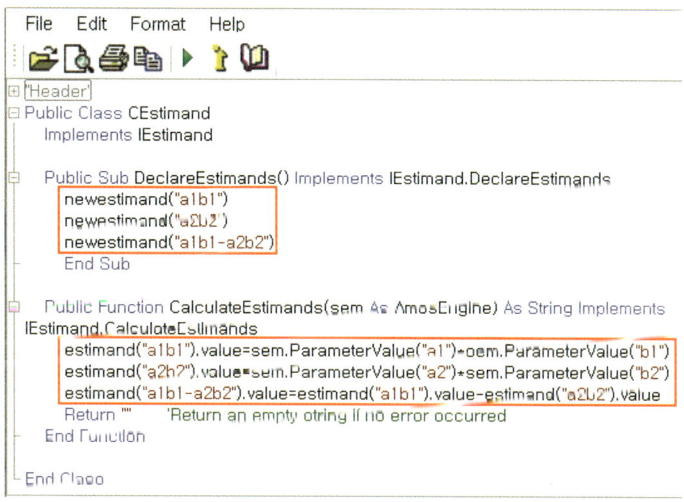

5 실행 아이콘( )을 누른다.

6 다음과 같은 결과를 얻는다.

output 5-5 주문추정치: 특정간접효과

Custom Estimands

File Edit View Help

Numeric Estimands	Mean	S.E.	S.D.	C.S.	95% Lower bound	95% Upper bound	Skewness	Kurtosis	Min	Max
a1b1	0.479	0.001	0.172	1.000	0.179	0.857	0.453	0.474	-0.181	1.656
a2b2	0.118	0.001	0.096	1.000	-0.041	0.337	0.616	1.122	-0.499	0.647
a1b1-a2b2	0.361	0.001	0.188	1.000	0.019	0.762	0.336	0.520	-0.411	1.528

'교사의기대' → '사회적분위기' → '학생성적'으로 가는 매개효과(a1b1)=.479는 95% 신뢰구간에 0이 포함되지 않으므로 유의적이고, '교사의기대' → '학습자료구비' → '학생성적'으로 가는 매개효과(a2b2)=.118은 95% 신뢰구간에 0이 포함되어 유의적이지 않다. 이 두 매개효과의 차이(.361)는 95% 신뢰구간에 0이 포함되지 않으므로 유의적이다.

2. 범주형 자료분석

2.1 범주형 자료분석

범주형 자료(categorical data)는 **순서범주변수**(ordered-categorical variable)와 **이분변수**(binary variable, dichotomous variable)로 나눌 수 있다. 범주가 2개만 있는 이분변수(예: 예/아니오)는 모델의 식별을 위해 추가적인 제약이 요구된다. 범주가 2개만 있으면 범주경계(category boundary)는 하나만 있게 된다. 그 경계는 상수(constant)로 고정할 수 있으나 변수의 원점(origin)과 척도(scale)를 결정하기 위해서는 추가적인 제약이 필요하다. 범주가 3개 이상인 경우에는 이러한 제약이 필요 없다.

1) 이분변수가 외생변수인 경우

이분변수가 외생변수인 경우 추가적인 제약을 위해 ① 변수의 평균, ② 변수의 분산, ③ 회귀계수 등을 제약하는 것이 일반적이다. 이 가운데 변수의 분산을 1로 제약하는 것이 가장 빠른 시간 내에 MCMC 알고리즘이 수렴한다. [그림 5-3]과 같은 모델에서 'A'가 이분변수라고 했을 때 분산을 1로 제약해야 한다.

그림 5-3 이분변수가 외생변수인 경우

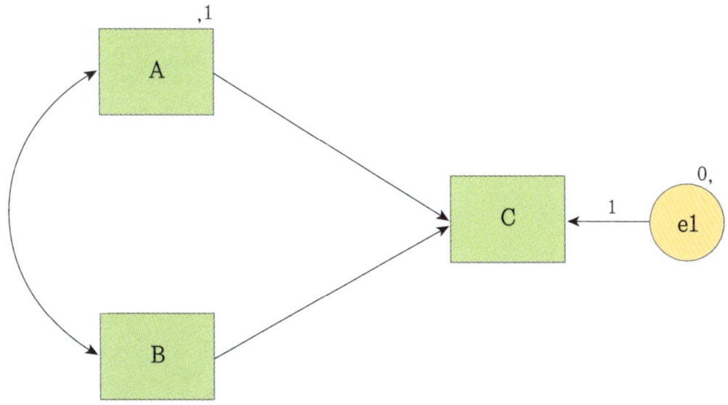

2) 이분변수가 내생변수인 경우

[그림 5-4]처럼 이분변수가 내생변수인 경우 ① 변수의 절편, ② 변수의 오차분산, ③ 회귀계수 등을 제약할 수 있다. 'C'가 이분변수인 경우 다음과 같이 오차분산을 1로 제약할 수 있다.

그림 5-4 이분변수가 내생변수인 경우

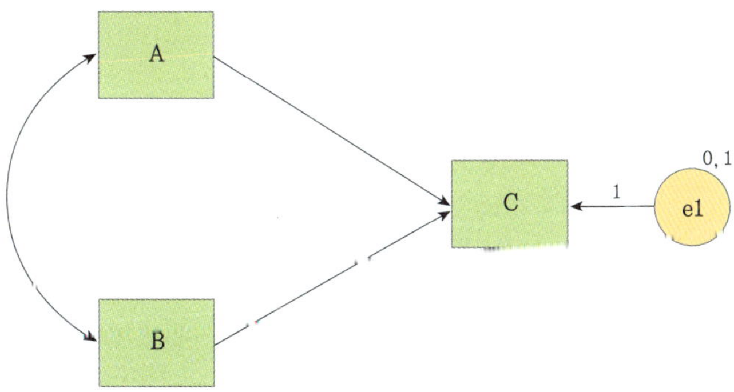

2.2 범주형 자료분석: 예 1

Amos는 이분변수인 경우 베이지언 추정을 통해 분석한다. 종속변수가 이분변수인 경우에 **로짓모델(logit model)** 또는 **프로빗모델(probit model)**에 의해 0과 1 사이의 확률을 계산한다. Amos는 프로빗모델에 대해 누적정규확률함수(cumulative normal probability function)를 이용하여 이분변수인 종속변수의 확률을 계산한다.

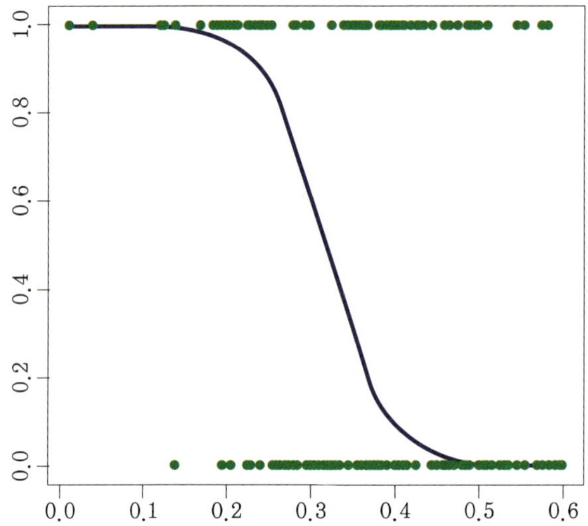

1) 베이지언 추정

[그림 5-5] 모델을 토대로 범주형 자료분석에 대해 살펴보기로 한다. 이 모델에서 행동의도가 행동에 미치는 관계에서 행동을 이분형 척도(binary scale)로 측정하였다고 가정한다. 척도는 '0=행동을 하지 않음', '1=행동을 함'을 의미한다고 가정한다.

그림 5-5 이분형 종속변수 모델

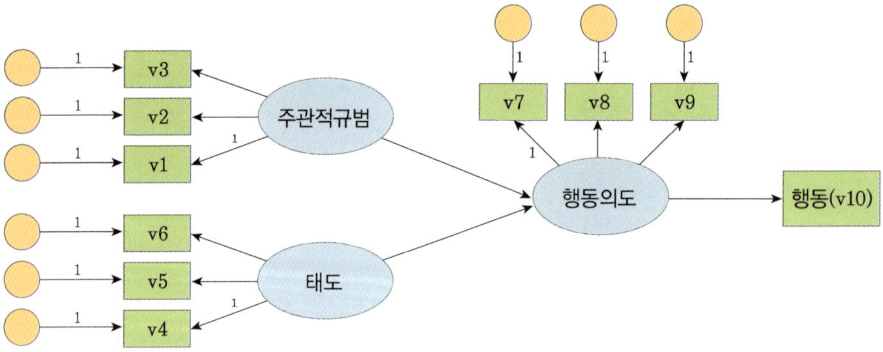

이 모델을 분석하기 위한 자료는 다음과 같다(nomiss5.1.sav). 자료에서 볼 수 있듯 'v10'은 0과 1로 측정된 이분변수이다.

	v1	v2	v3	v4	v5	v6	v7	v8	v9	v10
1	3	4	4	4	5	4	4	4	4	0
2	4	5	4	5	5	5	6	7	6	1
3	3	3	3	3	4	4	3	3	2	0
4	4	5	4	5	5	5	3	3	4	0
5	4	5	6	5	5	5	4	4	4	0
6	5	6	5	5	5	5	5	4	4	1
7	3	4	4	3	3	3	4	4	4	0
8	4	5	4	3	3	3	4	4	4	1
9	4	5	4	2	3	3	3	3	2	0

이 모델을 분석하기 위한 입력파일은 [input 5-4]와 같다. 이 입력파일에서 'e12'의 오차의 분산이 1로 고정되어 있음에 주목하라. 이 모델을 분석하기 위해 다음과 같은 절차에 따라 한다.

input 5-4 범주형 자료분석: 행동변수가 이분변수인 경우

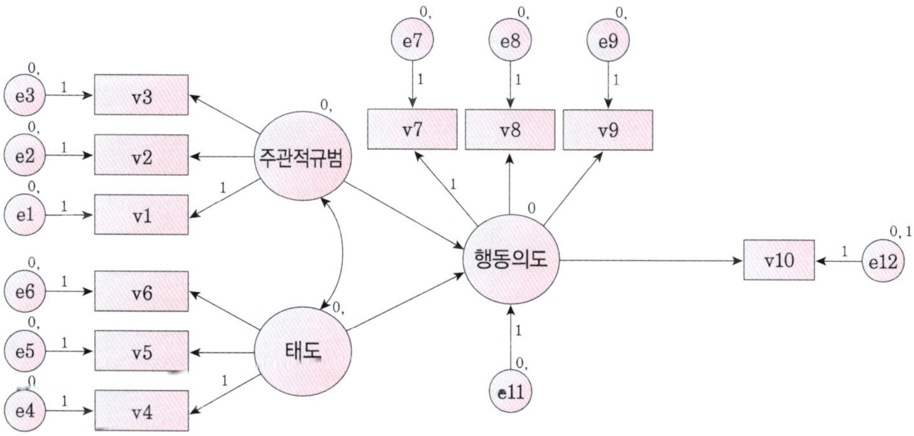

1 [Analysis Properties] 창에서 [Estimates means and intercepts]를 체크한다.

2 'e13'과 'e12' 위에 마우스 포인트를 놓고 우측 버튼을 눌러 나타나는 [Object Properties] 창의 [Parameters] 탭의 [Variance]에 1이라 입력한다.

3 [Data Files] 아이콘을 눌러 나타나는 창에서 [Allow non-numeric data]를 체크하고 [OK] 버튼을 누른다. 이를 체크하면 Amos는 범주형 자료를 분석하는 것으로 인식한다. 이를 체크하는 것을 반드시 기억하기 바란다.

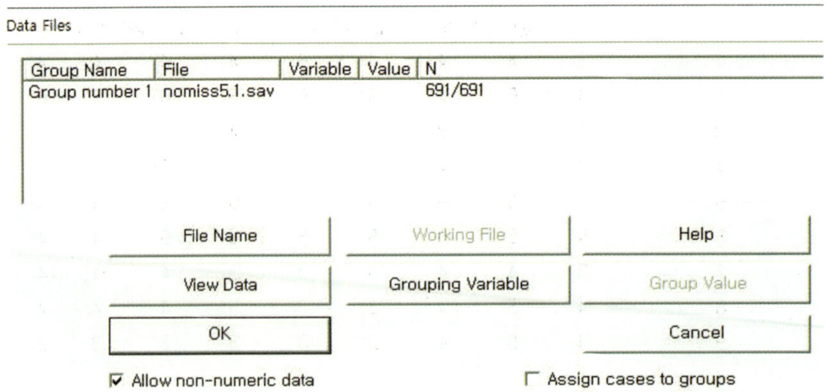

4 [Allow non−numeric data]를 체크하면 추정치계산 아이콘( )이 비활성화된다. 이는 베이지언 추정( )을 해야 함을 의미한다.

5 [Tools] 메뉴에서 [Data Recode] 메뉴를 누른다. 이 창에서 왼쪽에 있는 [Original variables]에 있는 변수 가운데 'v10' 변수를 클릭하고 밑에 있는 [Recoding rule]에서 [Ordered−categorical]을 지정하면 'v10' 변수가 자동적으로 오른쪽에 있는 [New and recoded variables]로 이동한다.

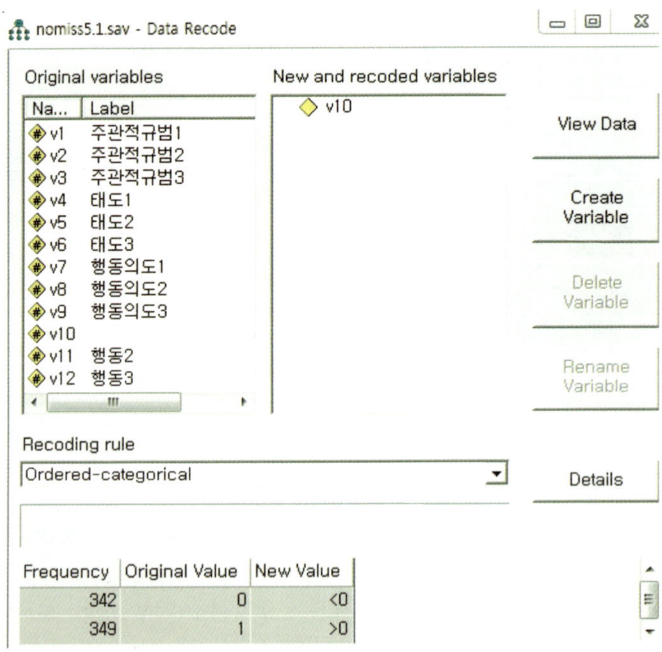

6 베이지언 아이콘을 눌러 실행한다. 수렴이 되면 일시정지 아이콘을 누른다. 아래는 결과를 제시한 것이다. 결과는 행동의도가 높을수록 행동을 할 확률은 3.5% 줄어든다고 해석한다. 이를 추정한 결과는 다음과 같다.

output 5-4-1 베이지언 추정에 의한 결과: Ordered-categorical로 추정

	Mean	S.E.	S.D.	C.S.	95% Lower bound	95% Upper bound	Skewness	Kurtosis	Min	Max
v2<--주관적규범	0.826	0.001	0.036	1.000	0.758	0.897	0.112	0.112	0.698	1.006
v3<--주관적규범	1.120	0.001	0.041	1.000	1.044	1.204	0.171	0.078	0.967	1.301
v5<--태도	1.160	0.001	0.044	1.000	1.077	1.251	0.126	0.002	1.006	1.328
v6<--태도	1.054	0.001	0.041	1.000	0.975	1.135	0.056	0.038	0.891	1.227
v8<--행동의도	1.083	0.001	0.040	1.000	0.988	1.182	0.098	0.104	0.917	1.271
v9<--행동의도	0.995	0.001	0.048	1.000	0.905	1.094	0.169	0.091	0.827	1.177
행동의도<--주관적규범	0.271	0.001	0.038	1.000	0.196	0.346	0.042	0.148	0.125	0.424
행동의도<--태도	0.133	0.001	0.037	1.000	0.061	0.205	-0.001	0.054	-0.021	0.271
v10<--행동의도	-0.035	0.002	0.060	1.000	-0.152	0.085	0.047	0.037	-0.250	0.191

다음은 [Recoding rule]을 [No recoding]으로 해서 추정한 결과를 제시한 것이다. 이 결과와 위의 결과는 차이가 있음을 알 수 있다. 이 결과는 정확한 결과가 아니다. **따라서 반드시 [Recoding rule]에서 [Ordered-categorical]로 지정한 다음 분석하기 바란다. 이는 자료가 '0'과 '1'로 이미 코딩되어 있더라도 해야 한다는 점을 기억하기 바란다.**

output 5-4 베이지언 추정에 의한 결과: No recoding으로 추정

	Mean	S.E.	S.D.	C.S.	95% Lower bound	95% Upper bound	Skewness	Kurtosis	Min	Max
Regression weights										
v2<--주관적규범	0.825	0.000	0.035	1.000	0.758	0.095	0.090	0.023	0.694	0.980
v3<--주관적규범	1.121	0.000	0.041	1.000	1.043	1.203	0.115	0.065	0.954	1.312
v5<--태도	1.160	0.000	0.043	1.000	1.078	1.248	0.143	0.071	0.984	1.361
v6<--태도	1.054	0.000	0.041	1.000	0.975	1.137	0.124	0.049	0.874	1.245
v8<--행동의도	1.084	0.001	0.050	1.000	0.990	1.186	0.182	0.099	0.800	1.326
v9<--행동의도	0.996	0.001	0.049	1.000	0.000	1.096	0.149	0.062	0.767	1.257
행동의도<--주관적규범	0.271	0.001	0.039	1.000	0.197	0.348	0.078	0.029	0.108	0.436
행동의도<--태도	0.130	0.000	0.037	1.000	0.058	0.203	0.046	0.037	-0.027	0.286
행동<--행동의도	-0.014	0.001	0.066	1.000	-0.143	0.115	-0.008	0.025	-0.308	0.270

[input 5-4] 모델을 다음과 같이 입력파일을 만들어서 추정해보기로 한다.

input 5-4-1 ••• 범주형 자료분석: 행동변수가 이분변수인 경우

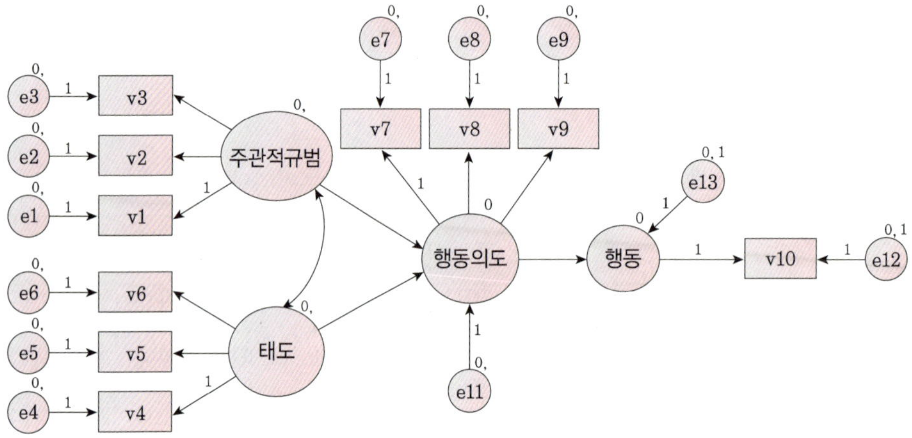

이를 추정하면 다음과 같은 결과를 얻는다.

output 5-4-1 ••• 행동변수가 이분변수인 경우의 분석결과

	Mean	S.E.	S.D.	C.S.	95% Lower bound	95% Upper bound	Skewness	Kurtosis	Min	Max
Regression weights										
v2<--주관적규범	0.825	0.001	0.035	1.000	0.759	0.895	0.116	0.043	0.696	0.981
v3<--주관적규범	1.121	0.000	0.041	1.000	1.044	1.203	0.108	0.076	0.951	1.326
v5<--태도	1.159	0.001	0.043	1.000	1.078	1.245	0.170	0.187	1.006	1.372
v6<--태도	1.053	0.001	0.041	1.000	0.975	1.136	0.135	0.065	0.904	1.254
v8<--행동의도	1.083	0.001	0.050	1.000	0.989	1.185	0.186	0.120	0.900	1.360
v9<--행동의도	0.995	0.001	0.048	1.000	0.902	1.091	0.127	-0.011	0.787	1.226
행동의도<--주관적규범	0.272	0.000	0.039	1.000	0.199	0.350	0.109	-0.001	0.112	0.425
행동의도<--태도	0.130	0.000	0.037	1.000	0.059	0.203	0.028	0.033	-0.026	0.293
행동<--행동의도	-0.053	0.002	0.087	1.000	-0.225	0.115	-0.019	-0.007	-0.422	0.298

이를 [output 5-4]와 비교하면 약간의 차이가 있는 것을 알 수 있다.

2) ML 추정

input 5-4-2 ••• ML에 의한 추정

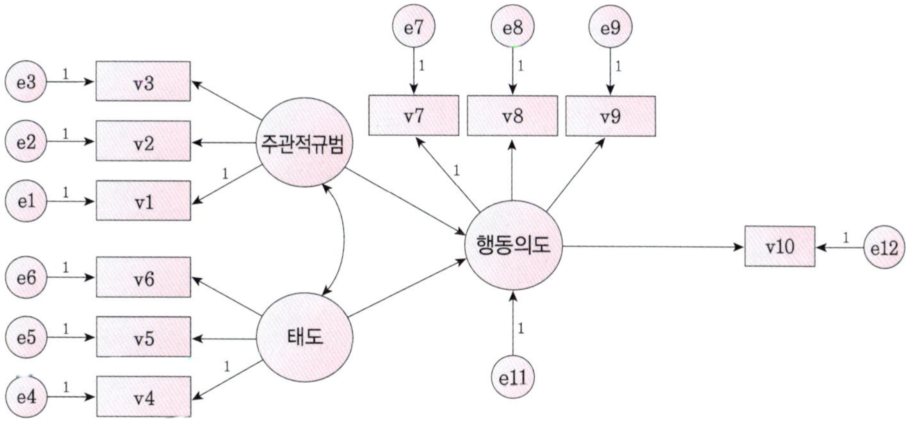

output 5-4-2 ••• ML에 의한 추정결과

Regression Weights: (Group number 1 - Default model)

			Estimate	S.E.	C.R.	P
행동의도	<---	주관적규범	.271	.038	7.107	***
행동의도	<---	태도	.131	.037	3.540	***
v1	<---	주관적규범	1.000			
v2	<---	주관적규범	.824	.035	23.713	***
v3	<---	주관적규범	1.119	.040	27.663	***
v4	<---	태도	1.000			
v5	<---	태도	1.157	.043	27.174	***
v6	<---	태도	1.052	.041	25.820	***
v7	<---	행동의도	1.000			
v8	<---	행동의도	1.082	.049	21.865	***
v9	<---	행동의도	.994	.048	20.683	***
v10	<---	행동의도	-.014	.024	-.589	.556

input 5-4-3 ML에 의한 추정

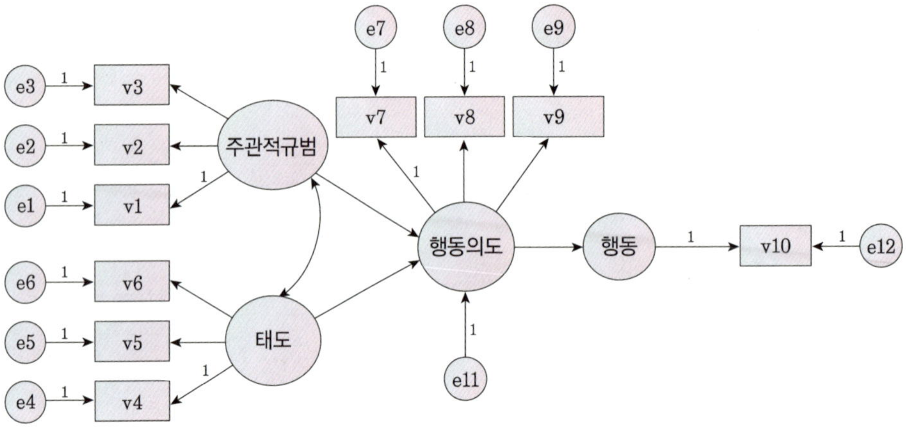

output 5-4-3 ML에 의한 추정결과

Regression Weights: (Group number 1 - Default model)

			Estimate	S.E.	C.R.	P
행동의도	<---	주관적규범	.271	.038	7.105	***
행동의도	<---	태도	.131	.037	3.544	***
행동	<---	행동의도	-.014	.024	-.589	.556

두 모델은 모두 동일한 결과를 얻는다.

참고문헌

[1] 국내문헌

강규호 (2016), 『베이지안 계량경제학』, 서울: 박영사.

고성룡 · 주혜리 · 오성주 (2014), 심리학 연구를 위한 실용적인 베이지언 추론의 소개, *한국심리학회지: 일반*, 33(3), 705-736.

김청택 (2011), 통계적 가설검증의 절차와 문제점 그리고 대안, 민속원.

박종희 (2014), 베이지안 사회과학 방법론이란 무엇인가?, *평화연구*, 22(1), 481-529.

배병렬 (2017), 『Amos 24 구조방정식모델링』, 서울: 도서출판 청람.

[2] 국외문헌

Arbuckle, J. L. (2016), *Amos 24 User's Guide*.

Chen, J., J. Choi, B. A. Weiss, and L. Stapleton (2014), "An Empirical Evaluation of Mediation Effect Analysis With Manifest and Latent Variables Using Markov Chain Monte Carlo and Alternative Estimation Methods," *Structural Equation Modeling*, 21, 253-62.

Edwards, M. C., R. J. Wirth, C. R. Houts, and N. Xi (2012), "Categorical Data in the Structural Equation Modeling Framework," In R. H. Hoyle (Ed.), *Handbook of Structural Equation Modeling* (pp. 195-208), New York, NY: Guilford Press.

Finney, S. J., and C. DiStefano (2013), "Nonnormal and Categorical Data in Structural Equation Modeling," In G. R. Hancock & R. O. Mueller (Eds.), *Structural Equation Modeling: A second course,* 2nd ed.(pp. 439-492), Charlotte, NC: Information Age Publishing.

Gelman, A., J. B, Carlin, H. S. Stern, D. B. Dunson, A. Vehtari, and D. B. Rubin (2014), *Bayesian Data Analysis*, 3rd ed., Chapman and Hall/CRC.

Kaplan, D., and S. Depaoli (2012), "Bayesian Structural Equation Modeling," In R. H. Hoyle (Ed.), *Handbook of Structural Equation Modeling* (pp. 650-673), New York, NY: Guilford Press.

Lee, Sik-Yum and Xin-Yuan Song (2012), *Basic and Advanced Bayesian Structural Equation Modeling: With Applications in the Medical and Behavioral Sciences*, Chichester: John Wiley & Sons.

Lee, Sik-Yum (2007), *Structural Equation Modeling: A Bayesian Approach,* Chichester: John Wiley & Sons.

Levy, R., and J. Choi (2013), "Bayesian Structural Equation Modeling," In G. R. Hancock & R. O. Mueller (Eds.), *Structural Equation Modeling: A second course* (2nd ed.), pp. 563-623, Charlotte, NC: Information Age Publishing.

Muthén, B. O., and T. Asparouhov (2012), "Bayesian Structural Equation Modeling: A More Flexible Representation of Substantive Theory," *Psychological Methods,* 17(3), 313-35.

Song, X. Y., and S. Y. Lee (2012), *Basic and Advanced Bayesian Structural Equation Modeling: With Applications in the Medical and Behavioral Sciences*, Chichester: John Wiley & Sons.

van de Schoot, R., D. Kaplan, J. Denissen, J. B. Asendorpf, F. J. Neyer, and M. A. G. van Aken (2014), "A Gentle Introduction to Bayesian Analysis: Applications to Developmental Research," *Child Development*, 85(3), 842-60.

Yuan, Y., and D. P. MacKinnon (2009), "Bayesian Mediation Analysis," *Psychological Methods*, 14(3), 301-22.

Zyphur, M. J., and F. L. Oswald (2013), "Bayesian Estimation and Inference: A User's Guide," *Journal of Management*, 41, 390-420.

CHAPTER 6

조절된 매개효과

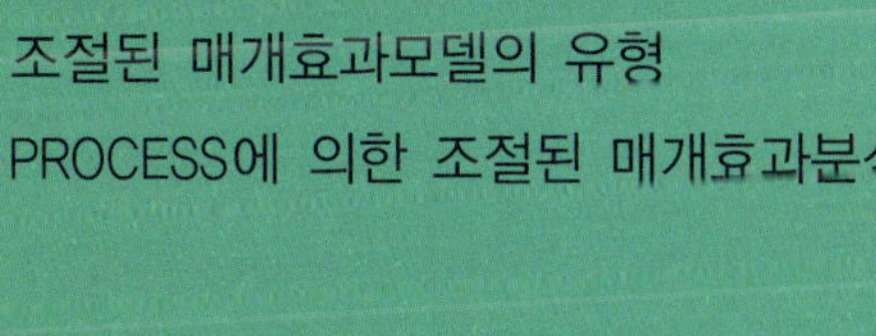

1. 조절된 매개효과의 의의
2. 조절된 매개효과모델의 유형
3. PROCESS에 의한 조절된 매개효과분석

CHAPTER

6 조절된 매개효과

1. 조절된 매개효과의 의의

조절된 매개효과(moderated mediation effect)는 독립변수가 종속변수에 미치는 효과가 매개변수를 통해 나타나고(즉 매개효과가 있고), 매개효과가 조절변수의 수준에 따라 달라지는가를 검증하는 것이다. 조절된 매개효과는 다음과 같은 연구 상황에서 분석할 수 있다.

① 조절변수가 범주변수인 경우, 매개효과가 집단 간에 차이가 나는가를 분석하는 경우

예를 들어, 남자와 여자에 따라 매개효과가 차이가 있는가를 분석할 수 있다. 만약, 남자집단에서는 독립변수가 종속변수에 미치는 매개효과가 있고 여자집단에서는 매개효과가 없다면, 이는 조절된 매개효과가 있다고 본다.

② 조절변수가 연속변수인 경우, 조절변수의 크기에 따라 매개효과가 더 크거나 또는 작게 나타나는가를 분석하는 경우

예를 들어, 리더십 자아효능감(매개변수)은 퍼스낼러티 변수(예: 외향성)와 리더십효과 간에 매개역할을 할 수 있다. 이 경우 조절변수인 직무자율성(job autonomy)이 리더십 자아효능감(매개변수)과 리더십효과 간에 조절역할을 할 수 있다. 퍼스낼러티 변수(예: 외향성) → 리더십 자아효능감(매개변수) → 리더십효과 간의 매개효과가 직무자율성의 수준에 따라 차이가 있을 수 있다. 즉 직무자율성 수준이 낮은 경우에는 매개효과가 작고, 직무자율성 수준이 높은 경우에는 매개효과가 클 수 있다. 이를 나타내면 [그림 6-1]과 같다.

그림 6-1 조절된 매개효과모델의 예

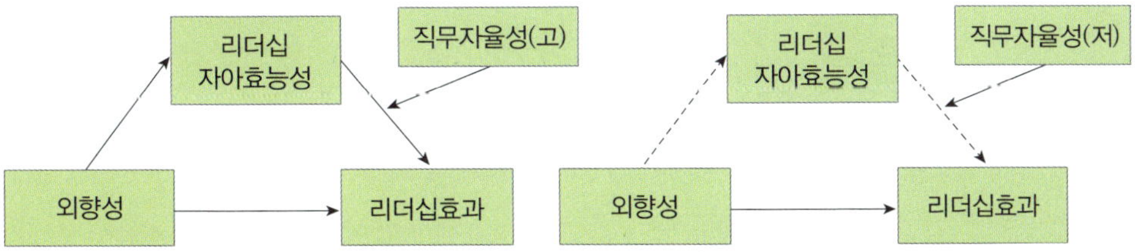

주: → : 매개효과가 큼, ⇢ : 매개효과가 작음

③ **조절변수의 수준에 따라 매개효과의 방향이 달라지는가를 분석하는 경우**

예를 들어, 조절변수값이 큰 경우에는 매개효과의 방향이 정적(+)으로 나타나고, 조절변수값이 작은 경우에는 매개효과의 방향이 부적(−)으로 나타날 수 있다.

2. 조절된 매개효과모델의 유형

2.1 조절된 매개효과모델의 유형

조절된 매개효과모델에는 다양한 유형이 있는데 그 가운데 대표적인 예를 제시하면 [그림 6-2], [그림 6-3], [그림 6-4], [그림 6-5], [그림 6-6], [그림 6-7]과 같다. 그림에서 볼 수 있듯, '조절된 매개효과모델'에서 조절변수가 $X \rightarrow M$ 사이에 있을 수 있고 또는 $M \rightarrow Y$ 사이에 있을 수 있다. **일부 연구에서 [그림 6-2]는 '매개된 조절효과모델'로, [그림 6-4]는 '조절된 매개효과모델'로 기술한 것을 볼 수 있는데 이는 틀린 표현이다. [그림 6-2], [그림 6-4] 모두 '조절된 매개효과모델'에 해당한다.** 즉 조절변수가 어느 쪽에 붙느냐의 문제가 아니라 통계적 모델과 가설이 어떻게 되어 있느냐에 따라 '조절된 매개효과모델'과 '매개된 조절효과모델'로 구분된다. [그림 6-3]은 조절된 매개효과모델 또는 매개된 조절효과모델 모두에 해당한다.

그림 6-2 **조절된 매개효과모델: 모델 1(PROCESS model 7)**

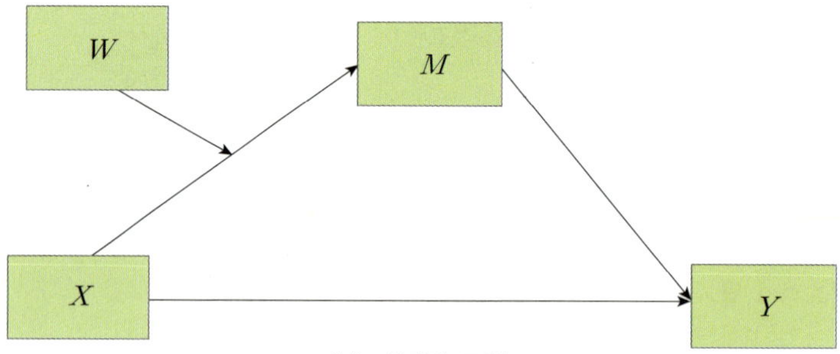

(a) 개념적 모델

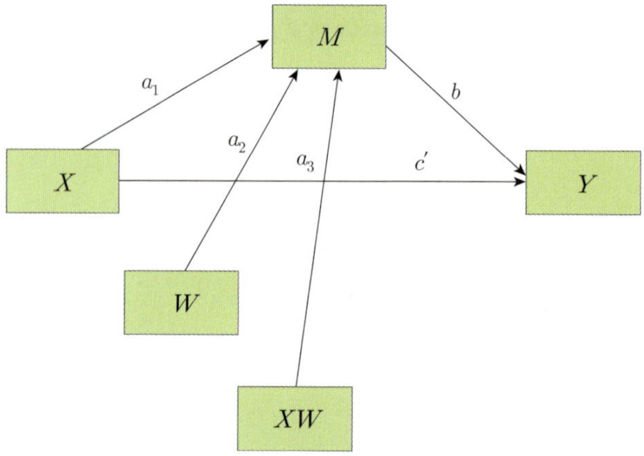

(b) 통계적 모델

[그림 6-2] 모델은 $X \rightarrow M \rightarrow Y$의 매개효과가 X와 M 사이의 조절변수인 W에 의해 조절되는가를 살펴보는 것이다.

(b)의 통계적 모델을 추정하기 위해서는 다음과 같은 2개의 방정식이 필요하다.

$$M = i_M + a_1 X + a_2 W + a_3 XW + e_M \quad (1)$$

$$Y = i_Y + c' M + bM + e_Y \quad (2)$$

M을 통해 X가 Y에 주는 간접효과(아래 표기의 ω)는 식 (1)로부터 얻은 X의 M에 대한 조건효과와 식 (2)에서 얻게 되는 X를 통제했을 때 Y에 대한 M의 효과를 곱한 것이다. 이를 **조건부간접효과(conditional indirect effect)**라 하고 다음과 같은 식으로 나타낼 수 있다.

$$\omega = (a_1 + a_3 W)b \tag{3}$$

식 (3)은 다음과 같이 쓸 수 있다.

$$\omega = a_1 b + a_3 b W \tag{4}$$

식 (4)에서 a_1b는 절편, a_3b는 기울기를 의미한다. a_3b는 모델 (b)에서 M을 통해 X가 Y에 미치는 간접효과에 대한 W의 효과를 의미한다. 식 (4)에서 a_3b를 **조절된 매개지수(index of moderated mediation)**라 한다. 이 조절된 매개지수가 통계적으로 유의적인가를 검토하여 유의적이면 조절된 매개효과가 있고, 비유의적이면 조절된 매개효과가 없다고 해석한다.

그림 6-3 조절된 매개효과모델: 모델 2(PROCESS model 8)

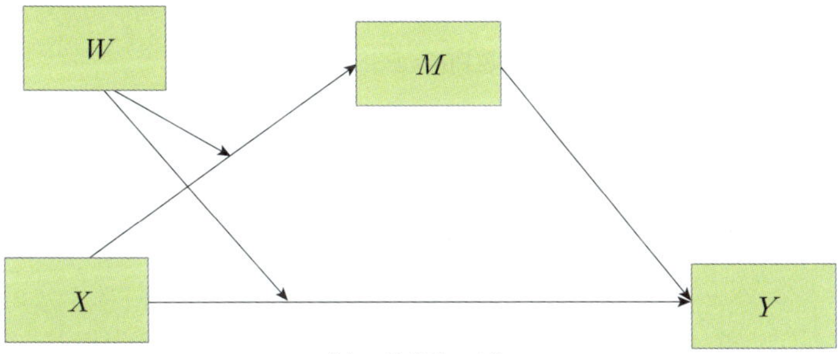

(c) 개념적 모델

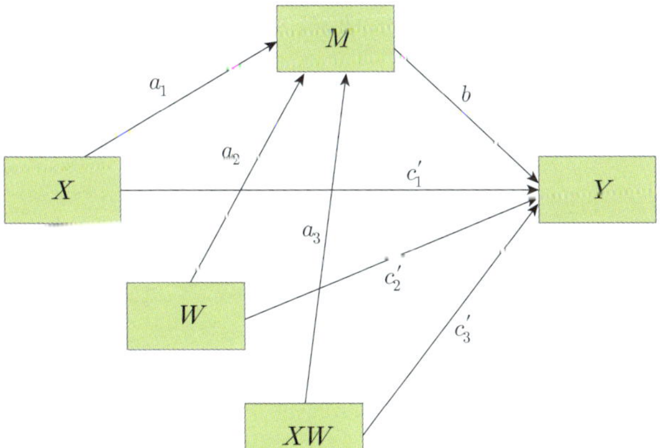

(d) 통계적 모델

[그림 6-3] 모델은 $X \rightarrow M \rightarrow Y$의 매개효과가 X와 M 사이의 조절변수인 W에 의해 조절되고, 동시에 X와 Y 사이에 W가 조절되는가를 살펴보는 것이다. **[그림 6-3] 모델은 '조절된 매개효과모델'과 '매개된 조절효과모델' 모두에 해당한다.**

(d)의 통계적 모델을 추정하기 위해서는 다음과 같은 2개의 방정식이 필요하다.

$$M = i_M + a_1 X + a_2 W + a_3 XW + e_M \quad (5)$$

$$Y = i_Y + c_1' X + c_2' W + c_3' XW + bM + e_Y \quad (6)$$

이 식에서 조건부간접효과는 다음과 같다.

$$\omega = (a_1 + a_3 W)b \quad (7)$$

식 (7)에서 **조절된 매개지수(index of moderated mediation)**는 $a_3 b$이다.

그림 6-4 조절된 매개효과모델: 모델 3(PROCESS model 14)

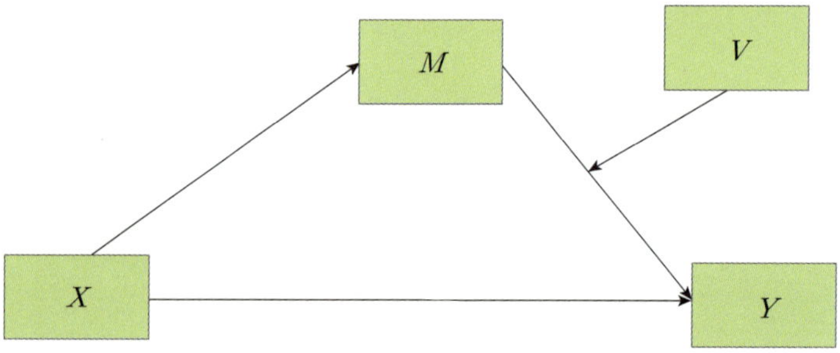

(e) 개념적 모델

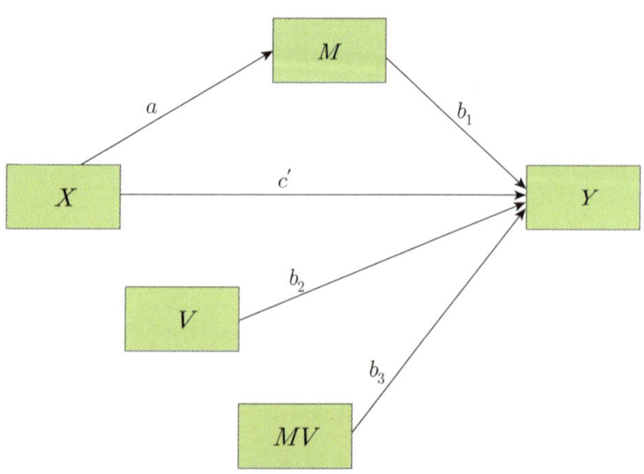

(f) 통계적 모델

[그림 6-4] 모델은 $X \rightarrow M \rightarrow Y$의 매개효과가 M과 Y 사이의 조절변수인 V에 의해 조절되는가를 살펴보는 것이다.

(f)의 통계적 모델을 추정하기 위해서는 다음과 같은 2개의 방정식이 필요하다.

$$M = i_M + aX + e_M \tag{8}$$

$$Y = i_Y + c'X + b_1 M + b_2 V + b_3 MV + e_Y \tag{9}$$

M을 통해 X가 Y에 주는 간접효과는 식 (8)로부터 얻은 X의 M에 대한 조건효과와 식 (9)에서 얻은 X를 통제했을 때 Y에 대한 M의 효과를 곱한 것이다. 이를 다음과 같이 나타낼 수 있다.

$$\omega = a(b_1 + b_3 V) \tag{10}$$

식 (10)은 다음과 같이 쓸 수 있다.

$$\omega = ab_1 + ab_3 V \tag{11}$$

식 (10)과 식 (11)을 **조건부간접효과(conditional indirect effect)**라 한다. 조건부간접효과는 $X \rightarrow M \rightarrow Y$의 간접효과(매개효과)가 조절변수($V$)의 수준에 따라 달라지는가를 검증한다.

식 (11)에서 ab_1은 절편, ab_3은 기울기를 의미한다. ab_3은 모델 (f)에서 M을 통해 X가 Y에 미치는 간접효과에 대한 V의 효과를 의미한다. ab_3은 **조절된 매개지수(index of moderated mediation)**라 한다. 조절된 매개지수는 $X \rightarrow M \rightarrow Y$의 간접효과(매개효과)가 조절변수($V$)의 수준에 따라 달라지는 정도를 지수화한 값이다. 이 조절된 매개지수가 통계적으로 유의적인가를 검토하여 유의적이면 조절된 매개효과가 있고, 비유의적이면 조절된 매개효과가 없다고 해석한다.

그림 6-5 조절된 매개효과모델: 모델 4(PROCESS model 15)

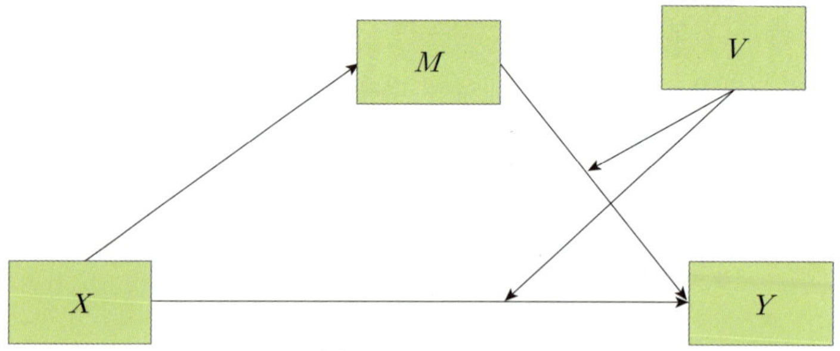

(g) 개념적 모델

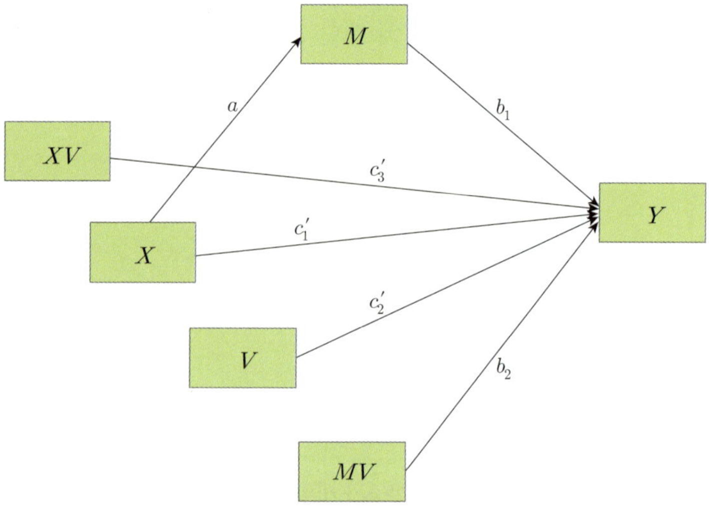

(h) 통계적 모델

[그림 6-5] 모델은 $X \rightarrow M \rightarrow Y$의 매개효과가 M과 Y 사이의 조절변수인 V에 의해 조절되고, 동시에 X와 Y 사이에 V가 조절되는가를 살펴보는 것이다.

(h)의 통계적 모델을 추정하기 위해서는 다음과 같은 2개의 방정식이 필요하다.

$$M = i_M + aX + e_M \tag{12}$$

$$Y = i_Y + b_1 M + c_1' X + c_2' V + c_3' XV + b_2 MV + e_Y \tag{13}$$

이 식에서 조건부간접효과는 다음과 같다.

$$\omega = a(b_1 + b_2 V) \tag{14}$$

식 (14)에서 **조절된 매개지수(index of moderated mediation)는** ab_2이다.

그림 6-6 조절된 매개효과모델: 모델 5(PROCESS model 58)

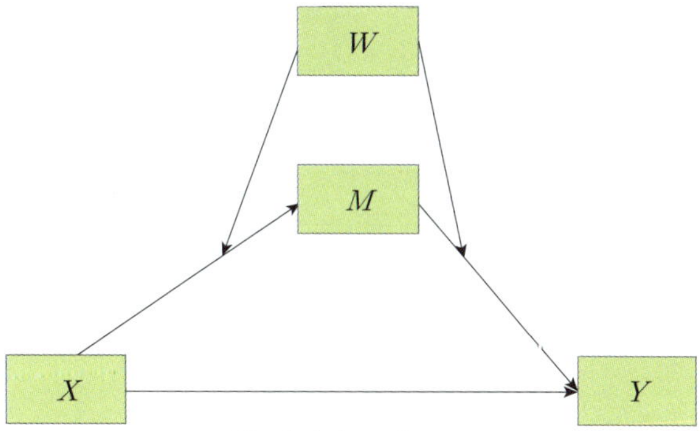

(i) 개념적 모델

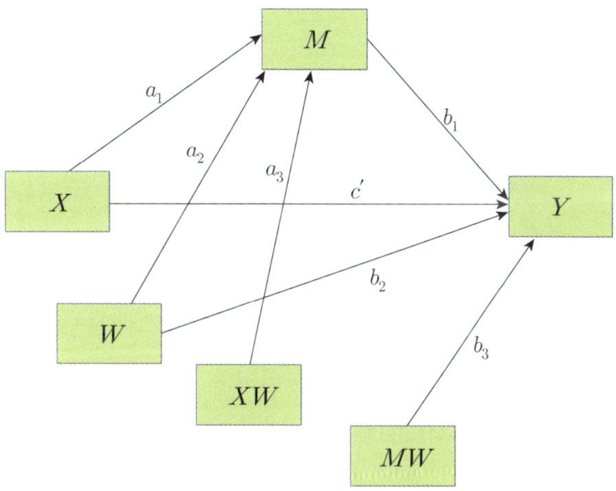

(j) 통계적 모델

[그림 6-6] 모델은 $X \rightarrow M$, $M \rightarrow Y$ 사이의 관계를 조절변수인 W가 동시에 조절역할을 하는가를 살펴보고자 하는 것이다.

(j)의 통계적 모델을 추정하기 위해서는 다음과 같은 2개의 방정식이 필요하다.

$$M = i_M + a_1 X + a_2 W + a_3 XW + e_M \quad (15)$$

$$Y = i_Y + c'X + b_2 W + b_3 MW + b_1 M + e_Y \quad (16)$$

이 식에서 조건부간접효과는 다음과 같다.

$$\omega = (a_1 + a_3 W)(b_1 + b_3 W) \tag{17}$$

그림 6-7 조절된 매개효과모델: 모델 6(PROCESS model 74)

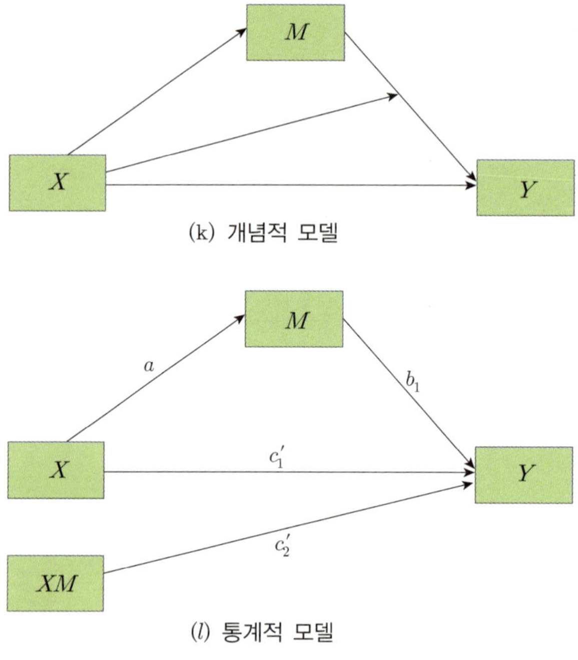

[그림 6-7] 모델은 X가 M을 경유해 Y에 미치는 매개효과가 조절변수인 X 자체가 M과 Y 사이를 조절하는가를 살펴보는 것이다.

(l)의 통계적 모델을 추정하기 위해서는 다음과 같은 2개의 방정식이 필요하다.

$$M = i_M + aX + e_M \tag{18}$$

$$Y = i_Y + c_1'X + b_1 M + c_2' XM + e_Y \tag{19}$$

이 식에서 조건부간접효과는 다음과 같다.

$$\omega = a(b_1 + c_2' X) \tag{20}$$

식 (20)에서 조절된 매개지수는 ac_2'이다.

지금까지 살펴본 조절된 매개효과와 관련된 모델별로 조절된 매개지수를 정리하면 [표 6-1]과 같다.

표 6-1 PROCESS 모델별 조절된 매개지수

PROCESS model	Index of Moderated Mediation
model 7	$(a_3b)\delta$
model 8	$(a_3b)\delta$
model 14	$(ab_3)\delta$
model 15	$(ab_2)\delta$
model 58(W가 이분변수인 경우에만 계산됨)	$(a_1b_3+a_3b_1+a_3b_3(2W_{low}+\delta)\delta$
model 74	ac_2'

자료: Hayes(2016), p. 3.

[표 6-1]의 조절된 매개지수에서 조절변수가 이분변수가 아니면 δ는 1로 설정된다. 조절변수가 이분변수이면 δ는 두 집단에 대해 조절변수 코딩의 두 값 사이의 차이로 설정된다. model 58의 조절된 매개지수는 조절변수가 이분변수인 경우에만 제공된다. 이 모델에서 W_{low}는 집단들을 코딩하기 위해 사용된 두 값 가운데 작은 값을 의미한다. model 74에서 조절변수가 이분변수이면 간접효과는 하나만 있기 때문에 조절변수가 이분변수가 아닌 경우에만 조절된 매개지수가 계산된다.

2.2 기존에 연구된 조절된 매개효과모델과 문제점

1) 기존에 연구된 조절된 매개효과모델

기존에 연구된 조절된 매개효과를 모델별로 정리하면 [표 6-2]와 같다. 조절된 매개효과에 관한 대부분의 연구는 '모델 1' 또는 '모델 3'에 초점이 맞추어져 있다.

▌표 6-2▐ 기존에 연구된 대표적인 조절된 매개효과

모델	기존연구
[그림 6-2]: 모델 1 (PROCESS model 7)	Deng & Kahn(2009), Nielsen et al.(2015), Rees & Freeman(2009), Wang et al.(2012), Zhou et al.(2012)
[그림 6-3]: 모델 2 (PROCESS model 8)	제7장 '매개된 조절효과' 참조
[그림 6-4]: 모델 3 (PROCESS model 14)	Chen et al.(2014), Cole et al.(2008), Parker et al.(2011), Pegram et al.(2017), Popan et al.(2010), Thompson et al.(2017)
[그림 6-5]: 모델 4 (PROCESS model 15)	Weiss & Johar(2016)
[그림 6-6]: 모델 5 (PROCESS model 58)	Deane et al.(2016), Huang et al.(2012), Kim & Labroo(2011), Parade et al.(2010)
[그림 6-7]: 모델 6 (PROCESS model 74)	Cole et al.(2016), Einarsen et al.(2016), MacNeil et al.(2010), Moneta(2011)

2) 기존에 연구된 조절된 매개효과모델의 문제점

조절된 매개효과와 매개된 조절효과에 관한 연구를 촉발하게 된 논문이 Muller, Judd, & Yzerbyt(2005)의 연구이다. Muller 등의 연구가 발표되면서 많은 학자들이 조절된 매개효과와 매개된 조절효과를 가설로 설정하여 연구를 진행하였다.

그 후에 발표된 논문들을 보면, 조절된 매개효과와 매개된 조절효과가 서로 혼용되어 명칭이 부여된 연구가 많다. 조절된 매개효과라는 명칭이 부여된 연구에서 분석은 실질적으로 매개된 조절효과의 관점에서 수행한 연구도 있고, 반대로 매개된 조절효과라는 명칭을 부여하고 분석은 실질적으로 조절된 매개효과의 관점에서 진행한 연구도 있다. Deng & Kahn(2009)의 연구에서 그들은 '모델 1'을 '매개된 조절효과'로 명명하고 분석하였으나 이는 잘못된 명칭으로 여겨진다.

Hayes가 2012년에 PROCESS라는 macro를 개발하여 공개하면서 그 후에 발표된 논문들은 용어 정리가 어느 정도 이루어진 것 같고, 분석도 제대로 한 것을 알 수 있다. 다음 장에서 설명하겠지만, Hayes는 '매개된 조절효과'라는 용어 자체를 폐기할 것까지 주장한다. 그런 점에서 '조절된 매매효과' 및 '매개된 조절효과'의 관점에서 연구를 한 경우, 이들 용어보다는 **조건부과정분석(conditional process analysis)**이라는 용어를 사용하는 것이 더 바람직하다고 여겨진다. 굳이 이들 용어를 사용하고자 한다면 모델 2를 제외한 나머지 모델은 모두 조절된 매개효과로 명칭을 부여하고, 모델 2(PROCESS model 8)인 경우 조절된 매매효과와 매개된 조절효과 모두 통계적 모델은 동일하므로 가설을 어디에 초점을 두느냐에 따라 조절된 매개효과와 매개된 조절효과를 구분하여 명칭을 부여할 것을 권유하고자 한다.

3. PROCESS에 의한 조절된 매개효과분석

조절된 매개효과분석을 Amos에 의해 분석하기보다는 Hayes(2012, 2013)가 개발한 PROCESS를 이용하여 분석하는 접근법에 초점을 맞추어 살펴보기로 한다. **저자는 Amos로 틀리게 분석하기보다는 올바르고 정확하게 분석하는 것이 더 중요하다는 판단하에 이런 결정을 하였다.** 일부 연구에서 이들을 구조방정식모델로 분석한 것을 볼 수 있는데, 대부분 틀리게 분석하고 있다. 또한 외국 'top journal'에 실린 대부분의 논문들도 PROCESS로 분석한 것을 알 수 있다. Hayes의 PROCESS 설치에 관해서는 졸저(2015)를 참고하기 바란다.

만약 여러 문항으로 특정 개념을 측정하였다면, 이들을 단일지표로 만든 다음 Hayes의 PROCESS를 이용하여 분석할 것을 강력히 권유하는 바이다. 이러한 접근법은 조절된 매개효과분석뿐만 아니라 다음 장에서 설명하고 있는 매개된 조절효과분석에도 해당된다.

3.1 Cole 등(2008)의 연구고찰

Cole 등(2008)의 연구를 토대로 조절된 매개효과분석에 대해 살펴보기로 한다. 그들의 연구를 통해 가설을 어떻게 설정하고, 분석결과를 어떻게 보고하는가에 관해 초점을 맞추어 살펴보기로 한다. 그들의 연구모델은 [그림 6-8]과 같다. 이 모델은 앞서 논의한 조절된 매개효과모델 가운데 '모델 3'에 해당한다.

그림 6-8 Cole 등의 연구모델

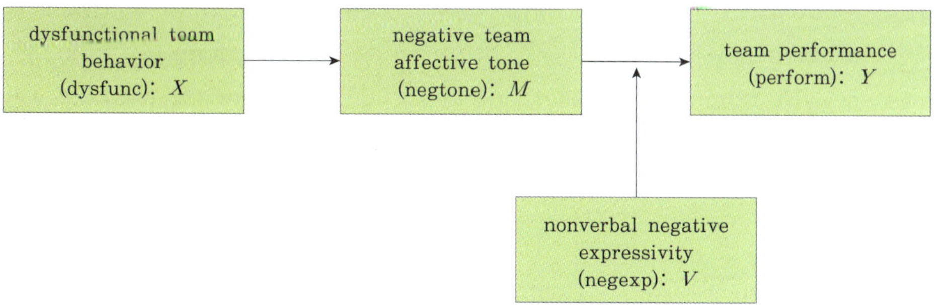

Cole 등은 자동차부품회사에서 근무하는 60개의 작업팀(work team)을 대상으로 연구하였다. 연구에 사용된 변수의 측정은 집단수준에서 측정된 것도 있고, 상사로부터 측정된 것도 있고, 200명의 팀멤버(team member)로부터 측정된 것도 있다.

먼저 '역기능적 팀행동(dysfunc)'은 팀멤버가 다른 멤버의 작업을 약화시키거나 또는 혁신이나 변화를 방해하는 정도를 측정한 것이다. '부정적 감정분위기(negtone)'는 작업 시 부정적인 감정을 느끼는 정도를 측정한 것이다. 팀성과(perform)는 팀이 회사의 목표를 효율적이고 시의적절하게 달성하는지를 상사를 대상으로 측정한 것이다. '부정적 감정표현(negexp)'은 팀멤버들이 그들의 비언어적 부정적 감정을 표현하는 정도에 대해 상사로부터 측정한 것이다. 이들 네 개의 변수는 모두 점수가 높을수록 정도(degree)가 큼을 의미한다.

이 연구의 목적은 작업팀멤버들의 역기능적 행동이 작업팀의 성과에 부정적으로 영향을 미치는 메커니즘을 연구하는 데 있다. 이를 위해, 먼저 역기능적 행동(*X*)은 작업환경을 부정적 감정(*M*)으로 가득차게 만들게 되고 이로 인해 팀성과(*Y*)가 떨어진다는 매개모델을 설정하였다. 또한 부정적 감정분위기(*M*)가 팀성과를 떨어뜨리는 효과는 부정적 감정을 표현하는 정도(*V*)에 따라 달라진다는 조절모델을 설정하였다. 부정적 감정을 감추기보다는 표현할수록 팀성과는 더 떨어진다고 가설화했다.

Cole 등(2008)의 연구에서 조절된 매개효과와 관련된 가설은 다음과 같다(Cole 등의 논문 p. 948).

> *H*4a: The inverse relationship between negative team affective tone and team performance will be weaker for teams low on nonverbal negative expressivity than for teams high on nonverbal negative expressivity.

> *H*4b: Nonverbal negative expressivity will moderate the negative and indirect effect of dysfunctional team behavior on team performance (through negative team affective tone). Specifically, negative team affective tone will mediated the indirect effect when nonverbal negative expressivity is high but when it is low.

위의 가설에서 *H*4b가 조절된 매개효과를 검증하기 위한 가설이다. 이 가설은

'nonverbal negative expressivity'가 낮을 때보다는 높을 때 'negative team affective tone'의 매개효과가 있을 것으로 가설화한 것이다.

Cole 등은 이 가설을 검증하기 위해 Preacher 등(2007)이 개발한 'MODMED'를 이용하여 분석하였다. PROCESS는 MODMED에서 분석할 수 있는 5개 모델 외에 총 76개의 모델을 분석할 수 있다. 따라서 이제는 MODMED가 필요없게 되었다. MODMED는 조건부 간접효과의 '단순기울기'와 'Johnson–Neyman' 그래픽을 그릴 수 있는 편의를 제공하지만, PROCESS에서 제공하는 '조절된 매개지수'를 제공하지 않는다.

MODMED를 이용한 분석결과를 토대로 다음과 같은 식을 세울 수 있다(이는 Cole 등의 논문에 기술된 내용임).

$$negtone = .026 + .620 dysfunc \quad (21)$$

$$perform = -.012 + .366 dysfunc - .436 negtone - .019 negexp - .517 negtone * negexp \quad (22)$$

식 (21)을 통해 'dysfunc'이 높을수록 'negtone'이 커지는 것을 알 수 있다($a = .620$). 또한 'negtone'이 'perform'에 미치는 효과는 'negexp'가 조절역할을 하는 것으로 나타났다($b_3 = -.517$).

$b_1 = -.436$은 'negtone'이 'perform'에 미치는 효과가 'dysfunc'이 동일한 상황에서 'negexp'를 '0'에서 측정한 효과이다. 'negexp'=0은 표본평균($\overline{V} = .008$)보나 매우 적은 값이나. 따라서 'dysfunc'가 일정한 상황에서, 'negexp'가 조금 높은 팀 가운데 감독자로부터 '부정적인 감정 분위기(negtone)'를 상대적으로 더 받는다고 지각하는 종업원은 성과(perform)가 조금 떨어지는 것으로 해석할 수 있다.

$b_2 = -.019$는 'negexp'가 'perform'에 미치는 효과를 'negtone'이 '0'인 상황에서 추정한 것이다. '0'은 표본평균($\overline{M} = .047$)보다 조금 낮은 값이다. 따라서 'dysfunc'가 일정하고 'negtone'이 평균보다 조금 밑에 있는 종업원은 'negtone'은 조금 크고 'perform'은 적은 것으로 나타났다.

b_3이 유의적이라는 것은 가설이 기대한 것처럼 나타난 것을 의미하는 것은 아니다. 이를 위해 'negtone'과 'negexp' 간의 상호작용을 'negtone(M)'이 'perform(Y)'에 미치는 조건부효과를 'negexp(V)'의 여러 수준에 따라 보다 구체적으로 파악할 수 있다. 식 (22)

를 다음과 같이 정리할 수 있다.

$$Y = -.012 + .366X + (-.436 - .517V)M - .019V \tag{23}$$

따라서 V의 조건에 따른 M의 Y에 대한 조건부효과는 다음과 같다.

$$b_1 + b_3V = -.436 - .517V \tag{24}$$

여기에서 V값은 10분위, 25분위, 50분위, 75분위, 90분위 등의 퍼센타일(percentile) 값을 대입하여 조건부간접효과 $\omega = a(b_1 + b_3V)$를 구할 수 있다. 이 값은 'negexp'가 '매우 낮은', '낮은', '중간', '높은', '매우 높은' 수준에 따라 'negtone'이 'perform'에 미치는 조건부간접효과를 의미한다. 또는 평균 $+1SD$, 평균, 평균 $-1SD$를 기준으로 값을 얻을 수 있다. 조건부간접효과 $a(b_1 + b_3V)$는 [표 6-3]과 같이 계산된다.

표 6-3 조건부간접효과

negexp (V)	a	$b_1 + b_3V$	$a(b_1 + b_3V)$
-.730	.620	-.058	-.036
-.400	.620	-.229	-.142
-.060	.620	-.405	-.251
.500	.620	-.694	-.430
.840	.620	-.870	-.539

위의 결과를 토대로 Cole 등의 H4a와 H4b의 검증에 대해 살펴보기로 한다. 먼저, H4a의 검증에 대해 살펴보기로 한다. H4a는 'negative team affective tone'과 'team performance' 간의 부적인 관계는 'nonverbal expressiveness'가 높은 집단보다는 낮은 집단에 있어 그 관계가 약해질 것으로 가정한다. 분석결과, 'negative team affective tone'과 'nonverbal expressiveness' 간의 상호작용이 'team performance'에 미치는 효과는 유의적이며 부적으로 나타났다($B = -.517, t = 2.17, p < .05$).

이 가설을 보다 구체적으로 검증하기 위해 **단순기울기분석(simple slope analysis)**을 하였다. 즉, 'nonverbal expressiveness'의 '평균+1표준편차', '평균', '평균−1표준편차'를 중심으로 관계를 검토하였다. 검토결과, 'nonverbal expressiveness'가 높은 집단에 있어 'negative team affective tone'과 'team performance' 간의 부적인 관계가 강한 것으로 나타났다(단순기울기=−.63, $t=-4.19$, $p<.05$). 반면에, 'nonverbal expressiveness'가 낮은 집단에 있어 'negative team affective tone'과 'team performance' 간의 정적이나 유의적이지 않은 것으로 나타났다(단순기울기=.02, $t=.12$, $p=ns$). 이러한 관계를 그림으로 나타내면 [Figure 2]와 같다(Cole 등의 논문 p. 954).

[Figure 2] Cole 등의 단순기울기

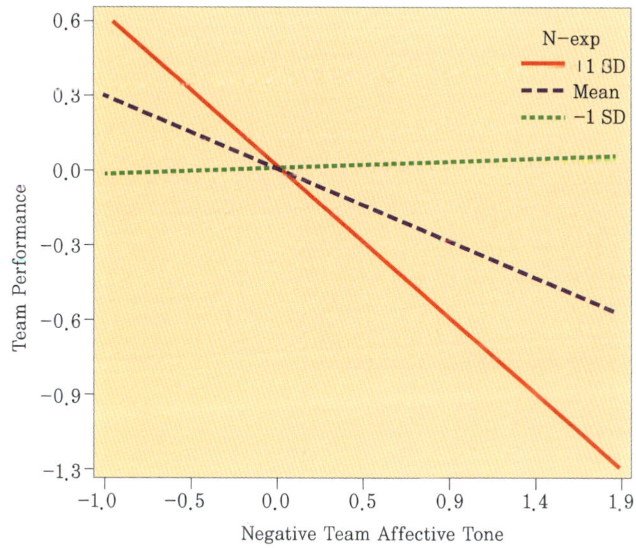

*H*4b의 검증에 대해 살펴보기로 한다. *H*4b의 검증이 조절된 매개효과의 검증에 해당된다. 이를 위해 'dysfunc'가 'negtone'을 경유해 'perform'에 미치는 조건부간접효과를 'negexp'의 세 수준에 따라 검토하였다. 이 값은 Cole 등의 논문 p. 953에 있는 [Table 3]의 세 번째 행에 있는 값이다(논문에 첫 번째 값이 −.07로 되어 있는데 이는 오사인 것 같음. −.09가 정확한 값인 것 같음. 이는 다음 절에서 실제 자료를 이용한 분석에서 확인하기 바람).

Table 3
Regression Results for Conditional Indirect Effect

Predictor	*B*	*SE*	*t*	*p*
	Negative team affective tone			
Constant	0.03	0.06	0.42	.675
Dysfunctional team behavior	0.62	0.17	3.71	.001
	Team performance			
Constant	−0.01	0.06	−0.19	.846
Negative team affective tone (NAT)	−0.43	0.13	−3.33	.002
Nonverbal negative expressivity (N-exp)	−0.02	0.12	−0.16	.877
NAT × N-exp	−0.52	0.24	−2.17	.035
Nonverbal negative expressivity	Boot indirect effect	Boot *SE*	Boot *z*	Boot *p*
	Conditional indirect effect at N-exp = *M* ± 1 *SD*			
−1 *SD* (−0.55)	−0.07	0.15	−0.49	.626
M (−0.01)	−0.26	0.12	−2.17	.030
+1 *SD* (0.54)	−0.44	0.16	−2.74	.006
Nonverbal negative expressivity[a]	Boot indirect effect	Boot *SE*	Boot *z*	Boot *p*
	Conditional indirect effect at range of values of N-exp			
−1.05	0.09	0.22	0.43	.670
−0.85	−0.02	0.19	0.13	.900
−0.53	−0.08	0.15	−0.55	.585
−0.22	−0.19	0.12	−1.52	.128
−0.11	−0.22	0.12	−1.87	.062
0.10	−0.29	0.12	−2.41	.016
0.31	−0.36	0.13	−2.68	.007
0.52	−0.43	0.16	−2.74	.006
0.72	−0.50	0.19	−2.71	.007
0.83	−0.53	0.20	−2.67	.008
0.93	−0.57	0.22	−2.64	.008

Note. *n* = 60 teams. Unstandardized regression coefficients are reported. Bootstrap sample size = 5,000.
[a]Range of values represent an abbreviated version of the output provided by the macro.

위의 결과를 통해 알 수 있듯, 'negexp'이 낮은 수준(−.55)은 $p > 0.05$이어 조건부간접효과(−0.07)가 유의적이 아닌 것으로 나타났다. 'negexp' 수준이 낮으면(−.55) 그 관계는 크고(−0.07), 'negexp' 수준이 높으면(.54) 그 관계는 작은(−0.44) 것으로 나타난다. 다시 말해, 조절변수인 'negexp'의 수준이 높아짐에 따라(−0.55, −.01, 0.54) 매개효과는 작아지는 것(−0.07, −0.26, −0.44)으로 나타났다. 그러므로 조절된 매개효과가 있는 것으로 나타났다.

3.2 조절된 매개효과분석: 모델 3(PROCESS model 14)

앞서 논의한 Cole 등의 연구를 그들의 실제 자료에 의해 분석하기로 한다. 아래는 Cole 등의 모델을 검증하기 위한 자료([Cole et al(2008).sav]) 가운데 일부를 제시한 것이다.

	dysfunc	negtone	negexp	perform
1	-.23	-.51	-.49	.12
2	-.13	.22	-.49	.52
3	.00	-.08	.84	-.08
4	-.33	-.11	.84	-.08
5	.39	-.48	.17	.12
6	1.02	.72	-.82	1.12
7	-.35	-.18	-.66	-.28
8	-.23	-.13	-.16	.32
9	.39	.52	-.16	-1.08
10	-.08	-.26	-.16	-.28

Cole 등의 가설을 PROCESS를 이용하여 분석하기로 한다. 이를 위해 다음과 같이 지정한다. 'perform'을 'Outcome Variable(Y)'로, 'dysfunc'을 'Independent Variable(X)'로, 'negtone'을 'M Variable(s)'로, 'negexp'를 'Proposed Moderator V'로 보낸다. 'Model Number'를 14로 바꾼다.

여기에서 주의할 점은 'Model Number'를 14로 하고 'Proposed Moderator'를 V로 보내야 된다는 점이다. 만약 'Proposed Moderator'를 W, Z 또는 Q로 보내면 에러가 생겨 분석이 중단된다. 마찬가지로 'Proposed Moderator'를 V로 보내고 'Model Number'를 14가 아닌 다른 숫자로 지정해도 에러가 생긴다. 결국 Model number와 조절변수의 명칭(V, W, Z, Q)이 일치해야 한다는 점을 기억하기 바란다.

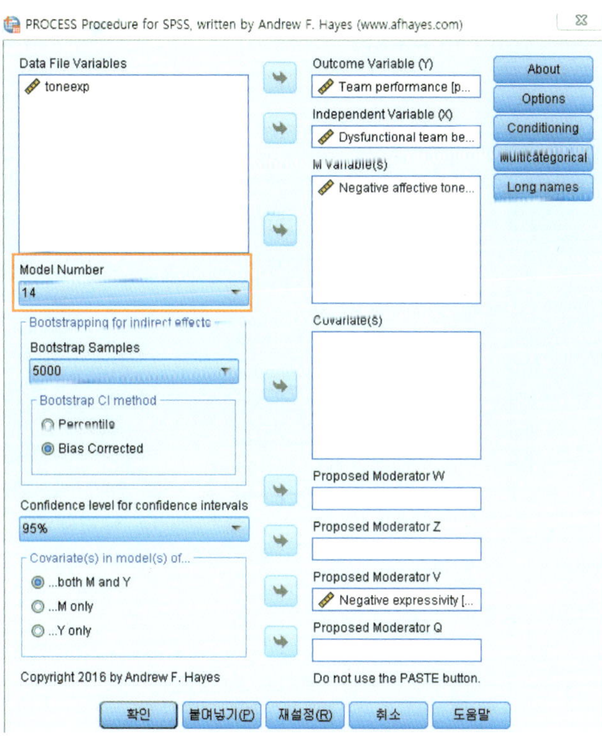

이를 분석하면 다음과 같은 결과를 얻는다.

output 6-1 ••• **모델 3 분석결과**

```
**************************************************************************
Model = 14
    Y = perform
    X = dysfunc
    M = negtone
    V = negexp

Sample size
        60

**************************************************************************
Outcome: negtone

Model Summary
      R       R-sq      MSE        F        df1       df2        p
    .438      .192     .227    13.800     1.000    58.000     .000

Model
              coeff       se         t         p       LLCI      ULCI
constant       .026      .062      .416      .679     -.098      .149
dysfunc        .620      .167     3.715      .000      .286      .954

**************************************************************************
Outcome: perform

Model Summary
      R       R-sq      MSE        F        df1       df2        p
    .559      .312     .201     6.235     4.000    55.000     .000

Model
              coeff       se         t         p       LLCI      ULCI
constant      -.012      .059     -.203      .840     -.129      .105
negtone       -.436      .131    -3.338      .002     -.697     -.174
dysfunc        .366      .178     2.059      .044      .010      .722
negexp        -.019      .117     -.163      .871     -.254      .216
int_1         -.517      .241    -2.146      .036    -1.000     -.034

Product terms key:

int_1     negtone     X     negexp

*********************** DIRECT AND INDIRECT EFFECTS ***********************
```

Direct effect of X on Y

Effect	SE	t	p	LLCI	ULCI
.366	.178	2.059	.044	.010	.722

Conditional indirect effect(s) of X on Y at values of the moderator(s):

Mediator

	negexp	Effect	Boot SE	BootLLC	BootULCI
negtone	-.552	-.093	.150	-.398	.212
negtone	-.008	-.267	.118	-.559	-.085
negtone	.535	-.442	.162	-.797	-.152

Values for quantitative moderators are the mean and plus/minus one SD from mean.
Values for dichotomous moderators are the two values of the moderator.

******************************** INDEX OF MODERATED MEDIATION ********************************

Mediator

	Index	SE(Boot)	BootLLCI	BootULCI
negtone	-.320	.189	-.798	-.051

위의 분석결과를 토대로 [표 6-4]를 만든다.

▌표 6-4▐ Cole 등의 조절된 매개효과분석 결과

	negtone(M)			perform(Y)		
		Coeff.	95% CI		Coeff.	95% CI
dysfunc(X)	a_1	.620	.286, .954	c'	.366	.010, .722
negtone(M)				b_1	-.436	-.697, -.174
negexp(V)				b_2	-.019	-.254, .216
$M \times V$				b_3	-.517	-.100, -.034
constant	i_M	.026	-.098, .149	i_Y	-.012	-.129, .105
	R^2=.192 $F(1, 58)$=13.800, p<.001			R^2=.312 $F(4, 55)$=6.235, p<.001		

조절변수의 값에 따른 dysfunc(X)가 perform(Y)에 미치는 조건부간접효과

negexp	Effect	Boot SE	BootLLCI	BootULCI
-.552	-.093	.148	-.399	.186
-.008	-.267	.118	-.570	-.086
.535	-.442	.162	-.796	-.152

조절된 매개지수

매개변수	Index	SE(Boot)	BootLLCI	BootULCI
negtone	−.320	.187	−.803	−.054

조절된 매개지수 −.320은 95% 신뢰구간에 '0'을 포함하지 않아 조절된 매개효과가 있다고 해석한다. 이 값의 부호가 부적(−)인 것은 조절변수값이 커질수록 매개효과가 작아짐을 의미한다. [표 6-4]에서 조절변수(negexp)의 값이 커짐에 따라(−.552, −.008, .535) 매개효과가 작아짐을 알 수 있다(−.093, −.267, −.442).

조절된 매개효과가 있는 것으로 나타나면 조절변수(negexp)에 따른 조건부간접효과를 살펴본다. 조절변수의 수준이 낮은 경우(−.552)에는 95% 신뢰구간에 0을 포함하므로 조절된 매개효과(b=−.093)가 유의적이지 않고, 중간(−.008) 또는 높은(.535) 수준에서의 조절된 매개효과는 각각(b=−.267, b=−.442) 95% 신뢰구간에 '0'을 포함하지 않아 유의적인 것으로 나타났다.

3.3 조절된 매개효과분석: 모델 1(PROCESS model 7)

Cole 등의 자료[Cole et al.(2008).sav]를 이용하여 모델 1을 분석하기로 한다. 이를 위해 다음과 같이 지정한다. 'perform'을 'Outcome Variable(Y)'로, 'dysfunc'을 'Independent Variable(X)'로, 'negtone'을 'M Variable(s)'로, 'negexp'를 'Proposed Moderator W'로 보낸다. 'Model Number'를 7로 바꾼다.

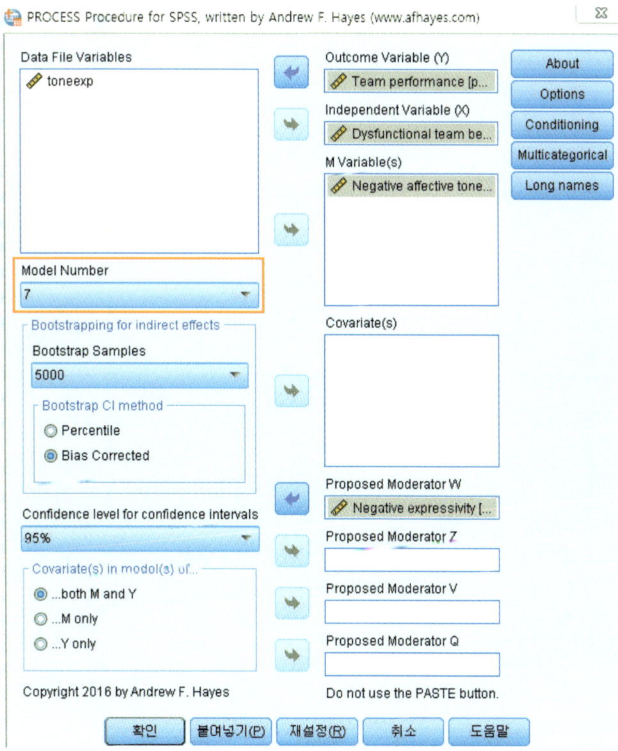

이를 분석하면 다음과 같은 결과를 얻는다.

output 6-2 ••• **모델 1의 분석결과**

```
**************************************************************************************************************
Model = 7
    Y = perform
    X = dysfunc
    M = negtone
    W = negexp

Sample size
         60

**************************************************************************************************************
Outcome: negtone

Model Summary
          R       R-sq        MSE          F        df1        df2          p
       .462       .213       .229      5.054      3.000     56.000       .004
```

Model

	coeff	se	t	p	LLCI	ULCI
constant	.025	.062	.411	.683	-.099	.150
dysfunc	.644	.169	3.802	.000	.304	.983
negexp	.124	.122	1.022	.311	-.119	.368
int_1	-.253	.261	-.969	.337	-.775	.270

Product terms key:

int_1 dysfunc X negexp

****

Outcome: perform

Model Summary

R	R-sq	MSE	F	df1	df2	p
.489	.239	.215	8.973	2.000	57.000	.000

Model

	coeff	se	t	p	LLCI	ULCI
constant	-.022	.060	-.362	.719	-.142	.099
negtone	-.534	.128	-4.181	.000	-.790	-.278
dysfunc	.441	.181	2.443	.018	.080	.803

********************************** DIRECT AND INDIRECT EFFECTS **********************************

Direct effect of X on Y

Effect	SE	t	p	LLCI	ULCI
.441	.181	2.443	.018	.080	.803

Conditional indirect effect(s) of X on Y at values of the moderator(s):

Mediator

	negexp	Effect	Boot SE	BootLLCI	BootULCI
negtone	-.552	-.418	.154	-.841	-.175
negtone	-.008	-.345	.146	-.670	-.102
negtone	.535	-.272	.203	-.789	-.018

Values for quantitative moderators are the mean and plus/minus one SD from mean.
Values for dichotomous moderators are the two values of the moderator.

******************************* INDEX OF MODERATED MEDIATION *******************************

Mediator

	Index	SE(Boot)	BootLLCI	BootULCI
negtone	.135	.195	-.273	.475

위의 분석결과를 토대로 [표 6-5]를 만든다.

표 6-5 조절된 매개효과분석 결과

	negtone(M)			perform(Y)		
		Coeff.	95% CI		Coeff.	95% CI
dysfunc(X)	a_1	.644	.304, .983	c'	.441	.080, .803
negtone(M)				b_1	−.534	−.790, −.278
negexp(W)	a_2	.124	−.119, .368			
$M \times W$	a_3	−.253	−.775, .270			
constant	i_M	.025	−.099, .150	i_Y	−.022	−.142, .099
$R^2 = .213$ $F(3, 56) = 5.054$, $p < .01$				$R^2 = .239$ $F(2, 57) = 8.973$, $p < .001$		

조절된 매개지수의 붓스트레핑 결과 0을 포함하므로 조절된 매개효과가 없다고 해석한다. 조절된 매개효과가 없기 때문에 조건부간접효과를 검토하는 것이 의미가 없다.

3.4 조절된 매개효과분석: 모델 2(PROCESS model 8)

Cole 등의 자료를 이용하여 모델 2를 분석하기로 한다. 이를 위해 다음과 같이 지정한다. 'perform'을 'Outcome Variable(Y)'로, 'dysfunc'을 'Independent Variable(X)'로, 'negtone'을 'M Variable(s)'로, 'negexp'를 'Proposed Moderator W'로 보낸다. 'Model Number'를 '8'로 바꾼다.

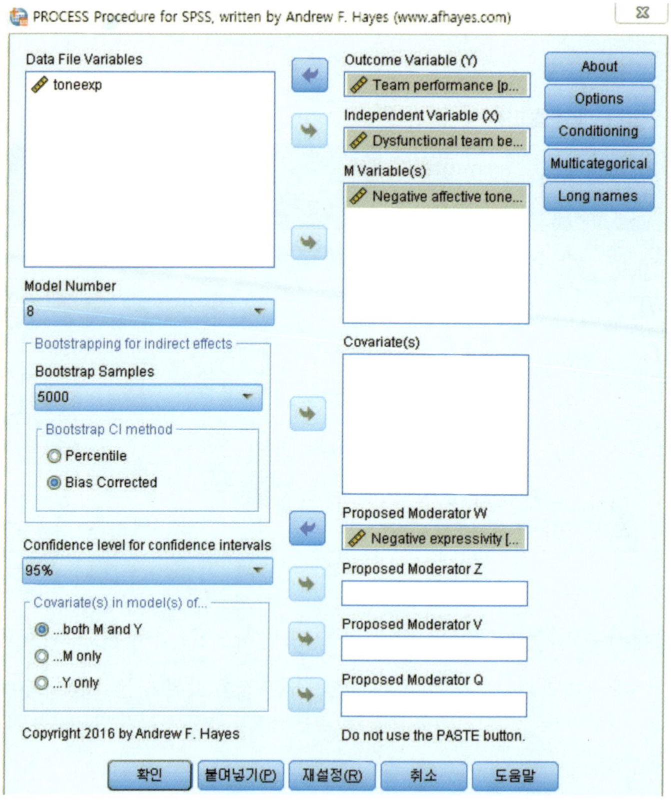

이를 분석하면 다음과 같은 결과를 얻는다.

output 6-3 ••• **모델 2의 분석결과**

```
**************************************************************************************************
Model  = 8
     Y  = perform
     X  = dysfunc
     M  = negtone
     W  = negexp

Sample size
        60

**************************************************************************************************
Outcome:  negtone

Model Summary
          R        R-sq        MSE          F         df1         df2          p
       .462        .213       .229      5.054       3.000      56.000       .004
```

Model

	coeff	se	t	p	LLCI	ULCI
constant	.025	.062	.411	.683	-.099	.150
dysfunc	.644	.169	3.802	.000	.304	.983
negexp	.124	.122	1.022	.311	-.119	.368
int_1	-.253	.261	-.969	.337	-.775	.270

Product terms key:

int_1 dysfunc X negexp

****

Outcome: perform

Model Summary

R	R-sq	MSE	F	df1	df2	p
.520	.270	.214	5.085	4.000	55.000	.001

Model

	coeff	se	t	p	LLCI	ULCI
constant	-.024	.060	-.392	.697	-.144	.097
negtone	-.539	.129	-4.174	.000	-.798	-.280
dysfunc	.468	.183	2.552	.014	.101	.836
negexp	-.073	.119	-.618	.539	-.311	.164
int_2	-.275	.254	-1.084	.283	-.785	.234

Product terms key:

int_2 dysfunc X negexp

****************************** DIRECT AND INDIRECT EFFECTS ******************************

Conditional direct effect(s) of X on Y at values of the moderator(s):

negexp	Effect	SE	t	p	LLCI	ULCI
-.552	.620	.250	2.477	.016	.118	1.122
-.008	.470	.184	2.559	.013	.102	.839
.535	.321	.208	1.545	.128	-.095	.737

Conditional indirect effect(s) of X on Y at values of the moderator(s):

Mediator

	negexp	Effect	Boot SE	BootLLCI	BootULCI
negtone	-.552	-.422	.161	-.900	-.187
negtone	-.008	-.348	.131	-.651	-.123
negtone	.535	-.274	.170	-.688	-.028

Values for quantitative moderators are the mean and plus/minus one SD from mean.

```
Values for dichotomous moderators are the two values of the moderator.

-----
Indirect effect of highest order product:

Mediator
                    Effect      SE(Boot)     BootLLCI     BootULCI
 negtone              .136          .187        -.257         .471

******************************** INDEX OF MODERATED MEDIATION ********************************

Mediator
                     Index      SE(Boot)     BootLLCI     BootULCI
 negtone              .136          .187        -.257         .471
```

위의 분석결과를 토대로 [표 6-6]을 만든다.

표 6-6 조절된 매개효과분석결과

선행변수		결과변수										
		M(negtone)					Y(perform)					
		B	SE	t	LLCI	ULCI		B	SE	t	LLCI	ULCI
X(dysfunc)	a_1	.644	.169	3.802	.304	.983	c_1'	.468	.183	2.552	.101	.836
M(negtone)		–	–	–	–	–	b	−.539	.129	−4.174	−.798	−.280
W(negexp)	a_2	.124	.122	1.022	−.119	.368	c_2'	−.073	.119	−.618	−.311	.164
$X\times W$	a_3	−.253	.261	−.969	−.775	.270	c_3'	−.275	.254	−1.084	−.785	.234
상수	i_1	.025	.062	.411	−.099	.150	i_2	−.024	.060	−.392	−.144	.097
$R^2=.213$ $F(3,56)=5.054,\ p<.01$							$R^2=.270$ $F(4,55)=5.085, p<.001$					

조절된 매개지수의 붓스트레핑 결과 0을 포함하므로 조절된 매개효과가 없다고 해석한다. 조절된 매개효과가 없기 때문에 조건부간접효과를 검토하는 것이 의미가 없다.

3.5 조절된 매개효과분석: 모델 4(PROCESS model 15)

모델 4를 분석하기 위해 다음과 같이 지정한다. 'perform'을 'Outcome Variable(Y)'로, 'dysfunc'을 'Independent Variable(X)'로, 'negtone'을 'M Variable(s)'로, 'negexp'를

'Proposed Moderator V'로 보낸다. 'Model Number'를 '15'로 바꾼다.

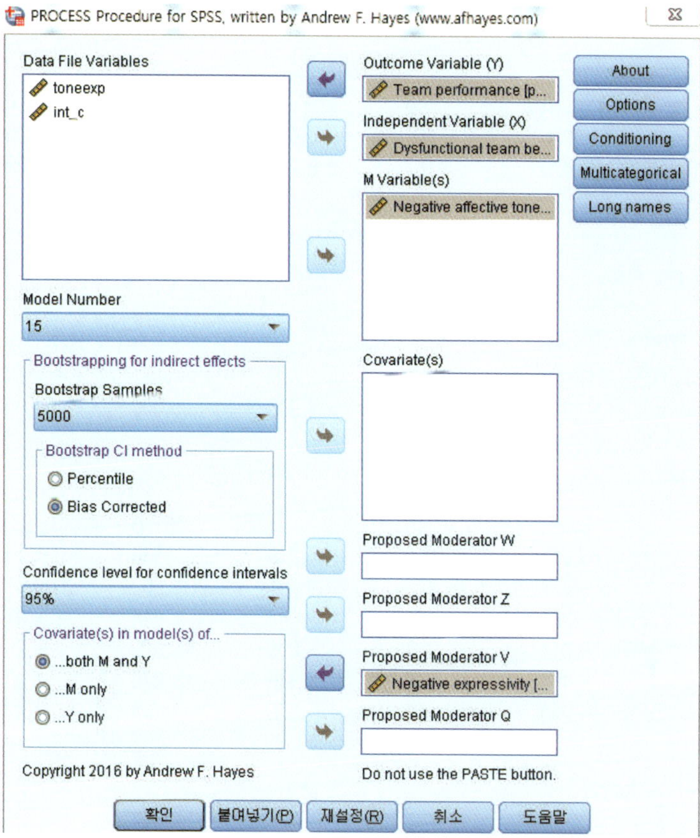

이를 분석하면 다음과 같은 결과를 얻는다.

output 6-4 ••• 모델 4의 분석결과

```
*************************************************************************************************
Model = 15
    Y = perform
    X = dysfunc
    M = negtone
    V = negexp

Sample size
         60

*************************************************************************************************
Outcome: negtone

Model Summary
```

R	R-sq	MSE	F	df1	df2	p
.438	.192	.227	13.800	1.000	58.000	.000

Model

	coeff	se	t	p	LLCI	ULCI
constant	.026	.062	.416	.679	-.098	.149
dysfunc	.620	.167	3.715	.000	.286	.954

****

Outcome: perform

Model Summary

R	R-sq	MSE	F	df1	df2	p
.560	.313	.205	4.930	5.000	54.000	.001

Model

	coeff	se	t	p	LLCI	ULCI
constant	-.013	.059	-.216	.830	-.131	.106
negtone	-.447	.136	-3.291	.002	-.719	-.175
dysfunc	.382	.186	2.060	.044	.010	.754
negexp	-.011	.121	-.090	.929	-.253	.232
int_1	-.484	.262	-1.848	.070	-1.009	.041
int_2	-.090	.268	-.336	.738	-.628	.447

Product terms key:

int_1	negtone	X	negexp
int_2	dysfunc	X	negexp

********************************** DIRECT AND INDIRECT EFFECTS **********************************

Conditional direct effect(s) of X on Y at values of the moderator(s):

negexp	Effect	SE	t	p	LLCI	ULCI
-.552	.432	.265	1.627	.109	-.100	.964
-.008	.383	.186	2.057	.045	.010	.756
.535	.334	.203	1.642	.106	-.074	.741

Conditional indirect effect(s) of X on Y at values of the moderator(s):

Mediator

	negexp	Effect	Boot SE	BootLLCI	BootULCI
negtone	-.552	-.111	.176	-.481	.242
negtone	-.008	-.275	.124	-.580	-.077
negtone	.535	-.438	.146	-.765	-.184

Values for quantitative moderators are the mean and plus/minus one SD from mean.

Values for dichotomous moderators are the two values of the moderator.

********************************* INDEX OF MODERATED MEDIATION *********************************

Mediator

	Index	SE(Boot)	BootLLCI	BootULCI
negtone	-.300	.191	-.862	-.038

3.6 조절된 매개효과분석: 모델 5(PROCESS model 58)

모델 5를 분석하기 위해 다음과 같이 지정한다. 'perform'을 'Outcome Variable(Y)'로, 'dysfunc'을 'Independent Variable(X)'로, 'negtone'을 'M Variable(s)'로, 'negexp'를 'Proposed Moderator W'로 보낸다. 'Model Number'를 '58'로 바꾼다.

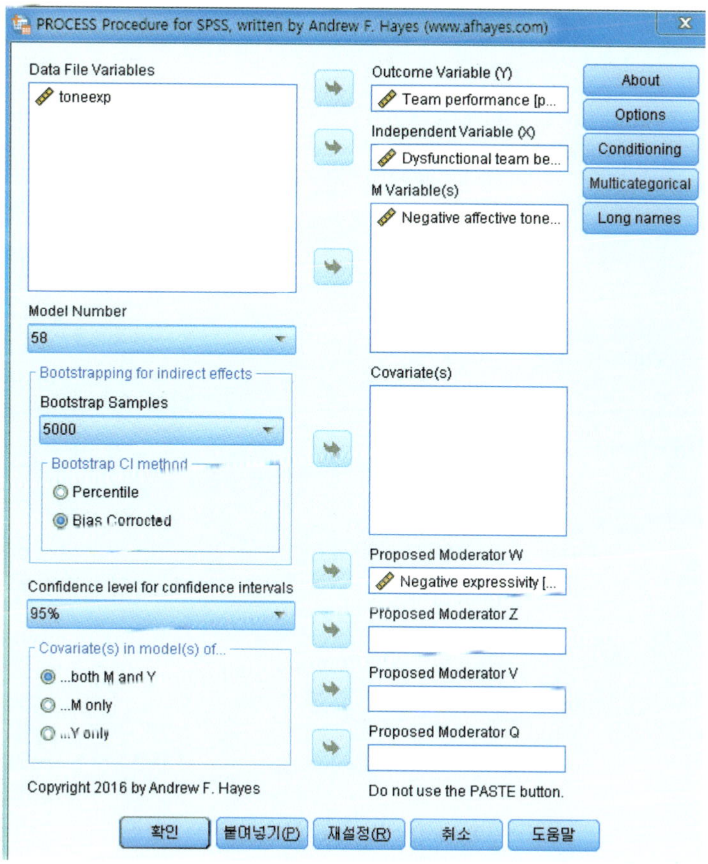

이를 분석하면 다음과 같은 결과를 얻는다.

output 6-5 ••• 모델 5의 분석결과

```
**************************************************************************
Model  = 58
    Y  = perform
    X  = dysfunc
    M  = negtone
    W  = negexp

Sample size
        60

**************************************************************************
Outcome: negtone

Model Summary
          R       R-sq        MSE          F        df1        df2          p
       .462       .213       .229      5.054      3.000     56.000       .004

Model
              coeff         se          t          p       LLCI       ULCI
constant       .025       .062       .411       .683      -.099       .150
dysfunc        .644       .169      3.802       .000       .304       .983
negexp         .124       .122      1.022       .311      -.119       .368
int_1         -.253       .261      -.969       .337      -.775       .270

Product terms key:

 int_1    dysfunc     X     negexp

**************************************************************************
Outcome: perform

Model Summary
          R       R-sq        MSE          F        df1        df2          p
       .559       .312       .201      6.235      4.000     55.000       .000

Model
              coeff         se          t          p       LLCI       ULCI
constant      -.012       .059      -.203       .840      -.129       .105
negtone       -.436       .131     -3.338       .002      -.697      -.174
dysfunc        .366       .178      2.059       .044       .010       .722
negexp        -.019       .117      -.163       .871      -.254       .216
int_2         -.517       .241     -2.146       .036     -1.000      -.034

Product terms key:

 int_2    negtone     X     negexp
```

```
************************************ DIRECT AND INDIRECT EFFECTS ************************************

Direct effect of X on Y
     Effect         SE          t          p       LLCI       ULCI
       .366       .178      2.059       .044       .010       .722

Conditional indirect effect(s) of X on Y at values of the moderator(s):

Mediator
              negexp     Effect    Boot SE   BootLLCI   BootULCI
 negtone       -.552      -.118       .178      -.452       .255
 negtone       -.008      -.279       .123      -.564      -.078
 negtone        .535      -.362       .246      -.972      -.028

Values for quantitative moderators are the mean and plus/minus one SD from mean.
Values for dichotomous moderators are the two values of the moderator.

********************************** ANALYSIS NOTES AND WARNINGS **********************************
```

3.7 조절된 매개효과분석: 모델 6(PROCESS model 74)

모델 6을 분석하기 위해 다음과 같이 지정한다. 'perform'을 'Outcome Variable(Y)'로, 'dysfunc'을 'Independent Variable(X)'로, 'negtone'을 'M Variable(s)'로 보낸다. 'Model Number'를 '74'로 지정한다.

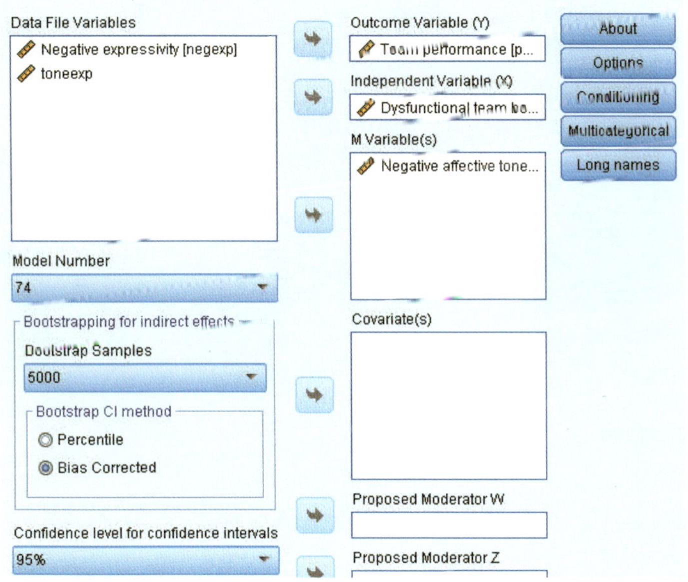

이를 분석하면 다음과 같은 결과를 얻는다.

output 6-6 ••• **모델 6의 분석결과**

```
**************************************************************************
Model = 74
    Y = perform
    X = dysfunc
    M = negtone

Sample size
        60

**************************************************************************
Outcome: negtone

Model Summary
          R       R-sq        MSE          F        df1        df2          p
       .438       .192       .227     13.800      1.000     58.000       .000

Model
              coeff         se          t          p       LLCI       ULCI
constant       .026       .062       .416       .679      -.098       .149
dysfunc     .620(a)       .167      3.715       .000       .286       .954

**************************************************************************
Outcome: perform

Model Summary
          R       R-sq        MSE          F        df1        df2          p
       .498       .248       .216      6.168      3.000     56.000       .001

Model
              coeff         se          t          p       LLCI       ULCI
constant      -.005       .064      -.076       .939      -.133       .123
negtone   -.506(b1)       .133     -3.804       .000      -.772      -.239
dysfunc        .454       .182      2.496       .016       .090       .818
int_1     -.218(c2')      .267      -.816       .418      -.752       .317

Product terms key:

int_1    negtone    X    dysfunc
```

위의 분석결과를 보면 조건부간접효과가 계산되어 보고되지 않는 것을 알 수 있다.

PROCESS model 74는 조건부간접효과를 X가 연속변수인 경우에만 계산한다. 이 자료에서 X는 0과 1로 코딩된 이분변수이기 때문에 조건부간접효과를 보고하지 않는다.

참고문헌

[1] 국내문헌

배병렬 (2015), 『SPSS/Amos/LISREL/SmartPLS에 의한 조절효과 및 매개효과분석』, 서울: 도서출판 청람.

[2] 국외문헌

Chen, L-Y., B. Hsiao, C-C. Chern, and H-G. Chen (2014), "Affective Mechanisms Linking Internet Use to Learning Performance in High School Students: A Moderated Mediation Study," *Computers in Human Behavior*, 35, 431-43.

Cole, M. S., F. Walter, and H. Bruch (2008), "Affective Mechanism Linking Dysfunctional Behavior to Performance in Work Teams: A Moderated Mediation Study," *Journal of Applied Psychology*, 93(5), 945-58.

Cole, C. E., D. J. Zapp, N. B. Fettig, and K. Pérez-Edgar (2016), "Impact of Attention Biases to Threat and Effortful Control on Individual Variations in Negative Affect and Social Withdrawal in Very Young Children," *Journal of Experimental Child Psychology*, 141, 210-21.

Deane, K., M. Richards, M. Mozley, D. Scott, C. Rice, and J. Garbarino (2016), "Posttraumatic Stress, Family Functioning, and Externalizing in Adolescents Exposed to Violence: A Moderated Mediation Model," *Journal of Clinical Child & Adolescent Psychology*, published online.

Deng, X., and B. E. Kahn (2009), "Is Your Product on the Right Side? The "Location Effect" on Perceived Product Heaviness and Package Evaluation," *Journal of Marketing Research*, 46(6), 725-38.

Edwards, J. R., and L. S. Lambert (2007), "Methods for Integrating Moderation and Mediation: A General Analytical Framework Using Moderated Path Analysis," *Psychological Methods*, 12(1), 1-22.

Einarsen, S., A. Skogstad, E. Rørvik, Å. B. Lande, and M. B. Nielsen (2016), "Climate for Conflict Management, Exposure to Workplace Bullying and Work Engagement: A Moderated Mediation Analysis," *International Journal of Human Resource Management*, published online.

Hayes, A. F. (2012), PROCESS: A Versatile Computational Tool for Observed Variable Mediation, Moderation, and Conditional Process Modeling[White Paper], Retrieved from http://afhayes.com/public/process2012.pdf.

Hayes, A. F. (2013), *Introduction to Mediation, Moderation, and Conditional Process Analysis: A Regression-Based Approach*, New York, NY: Guilford Press.

Hayes, A. F. (2015), "An Index and Test of Linear Moderated Mediation," *Multivariate*

Behavioral Research, 50(1), 1-22.

Hayes, A. F. (2016), Supplementary PROCESS Documentation, Retrieved from http://afhayes.com/public/docaddendum.pdf.

Huang, S-C., Y. Zhang, and S. M. Broniarczyk (2012), "So Near and Yet So Far: The Mental Representation of Goal Progress," *Journal of Personality and Social Psychology,* 103(2), 225-41.

Kim, S., and A. A. Labroo (2011), "From Inherent Value to Incentive Value: When and Why Pointless Effort Enhances Consumer Preference," *Journal of Consumer Research*, 38(4), 712-42.

MacNeil, G., J. I. Kosberg, D. W. Durkin, W. K. Dooley, J. DeCoster, and G. M. Williamson (2010), "Caregiver Mental Health and Potentially Harmful Caregiving Behavior: The Central Role of Caregiver Anger," *The Gerontologist*, 50(1), 76-86.

Moneta, G. B. (2011), "Metacognition, Emotion, and Alcohol Dependence in College Students: A Moderated Mediation Model," *Addictive Behaviors*, 36, 781-4.

Muller, D., Judd, C. M., & Yzerbyt, V. Y. (2005), "When Moderation is Mediated and Mediation is Moderated," *Journal of Personality and Social Psychology*, 89(6), 852-863.

Nielsen, M. B., L. B. Finne, J. O. Christensen, and S. Knardahl (2015), "Job Demands and Alcohol Use: Testing a Moderated Mediation Model," *Scandinavian Journal of Work Environment & Health*, 41, 43-53.

Parade, S. H., E. M. Leerkes, and A. N. Blankson (2010), "Attachment to Parents, Social Anxiety, and Close Relationships of Female Students over the Transition to College," *Journal of Youth and Adolescence*, 39, 127-37.

Parker, R. J., H. Nouri, and A. F. Hayes (2011), "Distributive Justice, Promotion Instrumentality, and Turnover Intentions in Public Accounting Firms," *Behavioral Research in Accounting*, 23(2), 169-86.

Pegram, S. E., M. A. Lumley, M. J. Jasinski, and J. W. Burns (2017), "Psychological Trauma Exposure and Pain-Related Outcomes Among People with Chronic Low Back Pain: Moderated Mediation by Thought Suppression and Social Constraints," *Annals of Behavioral Medicine*, 51(2), 316-20.

Popan, J. R., J. B. Kenworthy, M. C. Frame, P. A. Lyons, and S. J. Snuggs (2010), "Political Groups in Contact: The Role of Attributions for Outgroup Attitudes in Reducing Antipathy," *European Journal of Social Psychology*, 40(1), 86-104.

Preacher, K. J., D. D. Rucker, and A. F. Hayes (2007), "Addressing Moderated Mediation Hypotheses: Theory, Methods, and Prescriptions," *Multivariate Behavioral Research*, 42(1), 185-227.

Rees, T., and P. Freeman (2009), "Social Support Moderates the Relationship Between Stressors and Task Performance Through Self-Efficacy," *Journal of Social and Clinical Psychology*, 28(2), 244-63.

Thompson, R. J., J. Mata, and A. G. I. H. Gotlib (2017), "Adaptive Coping Mediates the Relation Between Mothers' and Daughters' Depressive Symptoms: A Moderated

Mediation Study," *Journal of Social and Clinical Psychology*, 36(3), 171-95.

Wang, K., K. Stroebe, and J. F. Dovidio (2012), "Stigma Consciousness and Prejudice Ambiguity: Can it be Adaptive to Perceive the World as Biased?" *Personality and Individual Differences*, 53, 241-45.

Weiss, L., and G. V. Johar (2016), "Products as Self-Evaluation Standards: When Owned and Unowned Products Have Opposite Effects on Self-Judgment," *Journal of Consumer Research*, 42(6), 915-30.

Zhou, Q., G. Hirst, and H. Shipton (2012), "Promoting Creativity at Work: The Role of Problem-Solving Demand," *Applied Psychology*, 61(1), 56-80.

CHAPTER 7

매개된 조절효과

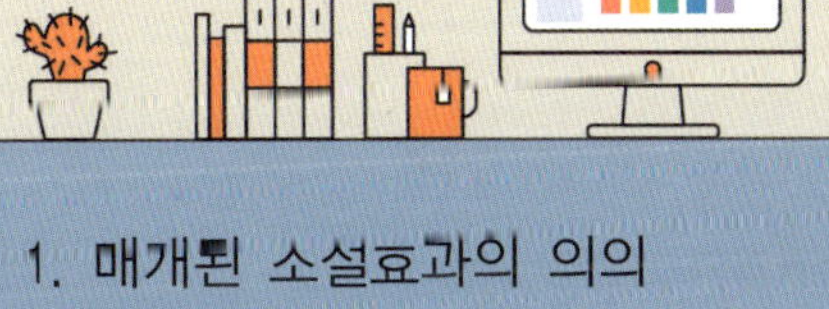

1. 매개된 소설효과의 의의
2. 매개된 조절효과분석의 이해
3. 기존에 연구된 매개된 조절효과의 검토
4. 매개된 조절효과의 문제점
5. 조절된 매개효과, 매개된 조절효과의 통계적 검증 및 보고

CHAPTER

7 매개된 조절효과

1. 매개된 조절효과의 의의

매개된 조절효과(mediated moderation effect)는 독립변수(X)와 매개변수(M) 간의 조절변수인 W가 X와 상호작용하여(XW) 매개변수를 통해 종속변수(Y)에 영향을 미치는가를 검증하는 것이다. 이는 다른 매개효과와 마찬가지로, XW가 M을 경유하여 Y에 미치는 효과는 X의 Y에 대한 조절효과에 의해 전달된다고 해석된다.

사회과학에서 많이 이용되고 있는 '태도 → 행동' 간의 관계를 통해 매개된 조절효과의 개념적 의미에 대해 살펴보기로 한다. '태도 → 행동' 간의 관계에서 태도는 독립변수, 행동은 종속변수이다. 이 관계에서 조절변수로 '태도강도'(attitude strength)를 고려해보기로 한다. 태도강도가 클수록 '태도 → 행동' 간의 관계는 강해질 것이다. '태도 → 행동' 간의 관계에서 '행동의도'를 매개변수로 고려하기로 한다. 그러면 [그림 7-1 (b)]와 같은 모델을 얻게 된다.

그림 7-1 매개된 조절효과의 개념적 모델

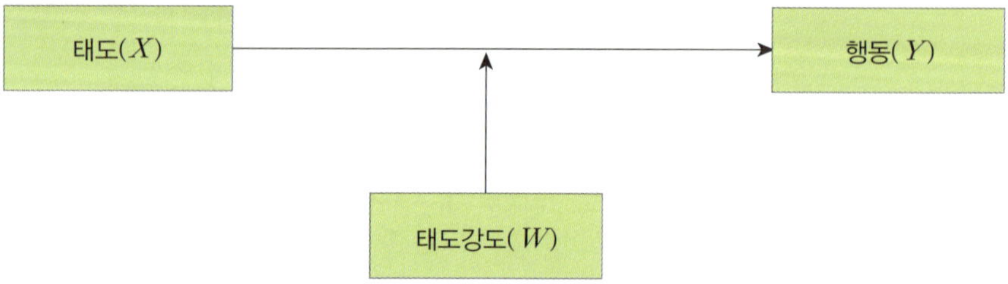

(a) 조절효과모델

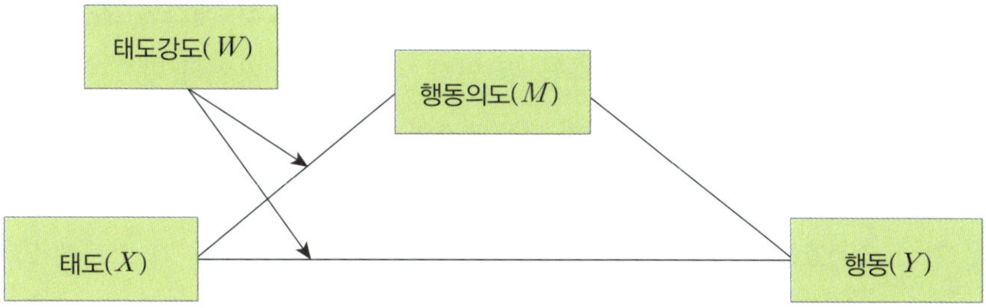

(b) 매개된 조절효과모델

태도 → 행동 간의 관계가 행동의도에 의해 매개된다고 가정하고 이러한 관계가 조절변수인 태도강도에 따라 어떻게 나타날 것인가를 확인하고자 한다. 이는 행동의도를 매개해 태도가 행동에 미치는 관계에서 태도강도에 따라 달라지는가를 살펴보고자 하는 것이다. 구체적으로 태도강도가 낮은 경우에는 '태도 → 행동의도 → 행동' 간의 매개효과가 작게 나타날 수 있고, 태도강도가 높은 경우에는 '태도 → 행동의도 → 행동' 간의 매개효과가 크게 나타날 수 있다. 이들 간의 관계를 다음과 같은 가설로 표현할 수 있다.

> 가설: 태도가 행동에 미치는 영향은 행동의도가 매개할 것이고, 태도와 태도강도의 상호작용은 행동의도에 영향을 미칠 것이다.
> 가설: 행동의도는 태도가 행동에 미치는 영향을 매개할 것이고, 행동의도의 매개효과는 태도강도가 강할수록 커질 것이다.

[그림 7-2] 모델을 통해 매개된 조절효과의 개념적 의미에 대해 다시 한 번 살펴보기로 한다.

그림 7-2 매개된 조절효과의 개념적 모델

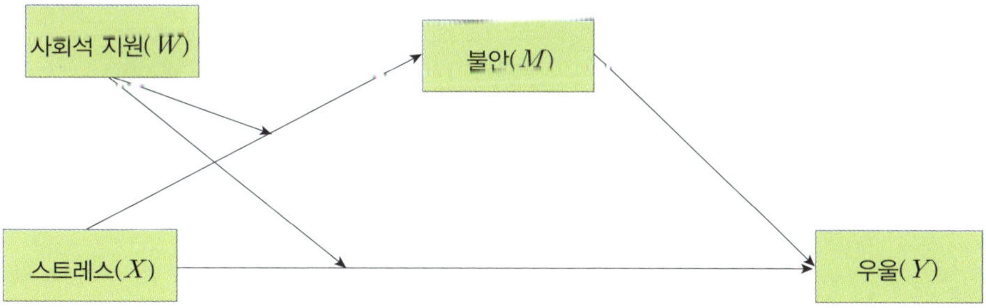

사람은 스트레스(X)를 받게 되면 우울(Y)해진다. 그런데 스트레스와 우울 간의 관계는 사회적 지원(W) 정도에 따라 달라질 수 있다. 즉 사회적 지원이 많으면 스트레스와 우울 간의 관계는 약해질 수 있다. 한편 스트레스와 우울 간의 관계에서 불안(M)이 매개변수로 작용할 수 있다. 이러한 관계를 다음과 같은 식으로 나타낼 수 있다. 즉 스트레스와 우울 간의 조절효과를 검증하는 '스트레스×사회적 지원 → 우울'과 스트레스와 우울 간에 불안이라는 매개변수가 포함된 매개효과를 검증하는 '스트레스×사회적 지원 → 불안 → 우울'이 결합된 것이다. 이는 개념적으로 사회적 지원이 높으면 '스트레스 → 불안 → 우울'의 매개효과가 유의적일 수 있지만(또는 클 수 있지만), 사회적 지원이 낮으면 '스트레스 → 불안 → 우울'의 매개효과가 유의적이지 않을 수 있음(또는 작을 수 있음)을 의미한다. 이들 간의 관계를 다음과 같은 가설로 표현할 수 있다.

가설: 사회적 지원과 스트레스의 상호작용효과(조절효과)는 불안을 매개해 우울에 영향을 미칠 것이다.

가설: 불안은 사회적 지원과 스트레스의 조절효과를 매개해 우울에 영향을 미치고, 이러한 매개효과는 사회적 지원이 낮은 경우에 비해 높은 경우 더 클 것이다.

[그림 7-1], [그림 7-2]의 매개된 조절효과를 통계적 모델로 나타내면 [그림 7-3 (b)]와 같다. [그림 7-3 (b)]는 앞서 설명했듯이 조절된 매개효과모델의 [그림 6-3]과 같음을 알 수 있다. 매개된 조절효과는 a_3b가 유의적인가를 검토하는 것이다.

그림 7-3 매개된 조절효과의 통계적 모델

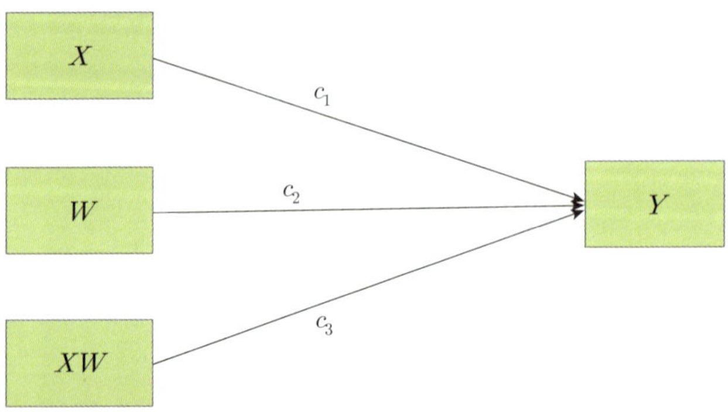

(a) 조절효과의 통계적 모델

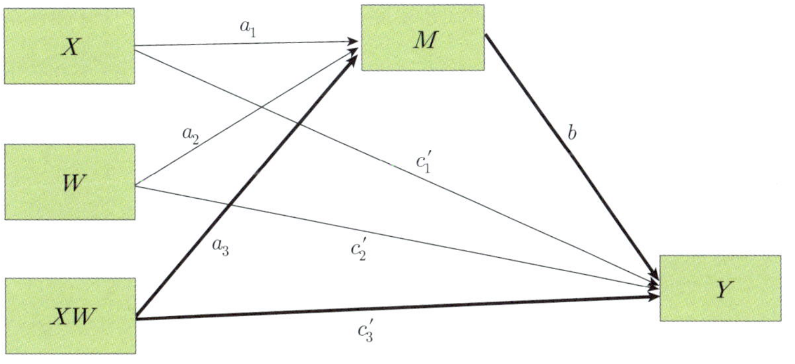

(b) 매개된 조절효과의 통계적 모델

이 모델에서 M을 경유한 X가 Y에 미치는 조건부간접효과는 식 (1)과 같다.

$$\omega = (a_1 + a_3 W)b \quad (1)$$

만약 a_3b가 유의적이고 c_3'도 유의적이면 **부분 매개된 조절(partial mediated moderation)**이고, a_3b가 유의적이고 c_3'가 비유의적이면 **완전 매개된 조절(full mediated moderation)**이다.

2. 매개된 조절효과분석의 이해

Garcia 등(2010)의 연구를 토대로 매개된 조절효과에 대해 살펴보기로 한다. Garcia 등은 변호사 Catherine이 그녀의 로펌에서 성차별로 인하여 승진하지 못한 상황에서 그녀의 행동에 대한 피험자들의 반응을 연구하였다. 피험자들은 무작위로 두 집단으로 나누었다. 한 집단은 승진심사에서 자격미달의 남성에게 승진을 빼앗긴 후 탈락한 것에 대해 Catherine이 항의했다고 알려준 집단이고, 다른 집단은 Catherine이 항의하지 않고 승진을 수용했다고 알려준 집단이다(protest: 0=no protest, 1=protest). 이 연구의 초점은 Catherine이 성차별에 대해 항의한 행동(protest: X)이 Catherine의 호감(liking: Y)에 어떤 영향을 미치는가이다. 그들은 이들 간의 관계에서 사회에 성차별이 만연되어 있다는 믿음(sexism: W)을 조절변수로 이용하였다. 즉, 성차별이 만연되어 있다고 믿는 사람과 그렇지 않다고 믿는 사람에 따라 평가가 달라진다고 보았다. 또한 그들은 Catherine의 평가가 Catherine의 행동의 적절성에 의해 영향을 받는다고 가설화하여 매개변수로 Catherine의 반응적절성(respappr: M)을 포함하였다. Garcia 등의 연구모델은 [그림 7-4]와 같다.

그림 7-4 Garcia 등의 연구모델

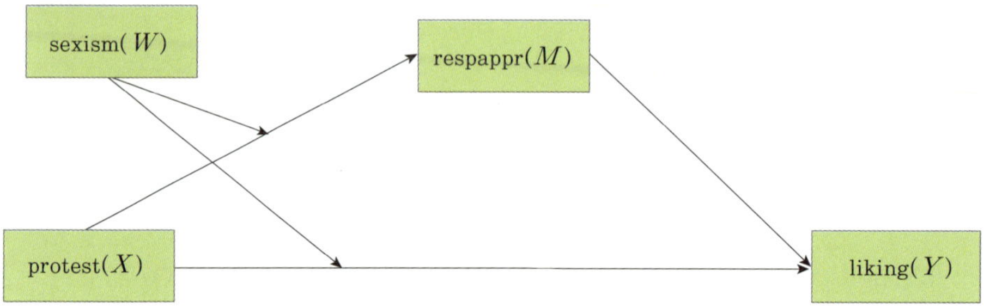

2.1 매개된 조절효과모델의 분해

매개된 조절효과모델은 다음과 같은 세 개의 모델(a, b, c)이 합해져 이루어진 것이다. 이하에서 이들 각각의 분석을 통해 그 의미를 이해하고 이들을 결합한 매개된 조절효과모델(d)에 대해 살펴보기로 한다.

그림 7-5 매개된 조절효과모델의 분해

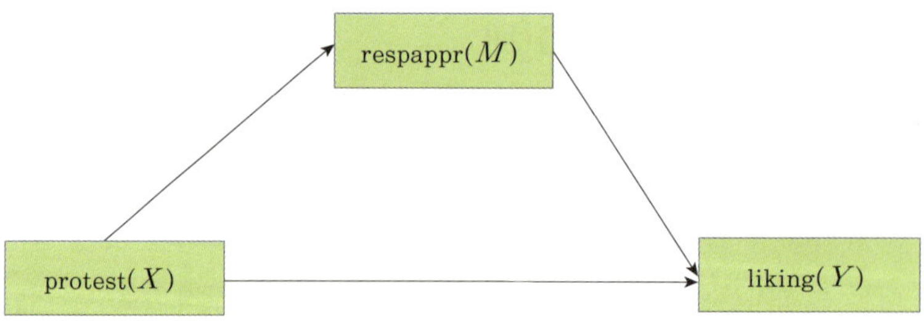

(a) 단순매개모델

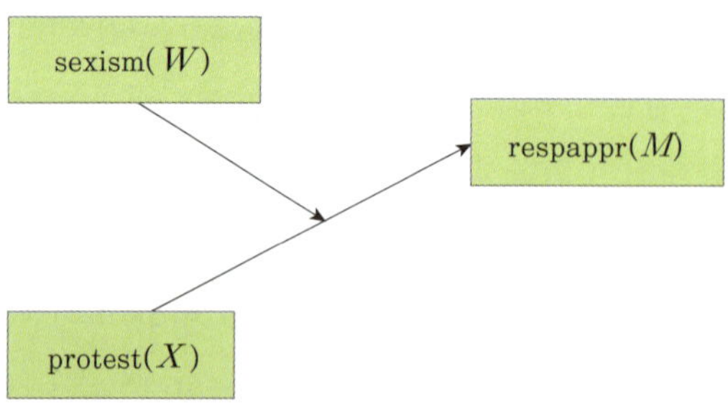

(b) 단순조절모델

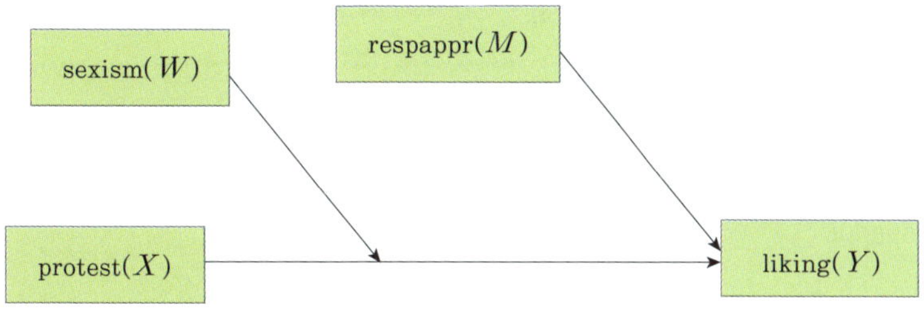

(c) M을 통제변수로 한 단순조절모델

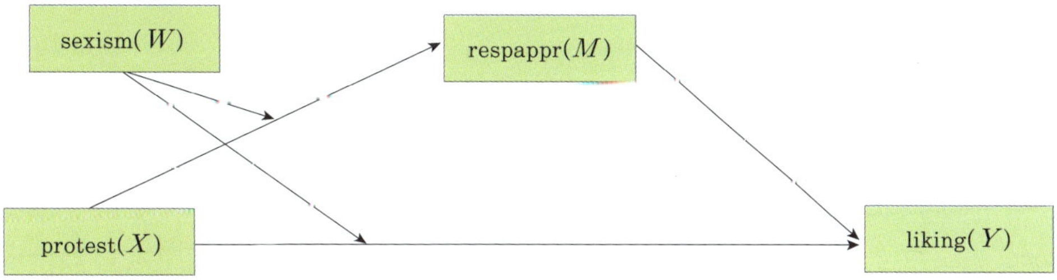

(d) 매개된 조절모델

1) Panel (a)의 분석: 단순매개분석

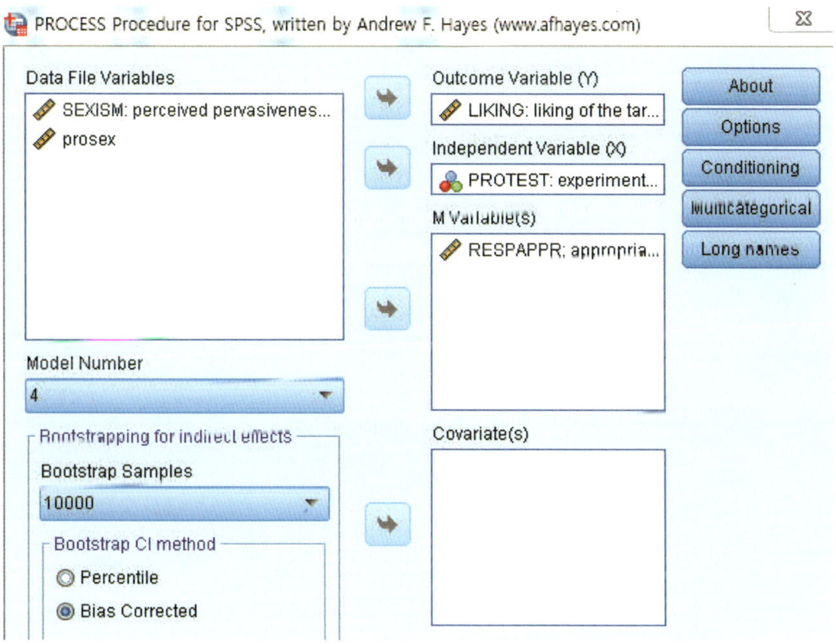

이를 분석하면 다음과 같은 결과를 얻는다.

output 7-1 ••• Panel (a)의 분석결과

```
**************************************************************************
Model = 4
    Y = liking
    X = protest
    M = respappr

Sample size
        129

**************************************************************************
Outcome: respappr

Model Summary
          R       R-sq        MSE          F        df1        df2          p
      .4992      .2492     1.3753    42.1550     1.0000   127.0000      .0000

Model
              coeff         se          t          p       LLCI       ULCI
constant     3.8841      .1831    21.2078      .0000     3.5217     4.2466
protest      1.4397      .2217     6.4927      .0000     1.0009     1.8785

**************************************************************************
Outcome: liking

Model Summary
          R       R-sq        MSE          F        df1        df2          p
      .4959      .2459      .8441    20.5483     2.0000   126.0000      .0000

Model
              coeff         se          t          p       LLCI       ULCI
constant     3.7473      .3058    12.2553      .0000     3.1422     4.3524
respappr      .4024      .0695     5.7884      .0000      .2648      .5400
protest      -.1007      .2005     -.5023      .6163     -.4975      .2960

********************** DIRECT AND INDIRECT EFFECTS **********************

Direct effect of X on Y
     Effect         SE          t          p       LLCI       ULCI
     -.1007      .2005     -.5023      .6163     -.4975      .2960

Indirect effect of X on Y
              Effect    Boot SE   BootLLCI   BootULCI
respappr       .5793      .1500      .3248      .9157
```

분석결과, Catherine의 항의 여부가 그녀의 반응의 적절성을 경유하여 호감도에 미치는 매개효과($ab = 1.4397 \times 0.4024$)는 유의적인 것으로 나타났다. 간접효과가 정적(+)인 것은 Catherine이 항의했다고 들은 피험자들은 항의하지 않았다고 들은 피험자들보다 Catherine의 반응이 더 적절했다고 평가했고($a = \overline{M}_{protest} - \overline{M}_{noprotest} = 5.324 - 3.884 = 1.440$), 행동의 적절성을 높게 평가하면 Catherine을 더 좋아한다는 것($b = 0.4024$)을 의미한다.

2) Panel (b)의 분석: 단순조절분석

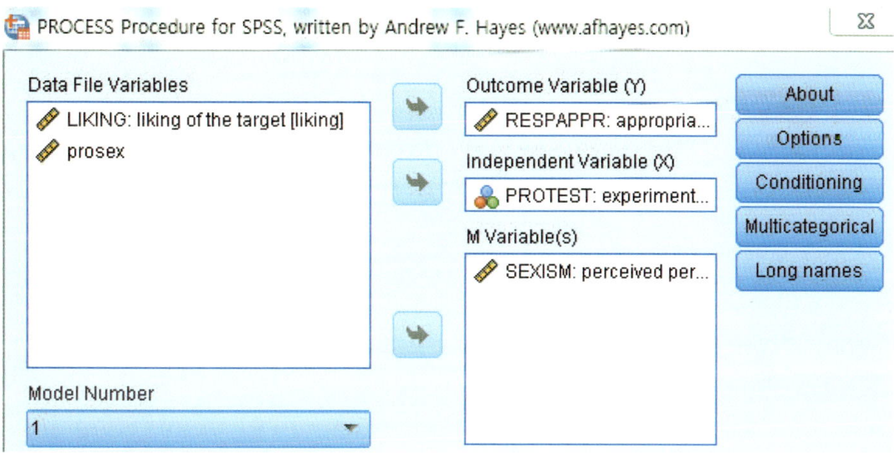

조절효과를 보다 심층적으로 분석하기 위해 다음과 같이 체크한다.

[Options] 버튼에서 다음과 같이 체크한다.

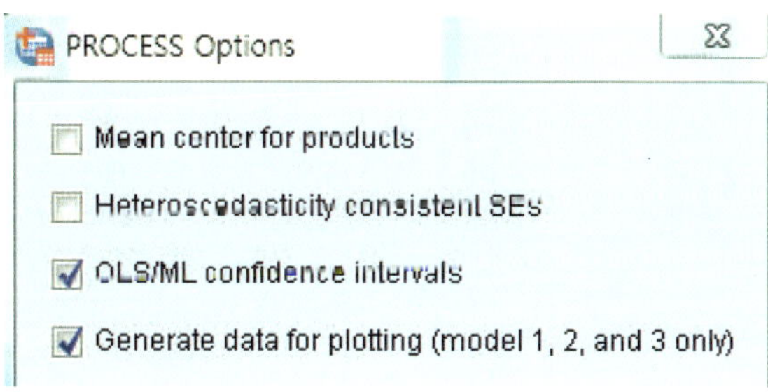

[Conditioning] 버튼에서 다음과 같이 체크한다.

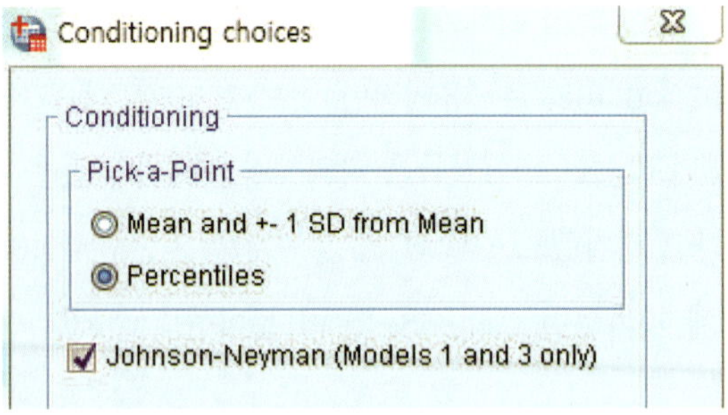

이를 분석하면 다음과 같은 결과를 얻는다.

output 7-2 ••• Panel (b)의 분석결과

```
**************************************************************************************
Model = 1
    Y = respappr
    X = protest
    M = sexism

Sample size
        129

**************************************************************************************
Outcome: respappr

Model Summary
          R       R-sq        MSE          F        df1        df2          p
      .5442      .2962     1.3098    17.5340     3.0000   125.0000      .0000

Model
              coeff         se          t          p       LLCI       ULCI
 constant    6.5667     1.2095     5.4295      .0000     4.1730     8.9604
 sexism      -.5290      .2359    -2.2426      .0267     -.9959     -.0622
 protest    -2.6866     1.4515    -1.8509      .0665    -5.5594      .1861
 int_1        .8100      .2819     2.8732      .0048      .2520     1.3679

Product terms key:

 int_1    protest     X     sexism

R-square increase due to interaction(s):
              R2-chng          F        df1        df2          p
 int_1          .0465     8.2551     1.0000   125.0000      .0048

**************************************************************************************
```

Conditional effect of X on Y at values of the moderator(s):

sexism	Effect	se	t	p	LLCI	ULCI
4.1200	.6505	.3491	1.8633	.0648	-.0404	1.3414
4.5000	.9583	.2733	3.5065	.0006	.4174	1.4992
5.1200	1.4605	.2167	6.7386	.0000	1.0315	1.8894
5.6200	1.8655	.2629	7.0950	.0000	1.3451	2.3858
6.1200	2.2705	.3620	6.2724	.0000	1.5541	2.9869

Values for quantitative moderators are 10th, 25th, 50th, 75th, and 90th percentiles
Values for dichotomous moderators are the two values of the moderator.

5개의 백분위값(percentile)을 이용한 뽑기식(pick-a-point) 분석에서 10분위(10th)값($\overline{M}$=4.12)을 제외하고 모두 X가 Y에 미치는 효과가 유의적인 것으로 나타났다.

** JOHNSON-NEYMAN TECHNIQUE **

Moderator value(s) defining Johnson-Neyman significance region(s)

Value	% below	% above
4.1525	9.3023	90.6977

Conditional effect of X on Y at values of the moderator (M)

sexism	Effect	se	t	p	LLCI	ULCI
2.8700	-.3620	.6626	-.5463	.5858	-1.6733	.9493
3.0765	-.1947	.6079	-.3203	.7492	-1.3978	1.0083
3.2830	-.0275	.5539	-.0496	.9605	-1.1236	1.0687
3.4895	.1398	.5008	.2792	.7806	-.8513	1.1309
3.6960	.3071	.4490	.6839	.4953	-.5816	1.1957
3.9025	.4743	.3990	1.1888	.2368	-.3154	1.2640
4.1090	.6416	.3515	1.8251	.0704	-.0542	1.3373
4.1525	.6768	.3420	1.9791	.0500	.0000	1.3530
4.3155	.8000	.3078	2.6280	.0097	.1997	1.4180
4.5220	.9761	.2695	3.6213	.0004	.4426	1.5096
4.7285	1.1434	.2395	4.7739	.0000	.6694	1.6174
4.9350	1.3106	.2210	5.9301	.0000	.8732	1.7480
5.1415	1.4779	.2170	6.8091	.0000	1.0483	1.9075
5.3480	1.6452	.2284	7.2042	.0000	1.1932	2.0971
5.5545	1.8124	.2529	7.1660	.0000	1.3119	2.3130
5.7610	1.9797	.2873	6.8897	.0000	1.4110	2.5484
5.9675	2.1469	.3285	6.5348	.0000	1.4967	2.7972
6.1740	2.3142	.3743	6.1830	.0000	1.5734	3.0550
6.3805	2.4815	.4231	5.8649	.0000	1.6441	3.3188
6.5870	2.6487	.4741	5.5874	.0000	1.7105	3.5869
6.7935	2.8160	.5265	5.3484	.0000	1.7740	3.8580
7.0000	2.9832	.5801	5.1429	.0000	1.8352	4.1313

Johnson−Neyman 방법에 의한 유의영역은 성차별만연인식도가 전체 피험자의 90.6977%인 M=4.1525보다 큰 영역에서 항의여부(X)가 행동의 적절성(Y)에 미치는 효과가 정적(+)으로 유의한 것으로 나타났다. 이 값보다 작은 영역에서는(전체 피험자의 9.3023%) 정적(+)이나 비유의적인 것으로 나타났다. 성차별인식도가 매우 낮은 값(2.87~3.283)에서는 항의여부(X)가 행동의 적절성(Y)에 미치는 효과가 비유의적이기는 하나 부적(−)으로 나타났다. 이는 성차별인식이 낮은 피험자는 항의행동이 적절하지 않았다고 평가함을 의미한다.

그림 7-6 항의여부(X)가 반응의 적절성(Y)에 미치는 효과가 성차별만연인식(M)에 의해 조절되는 효과

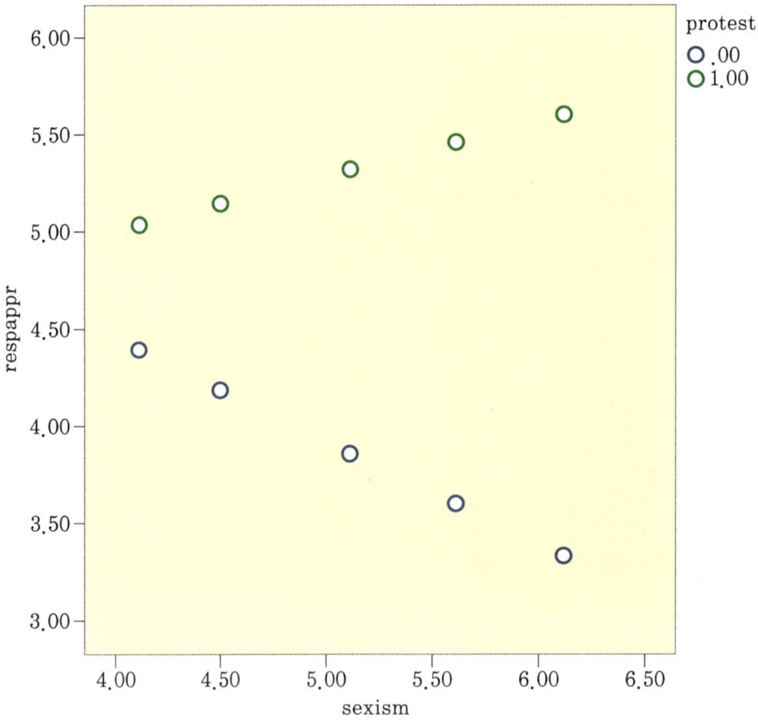

[그림 7−6]을 보면 항의한 행동(protest= 1)이 항의하지 않은 행동(protest= 0)보다 Catherine의 행동이 더 적절했다고 평가했으며 이는 사회에 성차별이 만연되어 있다고 믿는 정도가 클수록 그 차이는 더 커지는 것으로 나타났다.

3) Panel (c)의 분석: 반응의 적절성(respappr)을 통제변수로 이용한 단순 조절분석

Panel (c)는 반응의 적절성(respappr)을 일정한 상태에서 통제한 후, 항의여부(X)가 호감도(Y)에 미치는 영향이 성차별만연인식(M)에 의해 조절되는가를 분석하는 것이다. Panel (c)를 분석하는 목적은 반응의 적절성을 통제한 후에도 항의여부(X)가 호감도(Y)에 미치는 영향이 성차별만연인식(M)에 의해 조절되는 상호작용이 유의적인가를 파악하고자 함이다.

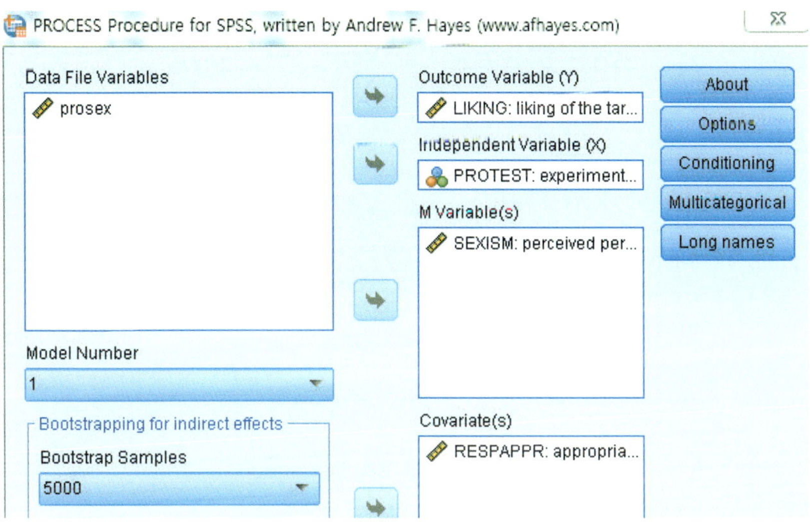

이를 분석하면 다음과 같은 결과를 얻는다.

output 7-3 ••• Panel (c)의 분석결과

```
**************************************************************************************************
Model = 1
    Y = liking
    X = protest
    M = sexism

Statistical Controls:
CONTROL= respappr

Sample size
       129
```

```
******************************************************************************************
Outcome: liking

Model Summary
          R       R-sq        MSE          F        df1        df2          p
      .5323      .2833      .8152    12.2551     4.0000   124.0000      .0000

Model
              coeff         se          t          p       LLCI       ULCI
constant     5.3471     1.0607     5.0412      .0000     3.2477     7.4465
sexism       -.2824      .1898    -1.4882      .1392     -.6581      .0932
protest     -2.8075     1.1607    -2.4188      .0170    -5.1047     -.5102
int_1         .5426      .2296     2.3628      .0197      .0881      .9970
respappr      .3593      .0706     5.0916      .0000      .2196      .4989

Product terms key:

int_1    protest    X    sexism

R-square increase due to interaction(s):
         R2-chng          F        df1        df2          p
int_1      .0323     5.5830     1.0000   124.0000      .0197

******************************************************************************************

Conditional effect of X on Y at values of the moderator(s):
     sexism     Effect         se          t          p       LLCI       ULCI
     4.1200     -.5721      .2792    -2.0491      .0426    -1.1247     -.0195
     4.5000     -.3659      .2259    -1.6196      .1079     -.8131      .0813
     5.1200     -.0296      .1996     -.1480      .8826     -.4247      .3656
     5.6200      .2417      .2457      .9840      .3270     -.2445      .7280
     6.1200      .5130      .3274     1.5668      .1197     -.1351     1.1611

Values for quantitative moderators are 10th, 25th, 50th, 75th, and 90th percentiles
Values for dichotomous moderators are the two values of the moderator.

*********************************** JOHNSON-NEYMAN TECHNIQUE ***********************************

Moderator value(s) defining Johnson-Neyman significance region(s)
     Value    % below    % above
    4.2052     9.3023    90.6977

Conditional effect of X on Y at values of the moderator (M)
     sexism     Effect         se          t          p       LLCI       ULCI
     2.8700    -1.2503      .5233    -2.3892      .0184    -2.2861     -.2145
     3.0765    -1.1383      .4797    -2.3727      .0192    -2.0878     -.1888
```

3.2830	-1.0262	.4369	-2.3487	.0204	-1.8910	-.1614
3.4895	-.9142	.3952	-2.3133	.0224	-1.6964	-.1320
3.6960	-.8022	.3549	-2.2604	.0255	-1.5046	-.0998
3.9025	-.6901	.3165	-2.1802	.0311	-1.3166	-.0636
4.1090	-.5781	.2810	-2.0573	.0418	-1.1342	-.0219
4.2052	-.5259	.2657	-1.9793	.0500	-1.0518	.0000
4.3155	-.4660	.2494	-1.8685	.0641	-.9597	.0276
4.5220	-.3540	.2235	-1.5838	.1158	-.7964	.0884
4.7285	-.2420	.2054	-1.1778	.2411	-.6486	.1647
4.9350	-.1299	.1974	-.6583	.5116	-.5206	.2607
5.1415	-.0179	.2005	-.0892	.9291	-.4147	.3789
5.3480	.0942	.2143	.4393	.6612	-.3300	.5183
5.5545	.2062	.2370	.8700	.3860	-.2629	.6753
5.7610	.3182	.2663	1.1952	.2343	-.2088	.8452
5.9675	.4303	.3002	1.4333	.1543	-.1639	1.0245
6.1740	.5423	.3374	1.6073	.1105	-.1255	1.2101
6.3805	.6543	.3769	1.7360	.0850	-.0917	1.4004
6.5870	.7664	.4181	1.8331	.0692	-.0611	1.5939
6.7935	.8784	.4604	1.9078	.0587	-.0329	1.7897
7.0000	.9905	.5037	1.9664	.0515	-.0065	1.9874

결과를 보면, 반응의 적절성(M)을 통제한 상황에서 상호작용항의 계수($b_3 = 0.5426$)는 유의적이고, 이는 반응의 적절성(M)을 통제하지 않은 상황에서의 상호작용항의 계수($b_3 = 0.8336$)보다는 작은 것으로 나타났다.

5개의 백분위를 이용한 특정값 선택법에서 반응의 적절성(M)을 통제한 후 항의여부(X)가 호감도(Y)에 미치는 영향은 $M = 4.120$ 미만에서만 유의적인 것으로 나타났다. 이 값을 갖는 피험자들은 항의했다고 들은 경우 항의하지 않았다고 들은 경우보다 Catherine을 더 부정적으로 평가했다. 이 결과는 반응의 적절성(M)을 통제하지 않았을 때 성차별만연인식이 낮은 값에서 항의여부가 호감도에 유의하지 않은 영향을 미치는 것과는 다른 것이다.

그림 7-7 반응의 적절성(M)을 통제한 후, 항의여부(X)가 호감도(Y)에 미치는 효과에서 성차별만연인식(M)의 조절효과

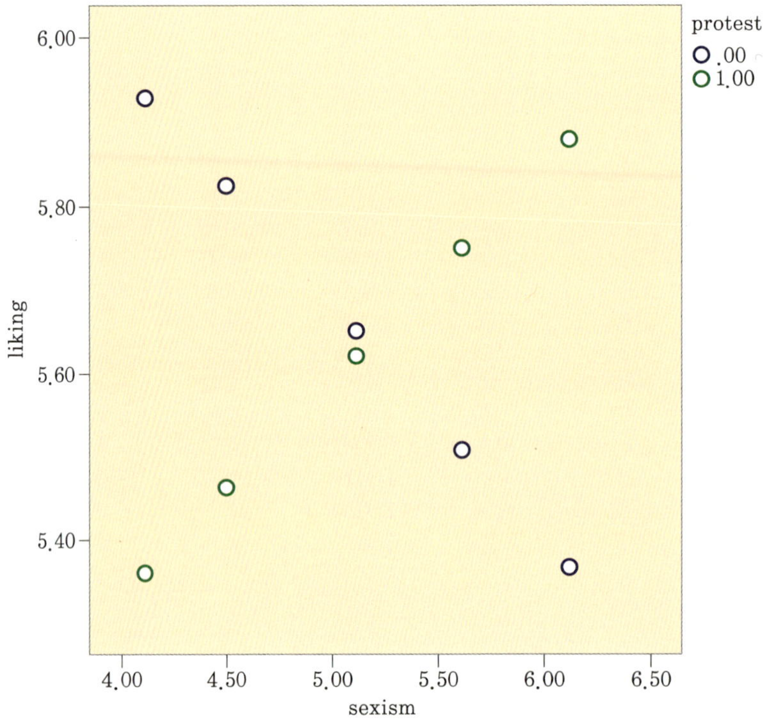

[그림 7-7]을 보면, sexism의 값이 5.2 정도에서 효과값의 부호가 바뀌는 것을 알 수 있다. 이는 Johnson–Neyman 방법을 통해 얻은 값에서 5.1415~5.3480 사이에서 부호가 바뀌는 것을 통해 알 수 있다. sexism의 값이 5.2보다 큰 피험자는 항의를 했을 경우 Catherine을 호의적으로 평가했고, 5.2보다 낮은 피험자는 항의를 하지 않았을 경우 Catherine을 호의적으로 평가했음을 의미한다.

2.2 매개된 조절효과분석: Panel (d)의 분석

Garcia 등(2010)의 자료에 의해 매개된 조절효과를 분석하기로 한다. 자료 가운데 일부가 다음에 제시되었다.

	sexism	liking	respappr	protest	prosex
1	4.87	4.83	4.25	1.00	4.87
2	4.25	4.50	5.75	.00	.00
3	5.00	5.50	4.75	1.00	5.00
4	5.50	5.66	7.00	1.00	5.50
5	5.62	6.16	6.75	1.00	5.62
6	5.75	6.00	5.50	1.00	5.75
7	5.12	4.66	5.00	1.00	5.12
8	6.62	6.50	6.25	.00	.00
9	5.75	1.00	3.00	.00	.00
10	4.62	6.83	5.75	.00	.00

이 자료에서, 'sexism'은 성차별이 얼마나 만연되어 있는가에 관한 신념을 8개 문항으로 이루어진 7점 척도로 측정한 다음 이를 평균한 값이고, 'liking'은 6개 문항으로 이루어진 Likert 7점 척도의 평균값이고, 'respappr'은 4개 문항으로 이루어진 Likert 7점 척도의 평균값이다. 'protest'는 0=no protest, 1=protest로 측정되었다. 마지막 변수인 'prosex'는 'protest×sexism'에 의한 값이다.

Hayes의 PROCESS로 매개된 조절효과를 분석하는 접근법에는 두 가지가 있다. 즉 PROCESS model 8을 이용하는 방법이 있고, 또는 PROCESS model 4를 이용하는 방법이 있다.

1) Model number 8 이용

매개된 조절효과모델을 PROCESS로 분석하기 위해 다음과 같이 지정한다. 'liking'을 'Outcome Variable(Y)'로, 'protest'를 'Independent Variable(X)'로, 'respappr'을 'M Variable(s)'로, 'sexism'을 'Proposed Moderator W'로 보내고, 'Model Number'를 8로 바꾼다.

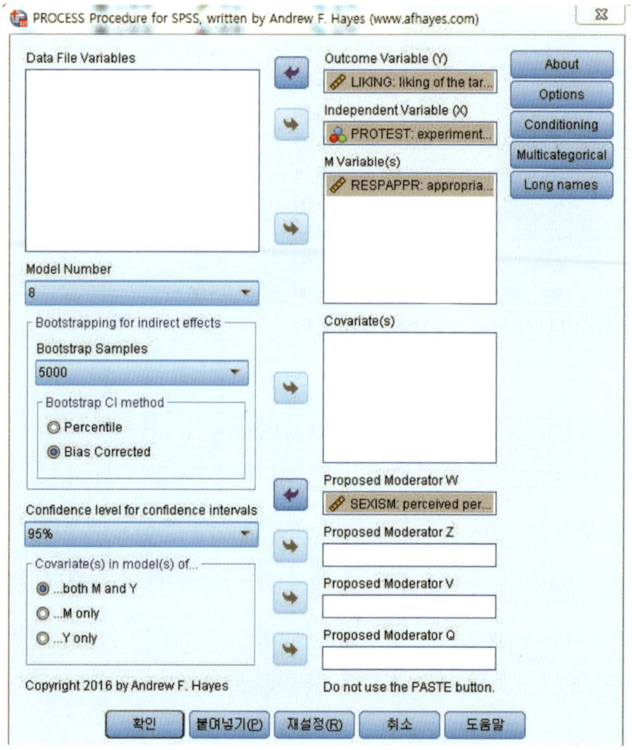

이를 실행하면 다음과 같은 결과를 얻는다.

output 7-4 model 8 분석결과

```
**************************************************************************
Model = 8
    Y = liking
    X = protest
    M = respappr
    W = sexism

Sample size
        129

**************************************************************************
Outcome: respappr

Model Summary
          R       R-sq        MSE          F        df1        df2          p
      .5442      .2962     1.3098    17.5340     3.0000   125.0000      .0000
```

Model

	coeff	se	t	p	LLCI	ULCI
constant	6.5667	1.2095	5.4295	.0000	4.1730	8.9604
protest	−2.6866	1.4515	−1.8509	.0665	−5.5594	.1861
sexism	−.5290	.2359	−2.2426	.0267	−.9959	−.0622
int_1	.8100	.2819	2.8732	.0048	.2520	1.3679

Product terms key:

int_1 protest X sexism

****

Outcome: liking

Model Summary

R	R-sq	MSE	F	df1	df2	p
.5323	.2833	.8152	12.2551	4.0000	124.0000	.0000

Model

	coeff	se	t	p	LLCI	ULCI
constant	5.3471	1.0607	5.0412	.0000	3.2477	7.4465
respappr	.3593	.0706	5.0916	.0000	.2196	.4989
protest	−2.8075	1.1607	−2.4188	.0170	−5.1047	−.5102
sexism	−.2824	.1898	−1.4882	.1392	−.6581	.0932
int_2	.5426	.2296	2.3628	.0197	.0881	.9970

Product terms key:

int_2 protest X sexism

*********************************** DIRECT AND INDIRECT EFFECTS ***********************************

Conditional direct effect(s) of X on Y at values of the moderator(s):

sexism	Effect	SE	t	p	LLCI	ULCI
4.3332	−.4564	.2469	−1.8483	.0669	−.9452	.0323
5.1170	−.0312	.1995	−.1563	.8760	−.4261	.3637
5.9007	.3940	.2888	1.3644	.1749	−.1776	.9657

Conditional indirect effect(s) of X on Y at values of the moderator(s):

Mediator

	sexism	Effect	Boot SE	BootLLCI	BootULCI
respappr	4.3332	.2957	.1284	.0858	.5955
respappr	5.1170	.5238	.1304	.2974	.8056
respappr	5.9007	.7519	.1999	.3913	1.1786

Values for quantitative moderators are the mean and plus/minus one SD from mean.

Values for dichotomous moderators are the two values of the moderator.

Indirect effect of highest order product:

Mediator

	Effect	SE(Boot)	BootLLCI	BootULCI
respappr	.2910	.1352	.0586	.6055

*********************************** INDEX OF MODERATED MEDIATION ***********************************

Mediator

	Index	SE(Boot)	BootLLCI	BootULCI
respappr	.2910	.1352	.0586	.6055

이 분석결과를 토대로 [표 7-1]을 만든다.

▌표 7-1 ▌매개된 조절효과분석결과

종속변수												
		M(respappr)					Y(liking)					
독립변수		B	SE	t	LLCI	ULCI		B	SE	t	LLCI	ULCI
X(protest)	a_1	−2.687	1.452	−1.851	−5.559	.186	c_1'	−2.807	1.161	−2.419	−5.105	−.510
M(respappr)		–	–	–	–	–	b	.359	.071	5.092	.220	.499
W(sexism)	a_2	−.529	.236	−2.243	−.996	−.062	c_2'	−.282	.190	−1.488	−.658	.093
$X\times W$	a_3	.810	.282	2.873	.252	1.368	c_3'	.543	.230	2.363	.088	.997
상수	i_1	6.567	1.209	5.429	4.173	8.960	i_2	5.347	1.061	5.041	3.248	7.446
$R^2=0.296$ $F(3,125)=17.534,\ p<.001$							$R^2=0.283$ $F(4,124)=12.255, p<.001$					

조절변수의 값에 따른 dysfunc(X)가 perform(Y)에 미치는 조건부간접효과

sexism	Effect	Boot SE	BootLLCI	BootULCI
4.333	.296	.130	.086	.611
5.117	.524	.130	.302	.816
5.901	.752	.200	.395	1.179

조절된 매개지수

매개변수	Index	SE(Boot)	BootLLCI	BootULCI
respappr	.291	.138	.044	.595

조절된 매개지수값 .291은 붓스트랩 신뢰구간에 0을 포함하지 않아 매개된 조절효과가 있다. 즉 ‘protest’ → ‘respappr’ → ‘liking’으로 가는 매개효과는 조절변수인 ‘sexism’의 수준에 따라 달라진다. 구체적으로 ‘sexism’의 수준이 높을수록 매개효과는 커지는 것으로 나타났다.

2) Model number 4 이용

PROCESS의 ‘Model number 4’를 이용하기 위해 다음과 같이 변수를 지정한다. 모델넘버 4를 이용하기 위해서는 독립변수(protest: X)와 조절변수(sexism: W)의 곱(XW)을 만들어야 한다(이 예에서 이를 prosex로 만들었음).

다음과 같이 지정한다. ‘liking’을 ‘Outcome Variable(Y)’로, ‘prosex를 ‘Independent Variable(X)’로, ‘respappr’을 ‘M Variable(s)’로, ‘sexism’과 ‘protest’를 공변량(covariate)’로 보내고, ‘Model Number’를 4로 바꾼다.

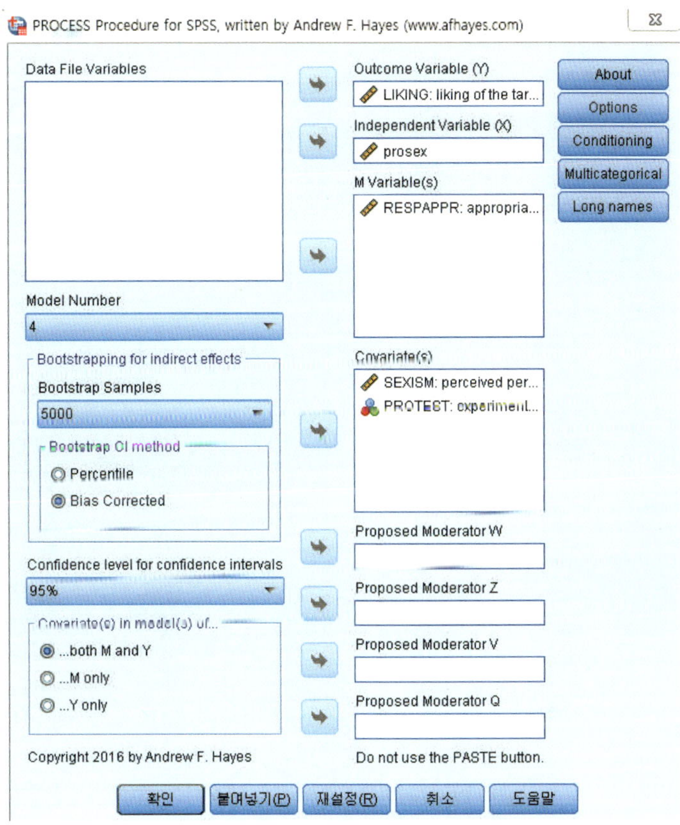

이를 실행하면 다음과 같은 결과를 얻는다.

output 7-5 ••• model 4 분석결과

```
**************************************************************************
Model = 4
    Y = liking
    X = prosex
    M = respappr

Statistical Controls:
CONTROL= sexism    protest

Sample size
       129

**************************************************************************
Outcome: respappr

Model Summary
          R       R-sq        MSE          F        df1        df2          p
      .5442      .2962     1.3098    17.5340     3.0000   125.0000      .0000

Model
              coeff         se          t          p       LLCI       ULCI
constant     6.5667     1.2095     5.4295      .0000     4.1730     8.9604
prosex        .8100      .2819     2.8732      .0048      .2520     1.3679
sexism        .5290      .2359    -2.2426      .0267     -.9959     -.0622
protest     -2.6866     1.4515    -1.8509      .0665    -5.5594      .1861

**************************************************************************
Outcome: liking

Model Summary
          R       R-sq        MSE          F        df1        df2          p
      .5323      .2833      .8152    12.2551     4.0000   124.0000      .0000

Model
              coeff         se          t          p       LLCI       ULCI
constant     5.3471     1.0607     5.0412      .0000     3.2477     7.4465
respappr      .3593      .0706     5.0916      .0000      .2196      .4989
prosex        .5426      .2296     2.3628      .0197      .0881      .9970
sexism       -.2824      .1898    -1.4882      .1392     -.6581      .0932
protest     -2.8075     1.1607    -2.4188      .0170    -5.1047     -.5102

************************** DIRECT AND INDIRECT EFFECTS **************************

Direct effect of X on Y
```

Effect	SE	t	p	LLCI	ULCI
.5426	.2296	2.3628	.0197	.0881	.9970

Indirect effect of X on Y

	Effect	Boot SE	BootLLCI	BootULCI
respappr	.2910	.1373	.0431	.5828

이 결과는 앞서 분석한 'Model number 8'과 동일함을 알 수 있다. Hayes는 매개된 조절효과를 'Model number 4'보다는 'Model number 8'을 이용할 것을 추천한다. 왜냐하면 'Model number 8'은 'Model number 4'에서는 제공하지 않는 X의 조건부직접효과와 조건부간접효과를 제공하기 때문이다.

3. 기존에 연구된 매개된 조절효과의 검토

기존에 연구된 매개된 조절효과를 정리하면 [표 7-2]와 같다.

표 7-2 매개된 조절효과의 기존연구

기존연구
Ashton-James & Tracy(2012), Bucy & Tao(2007), Bugental et al.(2010), Cohen et al.(2009), Gully et al.(2013), Jiang et al.(2011), Pierro et al.(2013), Pollack et al.(2012), Yoon & Kim (2016)

이 가운데 Pollack 등(2012)의 연구를 통해 가설설정 및 분석결과의 보고를 중심으로 살펴보기로 한다. Pollack 등(2012) 연구의 개념적 모델은 [그림 7-9]와 같다.

그림 7-9 Pollack 등(2012)의 연구모델

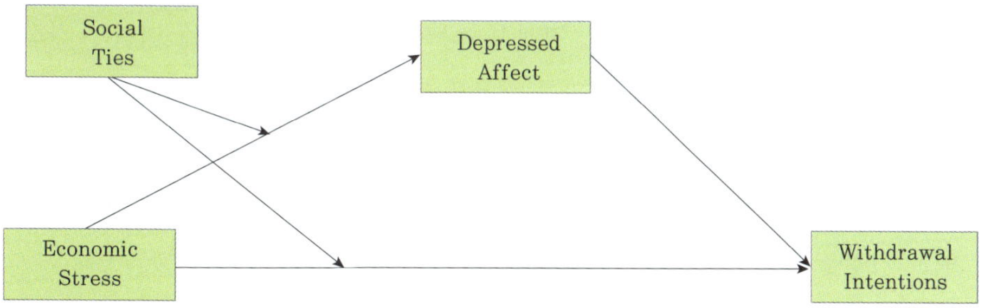

[그림 7-9]에서 볼 수 있듯, 'social ties'는 'economic stress'와 'withdrawal intentions' 간에 조절역할을 하고, 'depressed affect'은 'economic stress'가 'withdrawal intentions'에 미치는 조건효과를 매개하는 것으로 가설화하였다. Pollack 등(2012)의 연구모델을 가설로 기술하면 다음과 같다.

H_1: '경제적 스트레스'와 '철수의도'와의 관계는 비즈니스와 관련된 '사회적 연결망'의 접촉이 적은 개인은 크고, 비즈니스와 관련된 '사회적 연결망'의 접촉이 많은 개인은 작을 것이다.

가설 1은 '사회적 연결망'은 '경제적 스트레스'와 '철수의도' 간의 관계를 완화(buffering)하는 조절역할을 할 것으로 가설화하였다.

H_2: '경제적 스트레스'와 '우울한 감정' 간의 관계는 비즈니스와 관련된 '사회적 연결망'의 접촉이 적은 개인은 크고, 비즈니스와 관련된 '사회적 연결망'의 접촉이 많은 개인은 작을 것이다.

가설 2는 '사회적 연결망'은 '경제적 스트레스'와 '우울한 감정' 간의 관계를 완화(buffering)하는 조절역할을 할 것으로 가설화하였다. 즉 '사회적 연결망'이 높은 기업가는 '우울한 감정'이 낮을 것이고, '우울한 감정'이 낮으면 '철수의도'는 줄어들 것으로 가설화하였다.

H_3: 비즈니스와 관련된 '사회적 연결망'의 접촉은 '우울한 감정'을 통해 '경제적 스트레스'가 기업가적 '철수의도'에 미치는 간접효과를 조절할 것이다.

가설 3은 '우울한 감정'을 통해 '경제적 스트레스'가 '철수의도'에 미치는 간접효과는 기업가의 '사회적 연결망'에 따라 다를 것으로 가설화하였다. 가설 3이 매개된 조절효과와 관련된 것이다.

이들 가설을 검증하기 위한 통계적 모델은 다음과 같다.

그림 7-10 Pollack 등의 연구모델 검증을 위한 통계적 모델

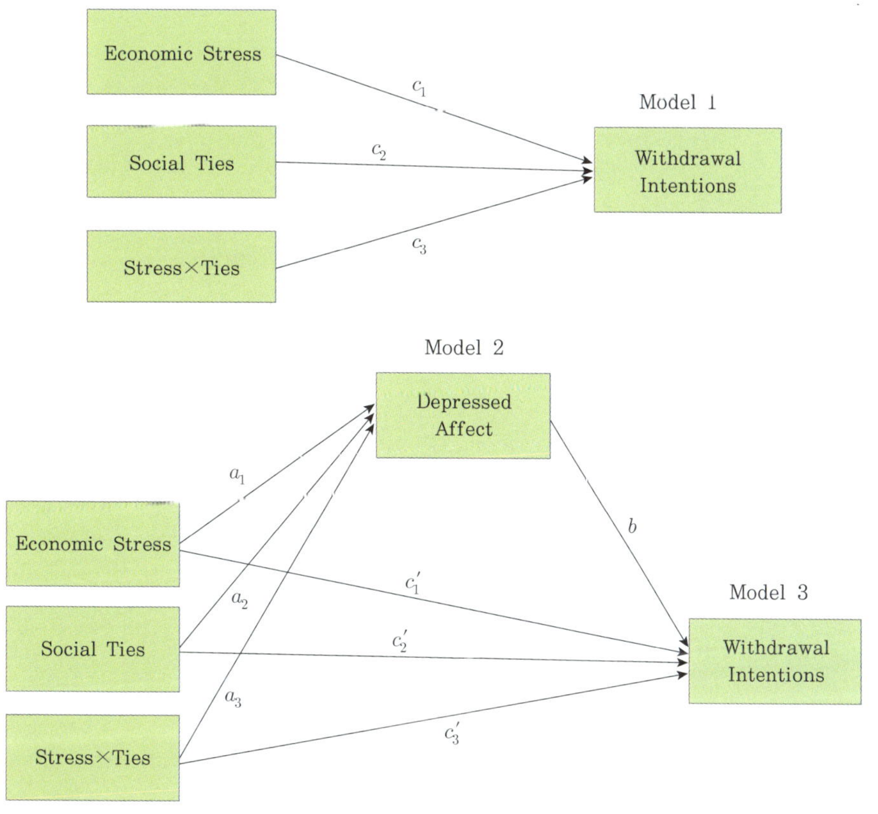

가설검증 결과는 [표 7-3]과 같다(Pollack 등의 논문 Table 2).

표 7-3 Pollack 등의 논문 [Table 2]

		Model 1			Model 2			Model 3	
Outcome	→	Withdrawal intentions			Depressed affect			Withdrawal intentions	
Predictor		Coeff.	p		Coeff.	p		Coeff.	p
Intercept		2.307	< .001		1.587	< .001		1.151	< .001
		(0.076)			(0.404)		c_1'→	(0.186)	
Economic stress	c_1 →	0.067	.210	a_1→	0.181	< .001		−0.064	.229
		(0.054)			(0.029)		c_2'→	(0.053)	
Social ties	c_2 →	0.034	.751	a_2→	−0.017	.766		0.047	.640
		(0.109)			(0.058)			(0.101)	

Depressed affect							b→	0.728 (0.108)	<.001
Stress×Social ties	c_3 →	−0.258 (0.081)	.002	a_3→	−0.218 (0.043)	<.001	c_3'→	−0.099 (0.078)	.205
Model R^2		.042	.011		.198	<.001		.186	<.001
Interaction ΔR^2		.038	.002		.081	<.001		.005	.205

'Model 1'은 'social ties'가 'economic stress'와 'withdrawal intention' 간의 관계를 조절하는가를 검증한 것이다. 즉 가설 1을 검증한 것이다. 'Model 1'의 관심은 c_3이 유의적인가를 검증하는 것이다.

'Model 2'는 'social ties'가 'economic stress'와 'depressed affect' 간의 관계를 조절하는가를 검증한 것이다. 즉 가설 2를 검증한 것이다. 'Model 2'의 관심은 a_3이 유의적인가를 검증하는 것이다.

'Model 3'은 'depressed affect'을 통해 'economic stress'가 'withdrawal intention'에 미치는 조건간접효과가 'social ties'에 따라 달라지는가를 검증한 것이다. 가설 3은 매개된 조절효과(mediated moderation)를 검증한 것이다. 'Model 3'의 관심은 a_3b가 유의적인가를 검증하는 것이다.

가설 1의 검증결과 c_3이 유의적이기 때문에 지지되었다. 비록 'withdrawal intention'은 3개의 독립변수에 의해 약 4% 정도가 설명되는 것으로 나타났으나, 'social ties'의 조절효과에 의해 약 90% 정도(.038/.042=.904)가 설명되는 것으로 나타났다.

이 조절효과를 그림으로 나타낸 것이 [Figure 3(A)]이다. 즉 'social ties'의 여러 가지 값에 따른 'economic stress'의 **단순기울기(simple slope)**를 나타낸 것이다. 그림에서 볼 수 있듯, 'social ties'가 작으면 'economic stress'가 클수록 'withdrawal intention'이 커지는 것으로 나타났다. 반대로, 'social ties'가 크면 'economic stress'가 클수록 'withdrawal intention'이 작아지므로 완화효과(buffering effect)가 있는 것으로 나타났다. 조절효과의 특정값을 기준으로 상호작용효과를 탐색하는 것을 **뽑기식 접근법(pick-a-point approach)**이라 한다.

[Figure 3] 경제적 스트레스와 사회적 연결망에 따른 철수의도(A), 사회적 연결망에 따른 경제적 스트레스의 조건적 효과의 Johnson-Neyman의 유의영역(B)

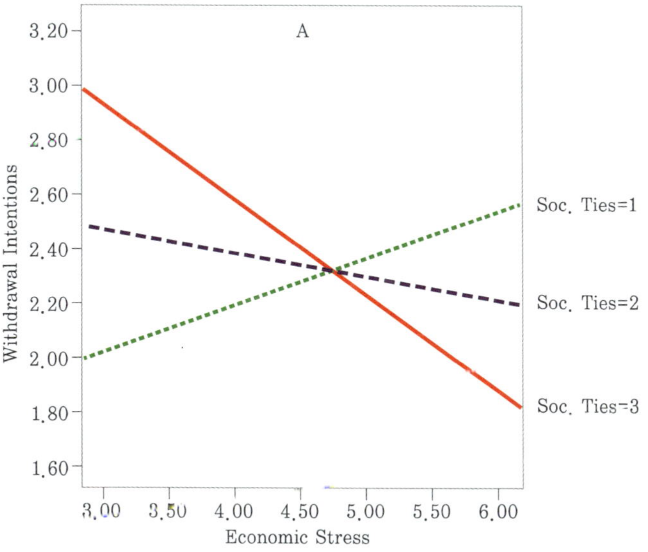

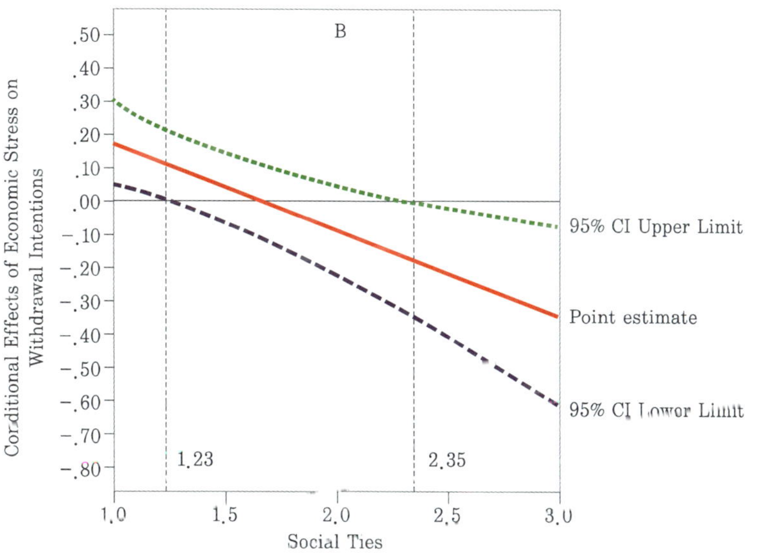

Johnson-Neyman(J-N) 기법에 의해 상호작용을 보다 심도 있게 탐색하였다. J-N 기법은 'economic stress'의 조건효과에 대한 '유의영역(region of significance)'을 찾아낸다. 즉 'economic stress'와 'withdrawal intention' 간의 관계가 통계적으로 0과 다른 조절변수값의 범위를 찾아낸다.

[Figure 3(b)]는 'social ties'의 분포에 따라 'economic stress'가 'withdrawal intention'에 주는 조건효과와 95% 신뢰구간의 상한과 하한을 나타낸 것이다. 'Model 1'에서 추정

된 모수치는 점추정치(point estimate)의 기울기를 정의하는 데 이용된다. 즉 $c_1 + c_3 \times$ social ties=0.067−0.258×social ties. 신뢰구간이 0보다 큰 또는 0보다 작은 점이 유의 영역이 된다. 그림에서 볼 수 있듯, 'social ties'가 1.23보다 작으면 'economic stress'의 효과는 정적이며 통계적으로 0과 다르고, 2.35보다 크면(응답자 가운데 9%) 'economic stress'의 효과는 부적이며 통계적으로 0과 다르다. 이 두 값 사이는 'economic stress'와 'withdrawal intention' 간에 관련이 없다고 해석한다.

가설 3은 경제적 스트레스가 철수의도에 미치는 효과는 사회적 연결망의 접촉에 의해 조절되는 과정을 통해 우울한 감정을 통해 간접적으로 이루어질 것으로 가정한다. 경로분석에서 간접효과는 경제적 스트레스가 우울한 감정에 미치는 효과와 우울한 감정이 철수의도에 미치는 효과의 곱에 의해 얻어진다. 분석결과, 경제적 스트레스가 우울한 감정에 미치는 효과는 조절효과가 있는 것으로 나타났다. 즉 사회적 연결망의 접촉에 따라 달라지는 것으로 나타났다. 경제적 스트레스가 철수의도에 미치는 조건부간접효과(conditional indirect effect)는 $(a_1 + a_3 socialties)b$로 구해진다. 여기서 b는 [Table 2]의 Model 3에 있는 우울한 감정이 철수의도에 미치는 부분효과(partial effect)이다. 경제적 스트레스와 사회적 연결망을 일정하게 하면, 우울한 감정을 높게 보고한 사람은 철수의도가 높은 것으로 나타난다($b = .728, p < .001$). 경제적 스트레스가 우울한 감정에 미치는 조건효과와 우울한 감정이 철수의도에 미치는 효과를 결합하면 경제적 스트레스가 우울한 감정을 통해 철수의도에 미치는 조건부간접효과를 얻을 수 있다(0.181−0.218×social ties: 0.728).

[Figure 5] 경제적 스트레스가 우울한 감정을 통해 사회적 연결망에 주는 조건부 간접효과

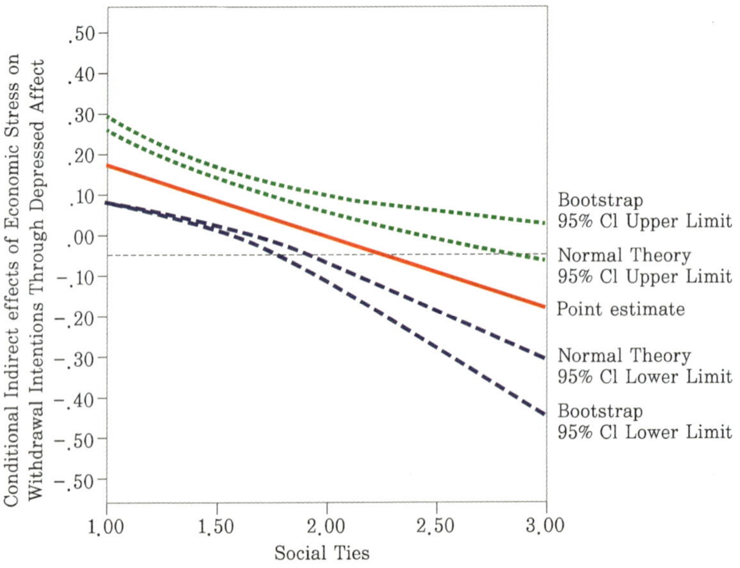

[Figure 5]의 실선이 조건부간접효과를 의미한다. 실선의 기울기가 아래로 향한다. 이는 사회적 연결망의 접촉이 증가할수록 조건부간접효과는 감소함을 의미한다. 간접효과의 통계적 유의성은 Johnson-Neyman의 유의영역과 신뢰구간을 추정하기 위해 bootstrap법을 이용하였다. [Figure 5]는 Johnson-Neyman의 '정규이론' 접근법을 이용한 95% 신뢰구간의 상한과 하한을 보여준다. [Figure 5]에는 명확히 나타나 있지는 않지만, 95% 신뢰구간은 사회적 연결망이 1.90보다 작으면 조건부간접효과가 0 이상이고, 2.87보다 크면 0 이하인 것으로 나타난다. 그러나 이 접근법은 간접효과의 표본분포가 정규분포를 한다는 가정을 하고 있어 잘못된 결론을 낼 수 있다.

붓스트레핑은 이러한 가정을 하지 않기 때문에 매개분석에 있어 간접효과에 관한 추론을 위해 이 방법을 사용할 것을 추천한다. 다양한 사회적 연결망의 수준에 따른 조건부간접효과의 95% bootstrap 신뢰구간을 추정하기 위해 10,000번의 bootstrap sample과 Preacher 등(2007)의 'MODMED'를 이용하였다. 사회적 연결망의 접촉이 낮은 사람은 간접효과가 정적(+)인데, 이는 경제적 스트레스가 큰 사람은 우울한 감정이 커지고 우울한 감정이 클수록 높은 철수의도를 보임을 의미한다. 사회적 연결망이 높은 사람은 이러한 과정이 없는 것으로 나타난다.

조절변수인 사회적 연결망에 대한 접촉이 우울한 감정을 통해 경제적 스트레스가 철수의도에 미치는 간접효과는 '조절된 매개'로 볼 수 있고, 또한 '매개된 조절'로도 볼 수 있다. 즉 경제적 스트레스와 사회적 연결망의 상호작용효과가 우울한 감정을 통해 철수의도에 미치는 매개효과로도 볼 수 있다. 경제적 스트레스와 사회적 연결망의 상호작용의 계수가 Model 1에 비해 Model 3이 0에 가까운 것을 알 수 있다.

상호작용의 총효과(c_3)와 우울한 감정(매개변수)을 통제한 다음의 상호작용의 직접효과(c_3')의 차이는 우울한 감정을 통해 사회적 연결망과 경제적 스트레스의 곱이 철수의도에 미치는 간접효과를 의미한다. 이 차이의 검증은 우울한 감정이 조절효과의 매개역할을 하는지(즉, 매개된 조절)를 알려준다. 이 차이는 매개변수에 대한 상호작용의 효과(a_3)와 상호작용을 통제한 후 매개변수가 결과변수에 미치는 효과(b)를 곱한 것과 같다. 즉, $a_3b = c_3 - c_3'$: $-0.218(0.728) = -0.159 = -0.258 - (-0.099)$. 10,000번의 bootstrap sample을 기초로 이 곱의 95% bootstrap 신뢰구간은 0보다 적은(-0.294에서 -0.032) 것으로 나타난다. 따라서 매개된 조절효과에 관한 가설 3은 지지된다.

4. 매개된 조절효과의 문제점

Hayes(2013)는 매개된 조절효과의 관점에서 가설을 설정하는 것은 의미가 없다고 주장한다. 대신에 조절된 매개효과의 관점에서 연구문제와 가설을 설정할 것을 주장한다. 조절된 매개효과는 간접효과가 어떻게 조절되는가에 관한 간접효과의 조건성에 초점을 둔다. 매개효과와 간접효과는 개념적으로 동일하기 때문에 조절된 매개효과는 조절된 간접효과를 의미한다. 조절된 매개효과의 해석적 초점은 간접효과를 추정하고 그 간접효과가 조절변수의 값에 따라 어떻게 변하는가에 맞추어진다.

반면에, 매개된 조절효과는 독립변수 X와 조절변수 W의 상호작용인 XW를 만들고 이를 인과대리(causal agent)로 해서 매개변수인 M을 통해 종속변수인 Y에 미치는 효과를 탐색한다. 매개된 조절효과의 초점은 X와 W의 곱(즉, XW)의 간접효과를 추정하는 데 있다.

매개된 조절효과의 문제점은 바로 이 X와 W의 곱(XW)이 개념적으로 의미가 없다는 것이다. X와 W의 곱인 XW는 아무런 측정치도 아니다. XW는 X가 Y에 미치는 영향이 W에 의해 조절된다는 기능 외에 아무런 역할을 하지 못한다. X와 W는 개념의 측정치로서의 정보를 갖지만, XW는 측정에 있어 실질적으로 아무런 의미가 없는 것이다. XW는 그 어떤 것도 수량화한 것이 아니다. XW가 아무런 의미가 없고 또한 실질적인 해석을 할 수 없다면 XW의 간접효과는 무슨 의미가 있겠는가? XW는 아무런 의미가 없다. 그러므로 **Hayes(2013)는 매개된 조절효과 분석은 관심을 가질 필요도 없고 의미도 없다고 주장한다(Why Mediated Moderation Is Neither Interesting Nor Meaningful, p. 387). 심지어 그는 '매개된 조절효과'라는 용어를 폐기할 것까지도 주장한다.** Hayes의 이러한 주장은 Edwards(2009)의 주장과도 일맥상통한다.

5. 조절된 매개효과, 매개된 조절효과의 통계적 검증 및 보고

조절된 매개효과 또는 매개된 조절효과를 분석한 다음, 이의 통계적 검증을 위해 다음과 같은 사항을 검토하고 해석한다(Hayes 2015).

① 조절된 매개효과 또는 매개된 조절효과를 분석한 다음, 가장 먼저 조절된 매개지수(index of moderated mediation)를 본다. 조절된 매개지수가 0을 포함하지 않으면

조절된 매개효과 또는 매개된 조절효과가 있다고 해석한다.

② 조절된 매개지수가 유의적인 경우, 지수의 값이 부적(−)임은 조절변수가 증가할수록 간접효과는 감소함을 의미한다.

③ 조절된 매개지수가 유의적인 경우, 조건부간접효과를 검토한다. 조건부간접효과의 검토를 통해 조절변수의 세 수준(높은 수준, 평균, 낮은 수준)에서 간접효과의 유의도를 파악할 수 있다.

④ 조건부간접효과가 세 수준에서 모두 유의적이라 하더라도, 조절된 매개지수가 0을 포함하면 조절된 매개효과 또는 매개된 조절효과가 없다고 해석한다.

⑤ PROCESS 모델넘버를 기술한다.

참고문헌

[1] 국내문헌

배병렬 (2015), 『SPSS/Amos/LISREL/SmartPLS에 의한 조절효과 및 매개효과분석』, 서울: 도서출판 청람.

[2] 국외문헌

Ashton-James, C. E., and J. L. Tracy (2013), "Pride and Prejudice: How Feelings About the Self Influence Judgments of Others," *Personality and Social Psychology Bulletin*, 38(4), 466-76.

Bugental, D. B., D. A. Beaulieu, and A. Silbert-Geiger (2010), "Increases in Parental Investment and Child Health as a Result of an Early Intervention," *Journal of Experimental Child Psychology*, 106(1), 30-40.

Bucy, E. P., and C-C. Tao (2007), "The Mediated Moderation Model of Interactivity," *Media Psychology*, 9, 647-72.

Clark, J. K., D. T. Wegener, P. Brinol, and R. E. Petty (2009), "Discovering That the Shoe Fits: The Self-Validating Role of Stereotypes," *Psychological Science*, 20(7), 846-52.

Cohen, F., D. Sullivan, S. Solomon, J. Greenberg, and D. M. Ogilvie (2011), "Finding Everland: Flight Fantasies and the Desire to Transcend Mortality," *Journal of Experimental Social Psychology*, 47, 88-102.

Deng, X., and B. E. Kahn (2009), "Is Your Product on the Right Side? The "Location Effect" on Perceived Product Heaviness and Package Evaluation," *Journal of Marketing Research*, 46(Dec.), 725-38.

Edwards, J. R. (2009), "Seven Deadly Myths of Testing Moderation in Organizational Research," In C. E. Lance & R. J. Vandenberg (Eds.), *Statistical and Methodological Myths and Urban Legends* (pp. 143-164), New York, NY: Routledge.

Edwards, J. R., and L. S. Lambert (2007), "Methods for Integrating Moderation and Mediation: A General Analytical Framework Using Moderated Path Analysis," *Psychological Methods*, 12(1), 1-22.

Garcia, D. M., M. T. Schmitt, N. R. Branscombe, and N. Ellemers (2010), "Women's Reactions to Ingroup Members Who Protest Discriminatory Treatment: The Importance of Beliefs about Inequality and Response Appropriateness," *European Journal of Social Psychology*, 40(5), 733-45.

Grant, A. M., F. Gino, and D. A. Hofmann (2011), "Reversing The Extraverted Leadership Advantage: The Role of Employee Proactivity," *Academy of Management Journal*, 54(3), 528-50.

Gully, S. M., J. Phillips, W. G. Castellano, K. Han, and A. Kim (2013), "A Mediated

Moderation Model of Recruiting Socially and Environmentally Responsible Job Applicants," *Personnel Psychology*, 66, 935-73.

Hayes, A. F. (2012), PROCESS: A Versatile Computational Tool for Observed Variable Mediation, Moderation, and Conditional Process Modeling[White Paper], Retrieved from http://afhayes.com/public/process2012.pdf.

Hayes, A. F. (2013), *Introduction to Mediation, Moderation, and Conditional Process Analysis: A Regression-Based Approach*, New York, NY: Guilford Press.

Hayes, A. F. (2015), "An Index and Test of Linear Moderated Mediation," *Multivariate Behavioral Research*, 50(1), 1-22.

Jiang, L. C., N. N. Bazarova, and J. T. Hancock (2011), "The Disclosure-Intimacy Link in Computer-Mediated Communication: An Attributional Extension of the Hyperpersonal Model," *Human Communication Research*, 37, 58-77.

Pierro, A., M. Giacomantonio, G. Pica, A. M. Giannini, A. W. Kruglanski, and E. T. Higgins (2013), "Persuading Drivers to Refrain from Speeding: Effects of Message Sidedness and Regulatory Fit," *Accident Analysis & Prevention*, 50(Jan.), 917-25.

Pollack, J. M., E. M. Vanepps, and A. F. Hayes (2012), "The Moderating Role of Social Ties on Entrepreneurs' Depressed Affect and Withdrawal Intentions in Response to Economic Stress," *Journal of Organizational Behavior*, 33, 789-810.

Preacher, K. J., D. D. Rucker, and A. F. Hayes (2007), "Addressing Moderated Mediation Hypotheses: Theory, Methods, and Prescriptions," *Multivariate Behavioral Research*, 42(1), 185-227.

Yoon, S., and H. C. Kim (2016), "Keeping the American Dream Alive: The Interactive Effect of Perceived Economic Mobility and Materialism on Impulsive Spending," *Journal of Marketing Research*, 53(5), 759-72.

CHAPTER 8

비선형효과분석, 혼합모델링

CHAPTER 8

비선형효과분석, 혼합모델링

1. 비선형효과분석

비선형효과분석(nonlinear effect analysis)에 관해 살펴보기로 한다. 비선형효과 가운데 **2차효과(quadratic effect)**를 중심으로 살펴보기로 한다. Amos에 의해 2차효과를 분석하는 접근법에는 Marsh 등(2006, 2013)의 접근법과 Ping(1995, 1996)의 접근법이 있다. 이들의 접근법을 **비제약접근법(unconstrained approach)**이라 한다.

1.1 Marsh 등의 접근법

1) 행렬요약의 예

Marsh 등(2006, 2013)에 실려 있는 모델과 자료를 대상으로 2차효과분석에 관해 살펴보기로 한다. [그림 8-1]은 그들의 모델을 나타낸 것이다.

그림 8-1 Marsh 등의 연구모델

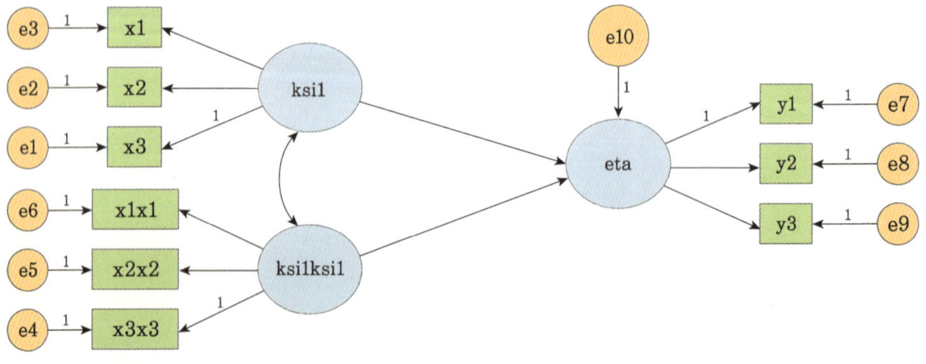

평균구조(mean structure)가 없는 비제약접근법을 위한 **단순2차모델(simple quadratic model)**의 방정식은 다음과 같다.

$$\eta = \gamma_1 \xi + \gamma_2 [\xi^2 - E(\xi^2)] + \zeta \qquad (1)$$

이 모델을 추정하기 위해 먼저 모든 지표를 **평균중심화(mean-centering)**한다. 그리고 제곱한 지표는 한 번 더 평균중심화를 한다. 즉 **이중평균중심화(double-mean-centering)**를 한다.

예를 들어, 'ksi1'에 $x1$, $x2$, $x3$의 지표가 있고, 'eta'에 $y1$, $y2$, $y3$의 지표가 있다고 가정한다. 이들 6개 지표를 모두 평균중심화한다. 이제 평균중심화한 $mcx1$, $mcx2$, $mcx3$을 이용하여 **적지표(product indicator)**를 만든다(즉, $mcx1 \times mcx1$, $mcx2 \times mcx2$, $mcx3 \times mcx3$). 이들 지표를 한 번 더 평균중심화한다. 이러한 식으로 만들어진 행렬요약의 공분산행렬 자료([marsh_1.sav])가 다음과 같다고 가정한다.

	rowtype_	varname_	y1	y2	y3	x1	x2	x3	x1x1	x2x2	x3x3
1	n		852.000	852.000	852.000	852.000	852.000	852.000	852.000	852.000	852.000
2	cov	y1	.693	.	.	.	.	.	.	.	.
3	cov	y2	.472	.661	.	.	.	.	.	.	.
4	cov	y3	.418	.430	.695	.	.	.	.	.	.
5	cov	x1	.335	.352	.339	1.075	.	.	.	.	.
6	cov	x2	.299	.328	.318	.740	.925	.	.	.	.
7	cov	x3	.301	.313	.311	.749	.662	.980	.	.	.
8	cov	x1x1	-.269	-.265	-.275	-.117	-.125	-.131	2.187	.	.
9	cov	x2x2	-.181	-.191	-.186	-.109	-.100	-.066	1.002	1.729	.
10	cov	x3x3	-.224	-.240	.100	-.122	-.069	-.123	.993	.740	1.805

input Marsh-1 ••• Marsh 등의 모델

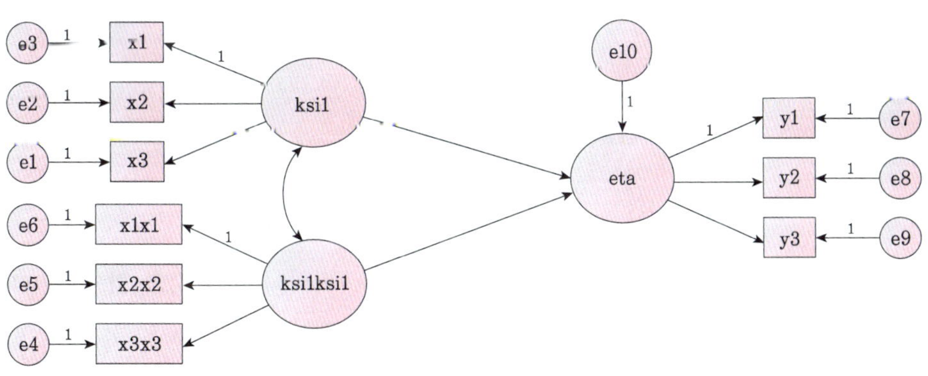

[input Marsh-1]을 추정하면 다음과 같은 적합도 및 모수치를 얻는다.

output Marsh-1 ••• **Marsh 등 모델의 분석결과**

CMIN

Model	NPAR	CMIN	DF	P	CMIN/DF
Default model	21	19.582	24	.720	.816

Baseline Comparisons

Model	NFI Delta1	RFI rho1	IFI Delta2	TLI rho2	CFI
Default model	.994	.991	1.001	1.002	1.000

Regression Weights: (Group number 1 - Default model)

			Estimate	S.E.	C.R.	P
eta	<---	ksi1	.391	.028	14.201	***
eta	<---	ksi1ksi1	-.164	.023	-7.207	***

추정결과 $\gamma_1 = .391$, $\gamma_2 = -.164$의 모수치를 얻는다. 선형(ksi1) 및 2차효과(ksi1ksi1)는 모두 유의적인 것으로 나타났다. 또한 모델적합도도 좋게 나타났다.

이 결과를 해석하기 위해서는 x와 y 지표의 평균에 관한 정보가 있어야 한다. 이를 위해 SPSS에서 평균의 값을 구한다. 이 경우 $y1$의 평균 3.810, $y2$의 평균 3.844, $y3$의 평균 3.723이라 가정하고, $x1$의 평균 3.554, $x2$의 평균 3.462, $x3$의 평균 3.666이라 가정한다.

모델을 해석하기 위해 원래의 척도를 이용한다. 원래의 척도에서 η 및 ξ가 동일한 단위 및 평균을 갖도록 설정한다. 이를 위해 η는 $y1 = \eta + \epsilon_1$, ξ는 $x1 = \xi + \delta 1$로 설정한다. 따라서 식 (1)에 있는 η와 ξ는 각각 $(\eta - 3.810)$, $(\xi - 3.554)$로 대체된다. 결국, 위 방정식은 다음으로 대체된다.

$$\eta - 3.810 = .391(\xi - 3.554) - .164(\xi - 3.554)^2 \qquad (2)$$

식 (2)를 η를 중심으로 정리하면 다음과 같다.

$$\eta = -.164\xi^2 + 1.557\xi + .349 \qquad (3)$$

선형효과는 정적(+)이고, 2차효과는 부적(−)이다. 따라서 **역 *U*자형 함수(inverted *U*-shaped function)**가 된다. 위 함수가 0이 되는 도함수(derivatives)를 구하면(즉, $\frac{d\eta}{d\xi} = 0$) 다음과 같다.

$$\xi = -\frac{1.557}{2 \times (-.164)} = 4.75 \tag{4}$$

이 값을 η로 정리된 식 (3)에 대입하면 $\eta = 4.04$이다. 따라서 ξ가 증가하다가 4.75가 되는 지점에서 최대가 되고(1에서 5점 척도), 이때 η값은 4.04가 되는 함수를 갖는다. 이를 그림으로 나타내면 [그림 8-2]와 같다.

그림 8-2 비선형효과

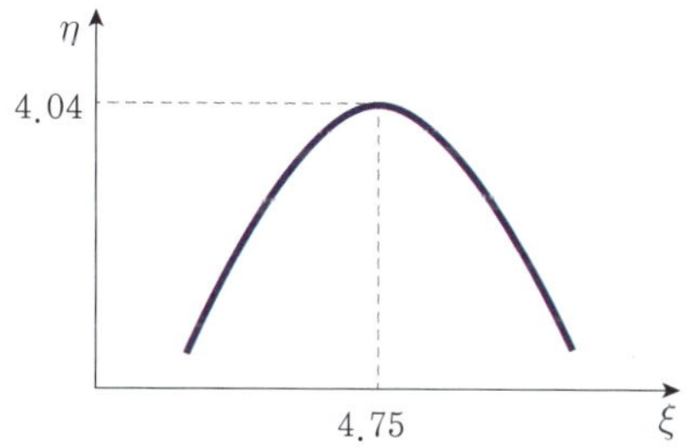

만약 추정결과 선형이 부적(−)이고, 2차가 정적(+)이면 U자형 함수를 갖는다고 해석한다.

2) 원자료의 예

원자료에 의해 Marsh 등의 접근법에 따라 분석해보기로 한다. 원자료는 분석과정을 설명하기 위한 목적으로 만들어진 가상의 자료이다. 연구모델은 다음과 같다.

그림 8-3 원자료를 위한 가상의 모델

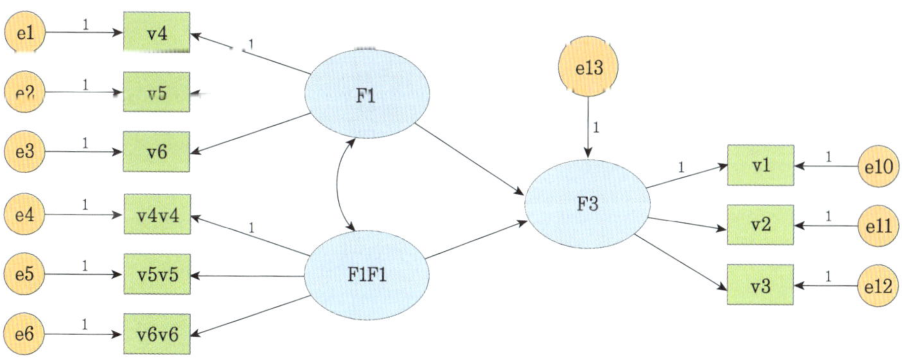

이 모델을 분석하기 위한 자료는 [job_mc2.sav]로 저장되어 있다. Marsh 등의 접근법에 의해 2차효과를 분석하기 위해 다음과 같은 절차를 따른다.

1 'F1'과 'F3'에 해당하는 변수를 **평균중심화(mean-centering)**한다. 평균중심화를 위해 해당변수의 평균을 구하면 다음과 같다.

통계량							
		V1	V2	V3	V4	V5	V6
N	유효	100	100	100	100	100	100
	결측	0	0	0	0	0	0
평균		2.28	2.02	2.18	2.61	2.70	2.55

평균중심화한 자료는 다음과 같다.

v1mc	v2mc	v3mc	v4mc	v5mc	v6mc
.72	-.02	.82	1.39	1.30	1.45
-.28	-1.02	-.18	.39	-.70	.45
-.28	-1.02	-.18	1.39	2.30	1.45
-1.28	-1.02	-.18	2.39	1.30	1.45
-.28	-.20	-1.18	-.61	.30	-.55

2 'F1'에 해당하는 변수인 'v4', 'v5', 'v6'의 **적지표(product indicator)**를 만든다. 적지표를 만든 변수는 다음과 같다. 적지표를 만들 때 평균중심화한 변수를 대상으로 만든다는 점에 유의한다.

v6v6	v5v5	v4v4
2.10	1.69	1.93
.20	.49	.15
2.10	5.29	1.93
2.10	1.69	5.71
.30	.09	.37

3 적지표 변수의 평균을 구한다. 평균은 다음과 같다.

통계량				
		v4v4	v5v5	v6v6
N	유효	100	100	100
	결측	0	0	0
평균		1.0536	1.0847	1.2149

4 이 변수를 다시 한 번 평균중심화한다. 즉 **이중평균중심화(double-mean centering)** 한다. 지금까지 작업한 자료를 [job_mc2.sav]로 저장하였다.

dmcv4v4	dmcv5v5	dmcv6v6
.88	.61	.89
-.90	-.59	-1.01
.88	4.21	.89
4.66	.61	.89
-.68	-.99	-.91

5 이 자료를 이용하여 다음과 같이 모델을 만든다. 'F1'에는 'v4mc', 'v5mc', 'v6mc'를 갖다놓고, 'F3'에는 'v1mc', 'v2mc', 'v3mc'를 갖다놓는다. 'F1F1'에는 'dmcv4v4', 'dmcv5v5', 'dmcv6v6'을 갖다놓는다.

input Marsh-2 원자료에 의한 Marsh 모델

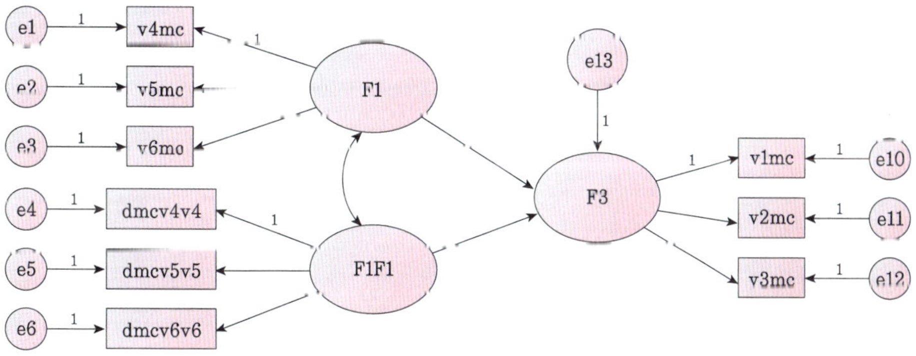

6 이를 추정하면 다음과 같은 적합도 및 모수치를 얻는다.

output Marsh-2 ••• Marsh 모델의 분석결과

CMIN

Model	NPAR	CMIN	DF	P	CMIN/DF
Default model	21	29.689	24	.195	1.237

Baseline Comparisons

Model	NFI Delta1	RFI rho1	IFI Delta2	TLI rho2	CFI
Default model	.929	.893	.985	.978	.985

Regression Weights: (Group number 1 - Default model)

			Estimate	S.E.	C.R.	P
F3	<---	F1	.070	.118	.595	.552
F3	<---	F1F1	-.246	.205	-1.201	.230

모델적합도는 좋게 나왔으나 경로계수는 유의적이지 않은 것으로 나타났다. 비록 계수가 유의적이지는 않으나 부호를 보면 앞에서 설명한 것과 같은 관계를 갖는 형태를 보이는 것으로 해석할 수 있다.

이를 해석하기 위해 식 (2)에 대입하면 다음과 같다. 2.28과 2.61은 각각 'v1'과 'v4'의 평균값이다.

$$\eta - 2.28 = .07(\xi - 2.61) - .246(\xi - 2.61)^2$$

이를 η를 중심으로 정리하면 다음과 같다.

$$\eta = -.246\xi^2 + 1.354\xi + .422$$

위 함수가 0이 되는 도함수(derivatives)를 구하면(즉, $\frac{d\eta}{d\xi} = 0$) 다음과 같다.

$$\xi = -\frac{1.354}{2 \times (-.246)} = 2.752$$

이 값을 η로 정리된 식에 대입하면 $\eta = 3.471$이다. 따라서 ξ가 증가하다가 2.752가 되는 지점에서 최대가 되고(1에서 5점 척도), 이때 η값은 3.471이 되는 함수를 갖는다.

1.2 Ping의 접근법

Ping의 접근법(1995, 1996)에 의해 잠재변수의 2차효과를 분석하기 위해서는 **2단계접근법(two-step approach)**이 요구된다. 즉 ① 측정모델을 먼저 추정한 다음, ② 거기에서 얻어진 모수치를 이용하여 구조모델에서 그에 해당하는 값을 고정한 후 추정한다. Ping의 접근법으로 분석하기 위해서는 원자료의 **평균중심화(mean-centering)**가 요구된다.

1) 행렬요약의 예

Ping(1996a)에 소개된 자료(ping.sav)와 모델을 대상으로 잠재변수에 의한 2차효과 분석에 대해 살펴보기로 한다. [그림 8-4]는 Ping의 논문에 소개된 모델을 제시한 것이다.

그림 8-4 Ping의 2차효과 모델

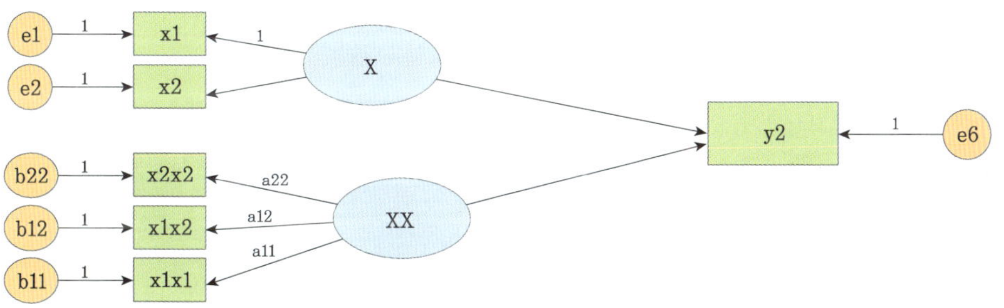

다음은 이 모델을 분석하기 위한 자료이다.

rowtype_	varname_	x1	x2	x1x1	x1x2	x2x2	y
n		500.000	500.000	500.000	500.000	500.000	500.000
cov	x1	1.272	.	.	.	.	.
cov	x2	.605	.826	.	.	.	.
cov	x1x1	.202	.105	3.614	.	.	.
cov	x1x2	.208	.131	1.687	1.553	.	.
cov	x2x2	.162	.141	.860	1.175	1.731	.
cov	y	.186	.112	-1.317	-.729	-.443	.898

Ping은 이를 LISREL을 이용하여 분석하였다. 분석결과를 제시하면 [표 8-1]과 같다.

표 8-1 Ping의 분석결과

	측정모델		구조모델	
parameter	variance	value	variance	value
X	1.009		1.009	
ϵ_{x1}	.262		.264	
ϵ_{x2}	.463		.463	
λ_{x1}		1.000		1.000
λ_{x2}		.599		.600
E_Y				.235
$\gamma_{Y,X}$				.290
$\gamma_{Y,XX}$				−.494

[그림 8-4]의 측정모델은 [그림 8-5]와 같다.

그림 8-5 Ping의 측정모델

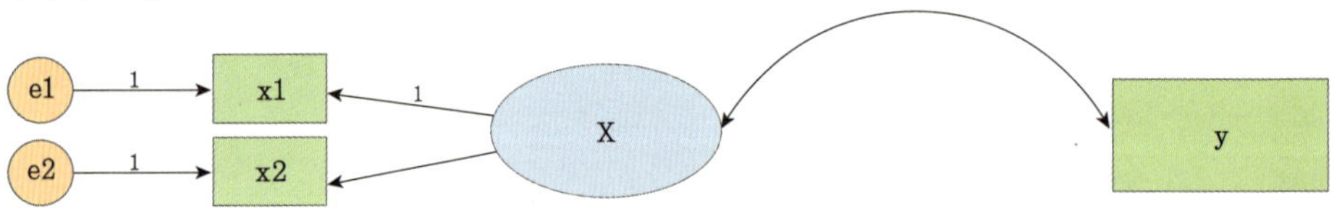

측정모델을 추정하여 얻은 모수치를 다음 공식에 의해 값을 얻은 후 이 값을 구조모델을 추정할 때 고정한다.

$$a11 = \lambda_{x1}\lambda_{x1} = 1$$
$$a12 = \lambda_{x1}\lambda_{x2} = \lambda_{x2}$$
$$a22 = \lambda_{x2}\lambda_{x2}$$
$$b11 = 4(\lambda_{x1})^2 var(X) var(\epsilon x1) + 2var(\epsilon x1)^2$$
$$b12 = (\lambda_{x1})^2 var(X) var(\epsilon x2) + (\lambda_{x2})^2 var(X) var(\epsilon x1) + \epsilon x1 \epsilon x2$$
$$b22 = 4(\lambda_{x2})^2 var(X) var(\epsilon x2) + 2var(\epsilon x2)^2$$

측정모델에서 얻은 값을 토대로 위 공식에 대입하여 구한 값은 다음과 같다.

$a11 = 1$

$a12 = .599$

$a22 = .599^2 = .359$

$b11 = 4(1)^2(1.009)(.262) + 2(.262)^2 = 1.198$

$b12 = (1)^2(1.009)(.463) + (.599)^2(1.009)(.262) + (.262)(.463) = .684$

$b22 = 4(.599)^2(1.009)(.463) + 2(.463)^2 = 1.101$

Ping의 구조모델은 [그림 8-6]과 같다.

그림 8-6 Ping의 구조모델

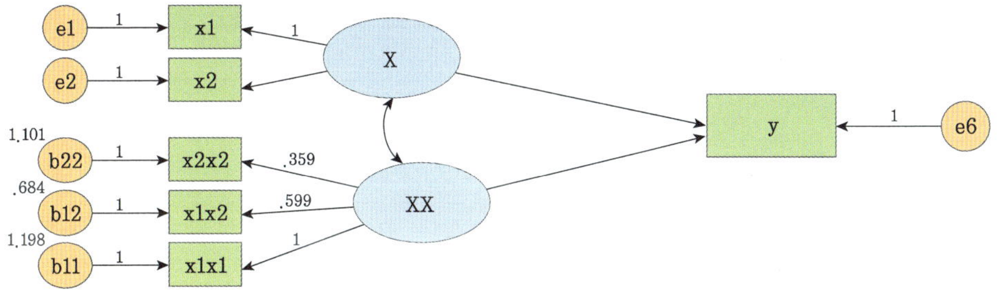

이를 Amos로 분석해보기로 한다.

(1) 측정모델 추정

[그림 8-4] 모델에서 'XX'를 제외한 측정모델을 추정하여 모수치를 얻는다. 측정모델을 추정하기 위한 모델은 [input Ping-1]과 같다.

input Ping-1 Ping의 측정모델

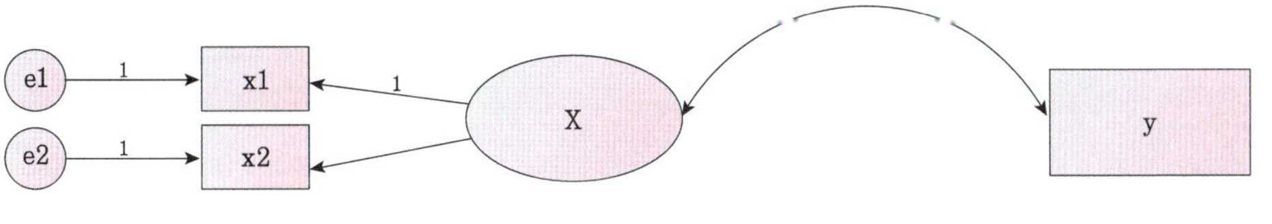

이를 추정하면 다음과 같은 모수치를 얻는다.

output Ping-1 ••• **Ping 측정모델의 분석결과**

Regression Weights: (Group number 1 - Default model)

			Estimate	S.E.	C.R.	P	Label
x2	<---	X	.602	.170	3.532	***	
x1	<---	X	1.000				

Variances: (Group number 1 - Default model)

	Estimate	S.E.	C.R.	P	Label
X	1.003	.290	3.453	***	
y	.896	.057	15.796	***	
e2	.461	.105	4.368	***	
e1	.267	.280	.952	.341	

측정모델에서 얻은 모수치를 이용하여 위 공식에 의해 계산한 값을 구조모델을 추정할 때 고정한다.

(2) 구조모델 추정

구조모델에 필요한 모수치를 구하면 다음과 같다. 이를 해당 경로의 값으로 고정한다.

input Ping-2 ••• **Ping의 구조모델**

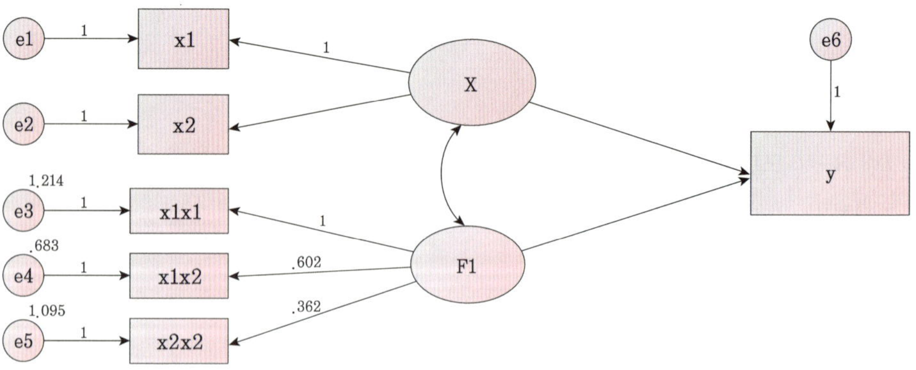

이를 추정하면 다음과 같은 결과를 얻는다.

output Ping-2 ••• Ping 구조모델의 분석결과

Regression Weights: (Group number 1 - Default model)

			Estimate	S.E.	C.R.	P	Label
y	<---	X	.323	.044	7.373	***	
y	<---	F1	-.495	.020	-24.185	***	

1차효과, 2차효과 모두 유의적인 영향을 미치는 것으로 나타났다. 2차효과의 부호는 부적이고 1차효과의 부호는 정적이기 때문에 *U*자형 관계를 갖는다고 할 수 있다.

2) 원자료의 예

Ping의 접근법을 Marsh 등의 접근법에서 논의한 연구모델을 대상으로 원자료([job_mc2.sav])를 이용하여 살펴보기로 한다.

그림 8-7 Ping 접근법을 위한 연구모델

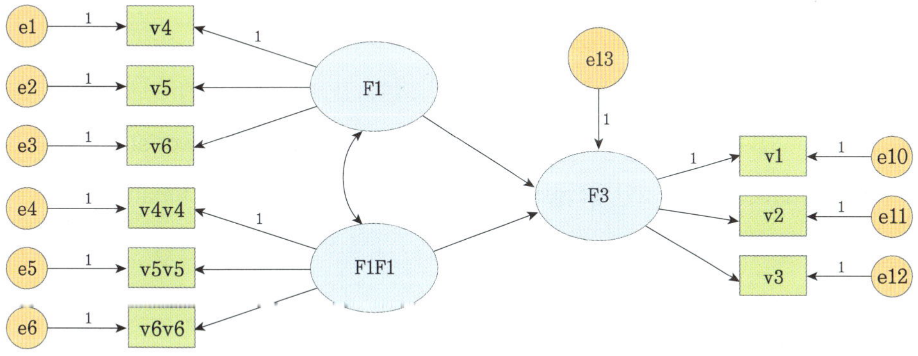

(1) 측정모델의 추정

[그림 8-7] 모델에서 'F1'과 'F3'만 포함된 측정모델을 추정한다. 관측변수는 평균중심화한 변수를 이용한다. 이를 위한 모델은 [input Ping-3]과 같다.

input Ping-3 ••• Ping 접근법을 위한 측정모델

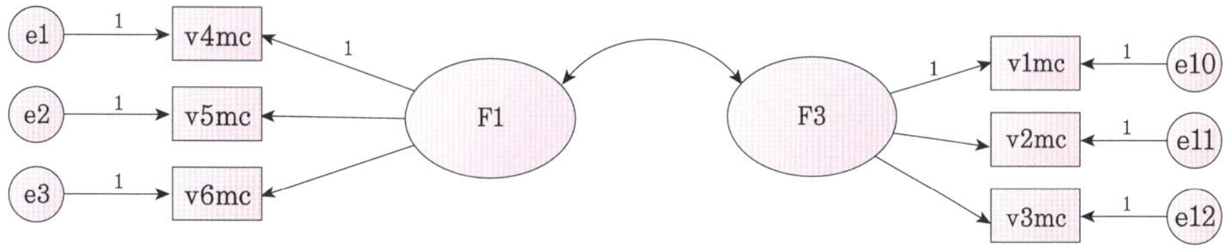

이를 실행하면 다음과 같은 결과를 얻는다.

output Ping-3 ••• **Ping 접근법을 위한 측정모델의 분석결과**

Regression Weights: (Group number 1 - Default model)

			Estimate	S.E.	C.R.	P	Label
v6mc	<---	F1	1.122	.105	10.656	***	
v5mc	<---	F1	1.060	.099	10.653	***	
v4mc	<---	F1	1.000				

Variances: (Group number 1 - Default model)

	Estimate	S.E.	C.R.	P
F1	.753	.149	5.040	***
e3	.267	.065	4.118	***
e2	.239	.058	4.125	***
e1	.300	.060	5.029	***

(2) 구조모델의 추정

위의 측정모델의 추정에서 얻는 값을 이용하여 구조모델을 추정할 때 고정한다. 구조모델을 추정할 때, 2차항에 해당하는 관측변수의 오차와 회귀계수를 설정하는 방법에는 두 가지가 있다. [그림 8-8]과 같이 설정하는 방법이 있고, 또는 [그림 8-9와 같이 설정하는 방법이 있다. Ping(1996b)은 이를 각각 **2단계지표적추정(two-step indicator product estimation: 2IP), 2단계적항추정(two-step product term estimation: 2PT)**이라 하였다. 2IP 접근법은 2차항에 해당하는 변수를 [그림 8-8]처럼 만든다.

그림 8-8 **Ping의 구조모델 접근법: 2IP 접근법**

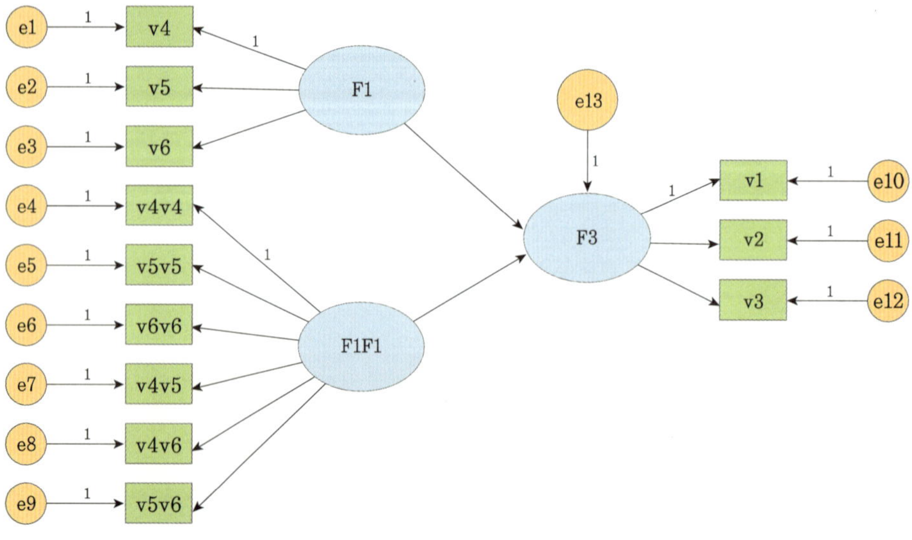

[output Ping-3]의 값을 이용하여 계산한 다음 구조모델에 해당 값을 고정한다.

$$\lambda_{44} = 1$$
$$\lambda_{55} = (1.060)(1.060) = 1.124$$
$$\lambda_{66} = (1.122)(1.122) = 1.259$$
$$\lambda_{45} = 1(1.060) = 1.060$$
$$\lambda_{46} = 1(1.122) = 1.122$$
$$\lambda_{56} = (1.122)(1.060) = 1.189$$

$$e_4 = 4(1)^2(.753)(.300) + 2(.300)^2 = 1.084$$
$$e_5 = 4(1.060)^2(.753)(.239) + 2(.239)^2 = .923$$
$$e_6 = 4(1.122)^2(.753)(.267) + 2(.267)^2 = 1.155$$
$$e_7 = 1(.753)(.239) + (1.060)^2(.753)(.300) + (.239)(.300) = .506$$
$$e_8 = 1(.753)(.267) + (1.122)^2(.753)(.300) + (.267)(.300) = .565$$
$$e_9 = (1.060)^2(.753)(.267) + (1.122)^2(.753)(.239) + (.267)(.239) = .517$$

이를 위한 입력파일은 [input Ping-4]와 같다.

input Ping-4 ••• Ping의 2IP 접근법을 위한 구조모델

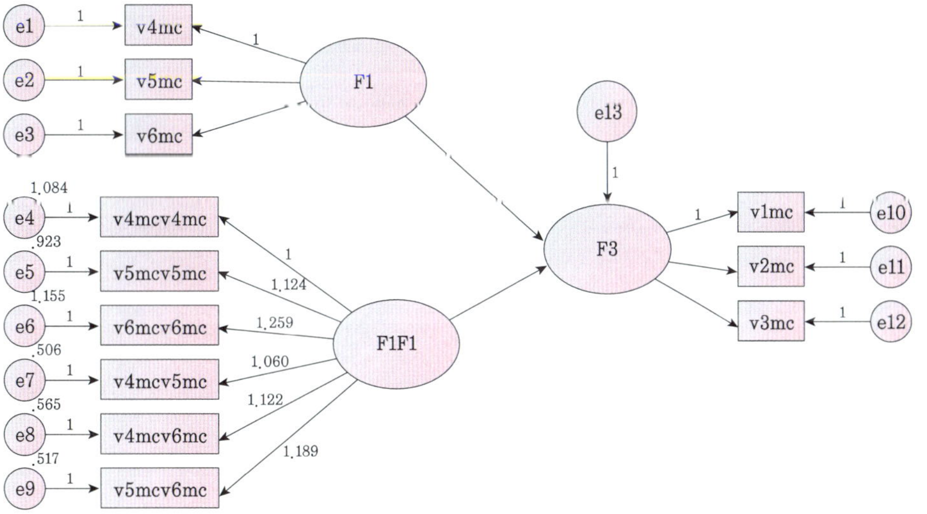

이를 추정하면 다음과 같은 결과를 얻는다.

output Ping-4 ••• **Ping의 2IP 접근법을 위한 구조모델의 분석결과**

Regression Weights: (Group number 1 - Default model)

			Estimate	S.E.	C.R.	P	Label
F3	<---	F1	.073	.098	.745	.456	
F3	<---	F1F1	-.234	.118	-1.985	.047	

그림 8-9 **Ping의 구조모델 접근법: 2PT 접근법**

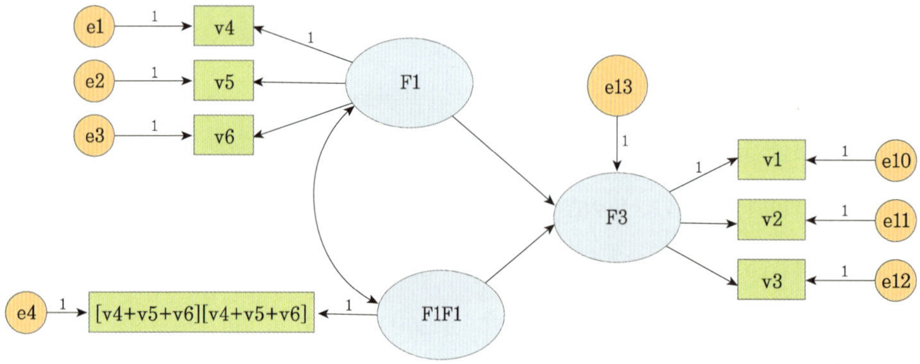

2PT 접근법은 2차항에 해당하는 변수를 단일지표를 이용하여 추정한다. 단일지표는 'F1'에 해당하는 지표를 모두 합해서 제곱을 만든다. 단일지표에 해당하는 오차와 회귀계수는 다음과 같이 계산하여 구조모델을 추정할 때 고정한다.

$$\lambda_{xx} = (\lambda_{x1} + \lambda_{x2} + \lambda_{x3})^2$$
$$\theta_{xx} = 4(\lambda_{x1} + \lambda_{x2} + \lambda_{x3})^2 var(X)(\theta_{x1} + \theta_{x2} + \theta_{x3}) + 2(\theta_{x1} + \theta_{x2} + \theta_{x3})^2$$

위 식을 이용하여 값을 구한 다음 구조모델을 추정할 때 값을 고정한다.

$$\lambda_{xx} = (1 + 1.060 + 1.122)^2 = 10.125$$

$$\theta_{xx} = 4(1 + 1.060 + 1.122)^2(.753)(.3 + .239 + .267) + 2(.3 + .239 + .267)^2 = 25.88$$

이를 위한 입력파일은 [input Ping-5]와 같다.

input Ping-5 ••• Ping의 2PT 접근법을 위한 구조모델

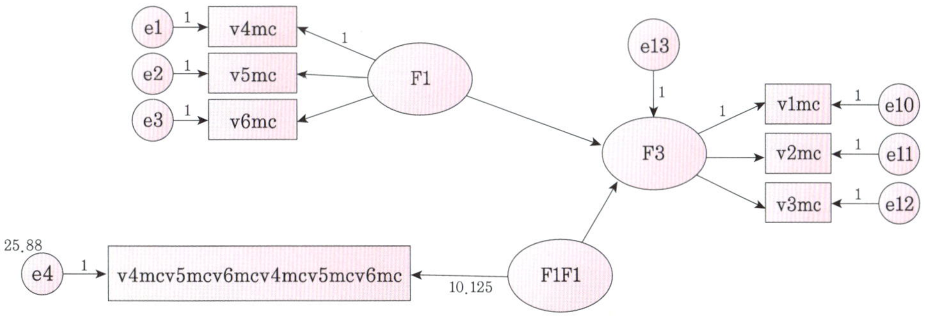

이를 추정하면 다음과 같은 결과를 얻는다.

output Ping-5 ••• Ping의 2PT 접근법을 위한 구조모델의 분석결과

Regression Weights: (Group number 1 - Default model)

			Estimate	S.E.	C.R.	P
F3	<---	F1	.076	.098	.772	.440
F3	<---	F1F1	-.343	.169	-2.026	.043

2IP 접근법에 의해 추정한 것과 2PT 접근법에 의해 추정한 것의 계수값이 약간의 차이가 있음을 알 수 있다.

2. 혼합모델링

혼합모델링(mixture modeling)이란 모집단 내에 하위집단(sub-group)이 혼합되어 있다는 가정하에 모델링을 하는 분석법들이다. **잠재계층분석(latent class analysis)**, **잠재프로파일분석(latent profile analysis)**, **잠재변천분석(latent transition analysis)** 등은 혼합모델링의 특별한 케이스에 해당한다. 모집단이 질적으로 서로 다른 개인들의 혼합이라고 가정한다. 이러한 가정하에 개인들의 반응패턴의 유사성을 토대로 유한(finite)의 동질적인 집단으로 구분할 수 있다. Amos는 혼합모델링을 **베이지언 추정(Bayesian estimation)**에 의해 하게 되어 있다. Mplus의 장점 가운데 하나는 다양한 형태의 혼합모델링을 분석할 수 있으나 Amos는 그런 면에서 여러 가지 한계가 있다.

2.1 혼합회귀분석

사회과학에서 흔히 사용되는 회귀분석은 모집단으로부터 추출된 표본이 동질적이라는 가정하에 일련의 독립변수와 종속변수와의 관계를 탐색하고자 이용된다. 그러나 모집단이 동질적이라는 이러한 가정이 비현실적인 경우가 있으며, 모집단으로부터 추출된 표본은 몇 개의 하위모집단(sub-population)으로 나눌 수 있다. 이러한 경우에 전통적인 회귀분석은 하위모집단에 대해 모수치가 동일하도록 제약을 가하기 때문에 편향된 추정치를 제공한다.

혼합회귀분석(mixture regression analysis) 또는 **잠재계층회귀분석(latent class regression analysis)**은 동질적인 여러 개의 하위모집단을 가정하고 그들 모집단에 대해 회귀분석을 하는 것을 의미한다. 즉, 혼합회귀분석은 다음과 같이 표현할 수 있다.

$$y_{i(c)} = \beta_{c(c)} + \beta_{1(c)}X_1 + \beta_{2(c)}X_2 + \ldots + \beta_{k(c)}X_k + \epsilon_{i(c)}$$

위의 회귀식은 전통적인 회귀식과 비슷하나, 첨자 $c(c=1,2,\ldots,C)$가 있는 점이 다르다. 첨자 c는 모수가 다른 잠재계층에 따라 다를 수 있음을 의미한다. 즉 각각의 잠재계층 c 내에서 개인은 동일한 모수치를 갖지만, 잠재계층이 다르면 다른 모수치를 가질 수 있음을 의미한다.

1) 혼합회귀분석: 예 1

Mplus(Muthén & Muthén 2005)에 있는 예제를 통해 혼합회귀분석에 대해 살펴보기로 한다.

1 Amos에 의해 혼합회귀모델을 분석하기 위해서 [File] 메뉴에서 [New]를 클릭한다. 혼합회귀모델은 Amos 16.0 이상의 버전에서만 수행된다.

2 [Analyze] 메뉴에서 [Manage Groups]를 클릭한다. 디폴트로 [Group Name]이 [Group number 1]로 되어 있다.

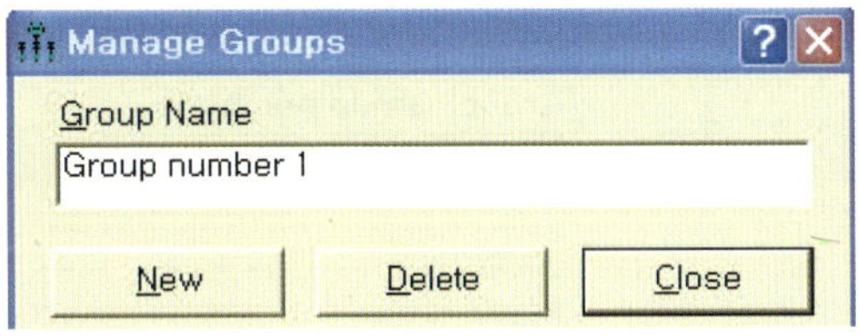

3 제2집단을 만들기 위해 [New] 버튼을 누른다. 그러면 [Group number 2]가 만들어진다.

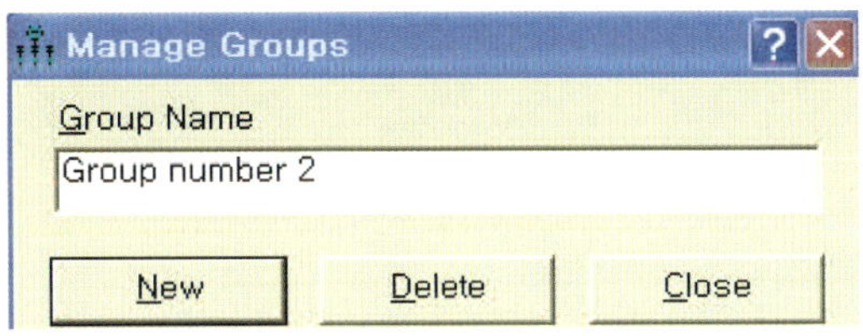

4 [Close] 버튼을 누른다. 이 예는 두 집단 혼합회귀모델을 적합시키기 위한 예이다. 얼마나 많은 집단이 있는지 확신할 수 없을 때에는 두 집단, 세 집단 등의 모델을 적합한 다음 가장 적합한 모델을 선정한다. 적합한 모델의 기준은 적합측정치 아이콘( )을 눌러 그 값이 0.5에 가까운 모델이 더 적합하다고 판단한다.

5 자료파일선정 아이콘( )을 클릭한다. 그러면 다음과 같은 [Data Files] 대화상자가 나타난다.

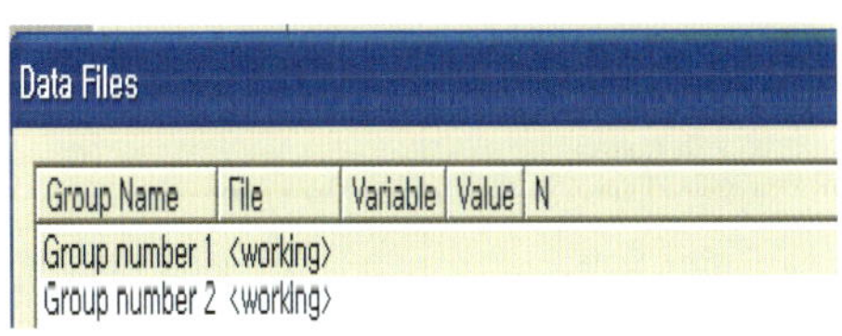

6 위 대화상자에서 [Group number 1]을 누른 다음, [File Name] 버튼을 눌러 자료가 저장된 파일을 연결시킨다. 이 예에서는 [mra-1.sav] 파일을 연결한다.

7 [Grouping Variable] 버튼을 누르고 [Choose a Grouping Variable] 대화상자에 있는 [group]을 더블클릭하거나 또는 [group]을 선정한 다음 [OK] 버튼을 누른다.

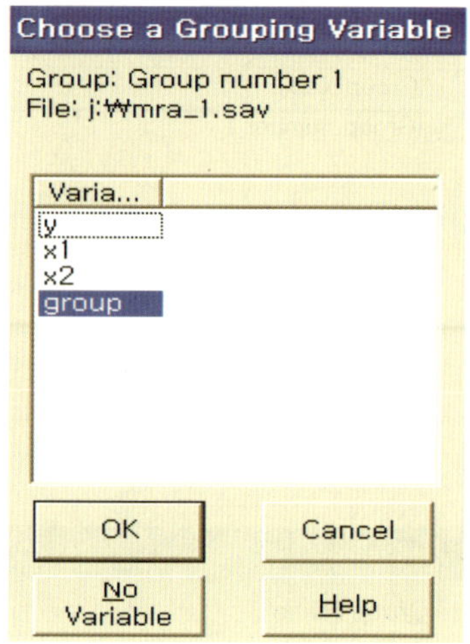

이는 [group]이 한 집단이 다른 집단과 구별하는 데 이용됨을 알려준다.

8 [Group number 2]에 대해서도 동일한 절차를 반복한다. 즉, 자료파일을 연결해 주고 [Grouping variable]도 동일하게 한다.

9 [Assign cases to groups]를 체크한다. 그러면 [Allow non-numeric data]가 자동으로 체크되고 [Value]에 [Cluster1]과 [Cluster2] 이름이 부여된다.

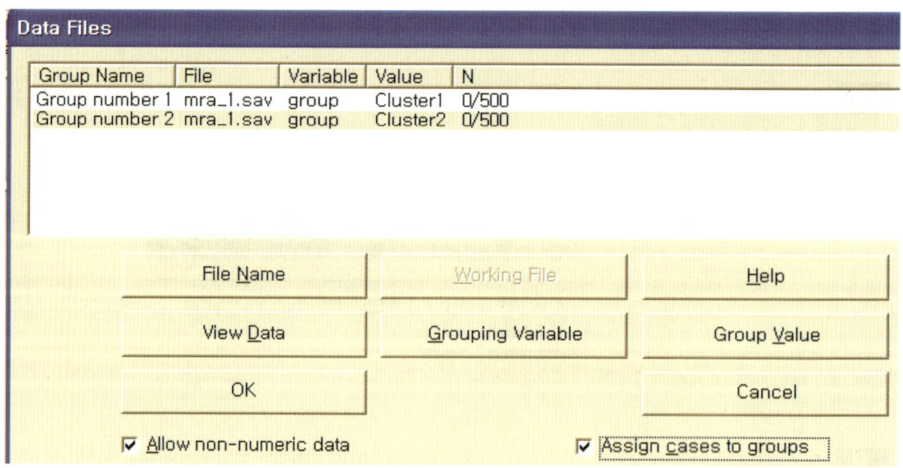

10 [Data Files] 대화상자를 닫기 위해 [OK] 버튼을 누른다.

11 회귀모델을 위한 경로도를 작성한다.

12 [View] 메뉴의 [Analysis Properties]에서 [Estimate means and intercepts]를 체크한다.

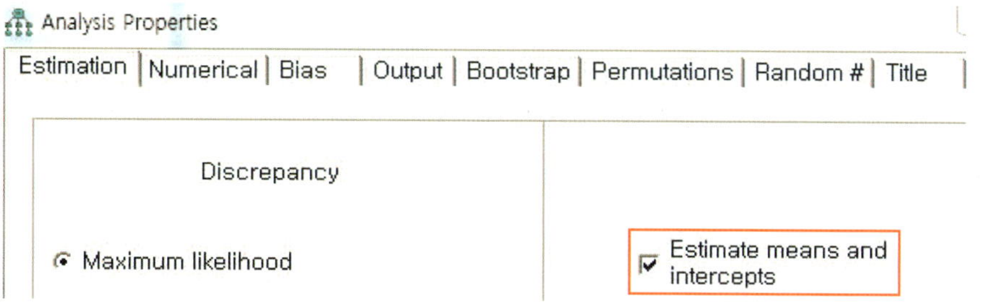

13 이를 [input lmra-1]로 저장하였다.

input lmra-1 혼합회귀분석

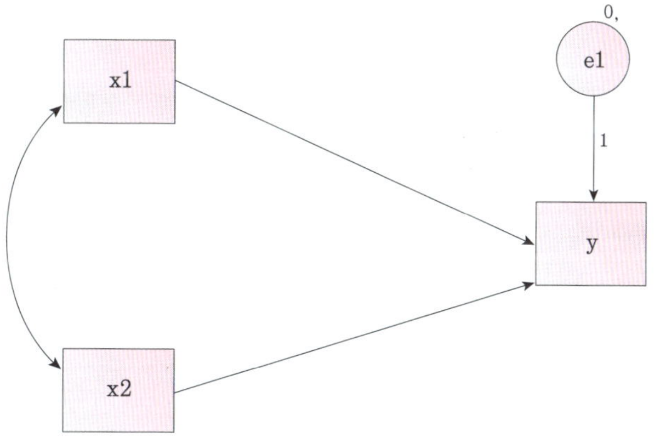

14 모델추정을 위해 도구상자에 있는 베이지언 아이콘( )을 클릭한다.

| 주의 | 혼합회귀모델은 [Bayesian Estimation]으로 수행하기 때문에 추정치계산 아이콘( )을 눌러서는 안 된다. Amos에서 혼합회귀모델을 설정하면 자동적으로 추정치계산 아이콘이 비활성화됨을 알 수 있다.

15 [Bayesian SEM] 창이 열린 다음, 오른쪽에 있는 빨간색의 화난 얼굴( )이 노란색의 웃는 얼굴( )로 변할 때까지 기다린다. 이는 모수치가 수렴(convergence)되었음을 의미한다. 다음은 추정결과를 제시한 것이다.

Group number 1 | Group number 2

	Mean	S.E.	S.D.	C.S.	95% Lower bound	95% Upper bound	Skewness	Kurtosis	Min	Max
Regression weights										
y<--x1	2.101	0.002	0.104	1.000	1.905	2.314	0.199	0.205	1.731	2.550
y<--x2	0.984	0.002	0.103	1.000	0.773	1.182	-0.112	-0.023	0.613	1.319
Means										
x1	-0.602	0.004	0.165	1.000	-0.909	-0.268	0.144	-0.147	-1.188	0.058
x2	0.209	0.002	0.135	1.000	-0.034	0.505	0.425	0.607	-0.194	1.152
Intercepts										
y	0.947	0.003	0.154	1.000	0.666	1.274	0.262	0.428	0.306	1.680
Covariances										
x1<->x2	0.049	0.003	0.140	1.000	-0.256	0.299	-0.409	0.381	-0.524	0.515
Variances										
x1	0.872	0.003	0.156	1.000	0.592	1.210	0.362	0.101	0.456	1.650
x2	1.000	0.002	0.137	1.000	0.749	1.292	0.335	0.486	0.543	1.783
e1	0.674	0.002	0.122	1.000	0.458	0.938	0.457	0.558	0.294	1.350
Group number 1 Proportion										
Proportion	0.402	0.001	0.068	1.000	0.271	0.539	0.112	-0.043	0.154	0.656

Group number 1 Group number 2

	Mean	S.E.	S.D.	C.S.	95% Lower bound	95% Upper bound	Skewness	Kurtosis	Min	Max
Regression weights										
y<--x1	1.912	0.002	0.120	1.000	1.675	2.146	-0.089	0.102	1.313	2.379
y<--x2	2.056	0.001	0.115	1.000	1.836	2.291	0.105	0.156	1.575	2.526
Means										
x1	0.292	0.002	0.098	1.000	0.085	0.477	-0.218	0.296	-0.103	0.655
x2	-0.139	0.001	0.078	1.000	-0.288	0.021	0.161	0.175	-0.412	0.183
Intercepts										
y	1.994	0.003	0.143	1.000	1.731	2.283	0.239	0.160	1.501	2.676
Covariances										
x1<->x2	0.076	0.001	0.074	1.000	-0.065	0.231	0.221	0.397	-0.204	0.434
Variances										
x1	0.857	0.002	0.108	1.000	0.663	1.085	0.370	0.191	0.526	1.340
x2	0.961	0.001	0.093	1.000	0.792	1.161	0.371	0.412	0.654	1.492
e1	1.925	0.002	0.185	1.000	1.604	2.324	0.444	0.335	1.361	2.882
Group number 2 Proportion										
Proportion	0.598	0.001	0.068	1.000	0.461	0.729	-0.112	-0.043	0.344	0.846

위 장에서 오른쪽에 있는 스크롤바를 이용하여 밑으로 내리면 [Group number 1] proportion이 약 40%가 1집단에 소속되어 있음을 알려준다. 위에서 [Group number 2] 탭을 누르면 나머지 약 60%는 2집단에 소속되어 있음을 알려준다. 이를 토대로 다음과 같은 회귀식을 세울 수 있다.

1집단의 회귀식: $y = .947 + 2.101x1 + .984x2$

2집단의 회귀식: $y = 1.994 + 1.912x1 + 2.056x2$

16 개별 사례의 집단 소속을 확인하기 위해서 사후예측분포(posterior predictive distribution) 아이콘( )을 클릭한다. 그러면 다음과 같이 각 사례가 어떤 집단에 속할 확률이 나온다.

Posterior Predictive Distributions

	x1	x2	y	(Cluster1)	(Cluster2)
1	0.276687	-0.590425	-0.034918	0.29	**0.71**
2	0.638494	1.231216	3.886123	**0.61**	0.39
3	-2.175523	1.15354	-2.489234	**0.99**	0.01
4	1.614144	0.25954	7.49268	0.00	**1.00**
5	1.011013	-0.608493	4.092609	0.06	**0.94**
6	0.165002	0.954364	4.052065	0.10	**0.90**
7	-1.29254	-1.523112	-6.16216	0.05	**0.95**
8	-1.266274	0.322591	1.816747	0.01	**0.99**
9	0.26573	0.254754	2.177431	0.43	**0.57**
10	0.165146	0.619908	5.149	0.00	**1.00**
11	-0.069643	0.726388	4.372231	0.01	**0.99**
12	-1.690157	0.502413	-1.605375	**0.90**	0.10
13	0.977465	0.966632	5.155628	0.16	**0.84**
14	1.228162	-0.991294	1.218166	0.09	**0.91**
15	-0.035261	-0.333511	1.045834	0.39	**0.61**
16	-0.509378	0.662234	1.110883	**0.71**	0.29
17	-1.425645	-0.591861	-4.24328	**0.62**	0.38
18	1.40152	-0.375329	3.316964	0.18	**0.82**
19	0.745047	-0.101377	2.646827	0.28	**0.72**
20	-2.629102	-1.205869	-4.851185	**0.77**	0.23

사례 1은 Cluster 2(집단2)에 속할 확률이 71%임을 알 수 있다.

| 참고 | 이 예에서 집단을 세 집단으로 분석한 예를 'lmra-2'로 저장하였다. 이를 분석하면 적합측정치의값이 .04로 나오고 수렴하는데 시간이 많이 걸리는 문제가 있다. 두 집단인 경우에 적합측정치 값은 0.48이다. 따라서 두 집단이 적정함을 알 수 있다. 이를 독자들이 직접 실행하여 비교해보기 바란다.

2.2 잠재계층분석과 잠재프로파일분석

1) 잠재계층분석의 의의

잠재계층분석(latent class analysis: LCA)은 변수중심(variable-centered)이 아닌 사람중심(person-centered)의 기법이다. 이는 비슷한 성격을 갖고 있는 응답자를 동일한 계층으로 분류하고 각 계층에 속할 확률을 찾아내는 분석법이다.

2) 잠재계층분석과 잠재프로파일분석

잠재계층분석과 잠재프로파일분석은 [표 8-2]와 같은 관점에서 구분된다.

표 8-2 잠재계층분석과 잠재프로파일분석의 차이

			종속변수	
			연속형	범주형
독립변수	관측변수	연속형	회귀분석	로지스틱 회귀분석
		범주형	ANOVA/회귀분석	비모수기법
	잠재변수	연속형	요인분석	문항반응이론
		범주형	잠재프로파일분석	잠재계층분석

잠재변천분석(latent transition analysis)은 종단자료를 이용하여 시간의 경과에 따라 잠재계층의 소속이 달라지는가를 분석하는 것이다. Mplus는 이를 분석할 수 있지만 Amos는 할 수 없다.

3) 잠재프로파일분석: 예 1

당뇨병 환자 145명을 대상으로 세 개 지표를 이용하여 측정하였다고 가정한다. 세 개 지표는 연속형 변수이다. 따라서 잠재프로파일분석을 할 수 있다. 아래는 그 가운데 일부를 제시한 것이다. 자료를 만들 때 마지막에 'group' 변수를 만들어야 한다. 자료는 [diabetes-ats.sav]로 저장되어 있다.

glucose	insulin	sspg	group
80	356	124	
97	289	117	
105	319	143	
90	356	199	
90	323	240	
86	381	157	
100	350	221	
85	301	186	
97	379	142	

1 [변수보기]에서 'group' 변수의 [변수유형]을 [문자]로 지정한다.

2	glucose	숫자	3	0
3	insulin	숫자	4	0
4	sspg	숫자	3	0
5	group	문자	8	0

2 세 집단을 만든다. 네 집단을 분석할 수도 있다.

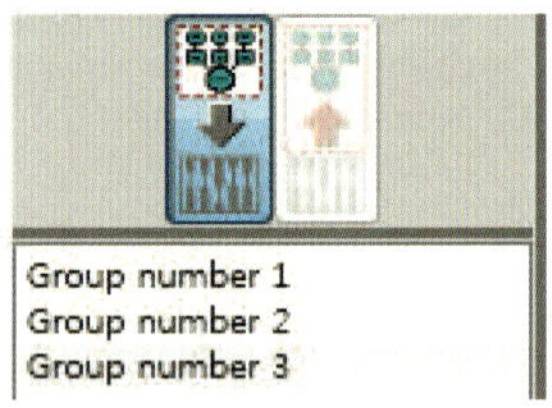

세 집단과 네 집단 가운데 어떤 것이 더 분류를 잘 하는지를 알기 위해서는 적합측정치를 비교하여 두 모델 가운데 적합측정치가 0.5에 가까운 모델이 더 잘 적합한다고 판단한다.

3 세 집단별로 자료를 연결한다. [Grouping Variable] 버튼을 이용하여 [group] 변수를 지정한다. 그러면 [Value] 값이 자동적으로 'Cluster1', 'Cluster2', 'Cluster3'으로 만들어진다.

4 [Assign cases to groups]를 체크하면 자동적으로 [Allow non-numeric data]도 체크된다. [OK] 버튼을 누른다.

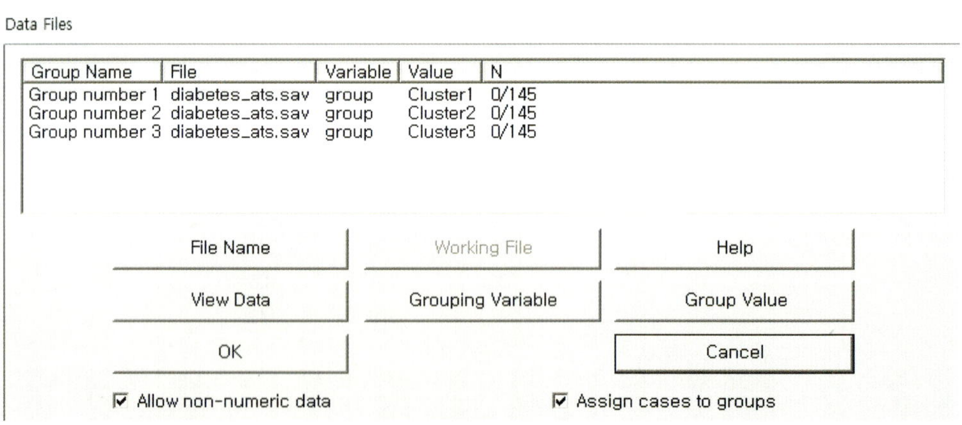

5 [Analysis Properties]에서 [Estimate means and intercepts]를 체크한다.

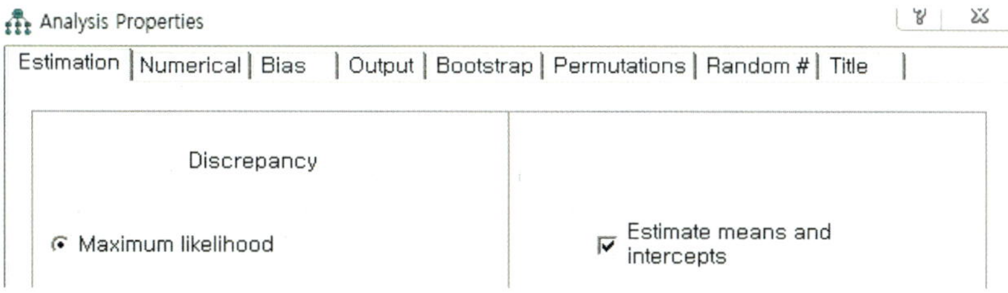

6 경로도를 작성한다. 경로도는 [input diabetes]처럼 설정할 수 있고 또는 [input diabetes-1]처럼 설정할 수 있다. [[input diabetes]는 세 집단 간에 분산이 다르다는 것을 가정한 것이고, [input diabetes-1]은 분산이 같다는 것을 가정한 것이다.

input diabetes 세 집단 간에 분산이 다른 모델

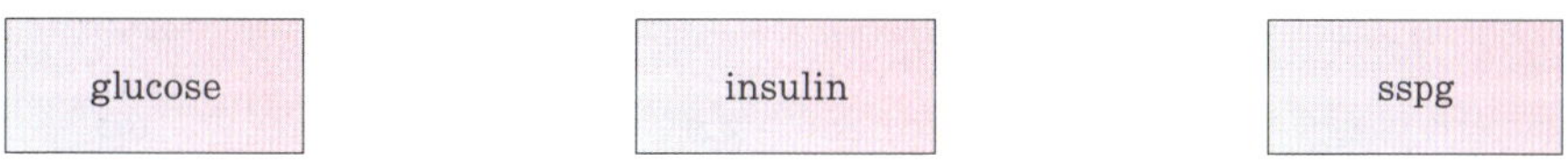

input diabetes-1 세 집단 간에 분산이 같은 모델

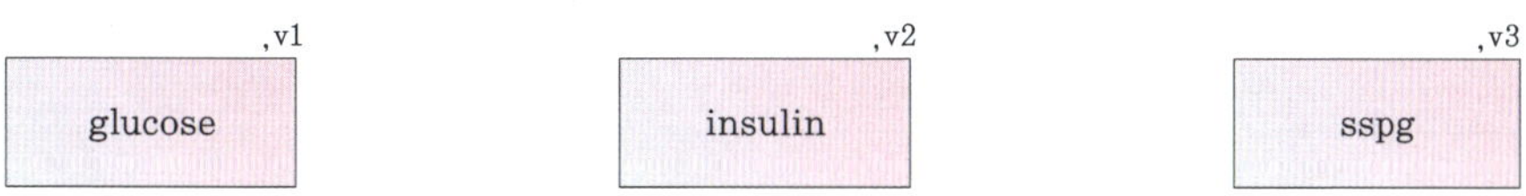

7 베이지언 아이콘( )을 클릭하면 추정이 시작된다.

8 수렴이 되면 일시정지 아이콘( )을 누른다.

9 다음은 [output diabetes]를 제시한 것이다.

output diabetes ••• 세 집단 간에 분산이 다른 모델의 분석결과

Group number 1 | Group number 2 | Group number 3 |

	Mean	S.E.	S.D.	C.S.	95% Lower bound	95% Upper bound	Skewness	Kurtosis	Min	Max
Means										
glucose	105.091	0.014	2.608	1.000	100.083	110.343	0.101	0.211	94.041	116.999
insulin	501.209	0.118	21.500	1.000	459.679	544.470	0.099	0.240	392.345	611.602
sspg	303.288	0.118	28.491	1.000	248.287	360.504	0.090	0.226	157.307	446.830
Variances										
glucose	209.745	0.489	60.856	1.000	117.767	353.638	1.086	2.424	61.789	659.341
insulin	14912.303	53.629	4076.078	1.000	8970.969	24734.678	1.237	3.233	3126.134	54568.563
sspg	27695.198	42.316	7130.554	1.000	17044.791	44807.289	1.110	2.404	10891.303	92613.328
Group number 1 Proportion										
Proportion	0.277	0.000	0.041	1.000	0.199	0.360	0.164	0.027	0.135	0.461

Group number 1 | Group number 2 | Group number 3 |

	Mean	S.E.	S.D.	C.S.	95% Lower bound	95% Upper bound	Skewness	Kurtosis	Min	Max
Means										
glucose	238.138	0.072	15.149	1.000	208.209	267.887	-0.009	0.283	168.209	322.540
insulin	1136.636	0.192	57.699	1.000	1021.619	1248.394	-0.062	0.261	850.015	1435.966
sspg	76.694	0.049	10.203	1.000	56.781	97.139	0.075	0.374	19.957	134.049
Variances										
glucose	5770.730	10.432	1859.238	1.000	3178.187	10325.275	1.439	4.195	1661.793	23113.129
insulin	81604.520	127.225	26957.383	1.000	43760.813	147695.266	1.381	3.885	21426.166	380292.063
sspg	2615.444	3.957	884.729	1.000	1406.705	4801.547	1.507	4.656	878.853	12784.007
Group number 2 Proportion										
Proportion	0.197	0.000	0.032	1.000	0.138	0.265	0.259	0.033	0.086	0.358

Group number 1 | Group number 2 | Group number 3 |

	Mean	S.E.	S.D.	C.S.	95% Lower bound	95% Upper bound	Skewness	Kurtosis	Min	Max
Means										
glucose	90.786	0.004	0.919	1.000	88.990	92.606	0.023	0.046	86.313	94.946
insulin	357.279	0.024	5.987	1.000	345.839	369.414	0.091	0.105	332.896	386.178
sspg	165.059	0.027	6.426	1.000	152.720	178.006	0.108	0.177	138.906	199.369
Variances										
glucose	58.039	0.041	10.502	1.000	40.690	81.806	0.679	0.871	29.604	131.662
insulin	2187.755	2.342	443.902	1.000	1452.459	3190.634	0.689	0.938	883.257	5136.966
sspg	2737.091	2.656	554.326	1.000	1856.048	4020.348	0.851	1.407	1301.942	6539.043
Group number 3 Proportion										
Proportion	0.526	0.000	0.045	1.000	0.438	0.613	-0.022	-0.036	0.330	0.702

10 다음은 [output diabetes-1]을 제시한 것이다.

output diabetes-1 세 집단 간에 분산이 같은 모델의 분산결과

Group number 1 | Group number 2 | Group number 3 |

	Mean	S.E.	S.D.	C.S.	95% Lower bound	95% Upper bound	Skewness	Kurtosis	Min	Max
Means										
glucose	95.625	0.012	1.596	1.000	92.486	98.775	-0.013	0.070	87.986	102.666
insulin	405.301	0.045	9.862	1.000	385.818	424.558	-0.002	0.014	362.056	448.227
sspg	210.272	0.062	10.336	1.000	189.924	230.507	-0.007	0.064	163.364	257.953
Variances										
glucose	295.237	0.157	36.051	1.000	232.697	374.074	0.480	0.378	181.744	514.143
insulin	11107.282	8.457	1382.197	1.000	8817.032	14241.129	0.505	0.467	6714.830	19759.096
sspg	12407.676	7.673	1505.088	1.000	9807.380	15688.043	0.512	0.529	7656.990	21003.072
Group number 1 Proportion										
Proportion	0.780	0.000	0.033	1.000	0.711	0.841	-0.207	0.002	0.618	0.900

Group number 1 Group number 2 | Group number 3 |

	Mean	S.E.	S.D.	C.S.	95% Lower bound	95% Upper bound	Skewness	Kurtosis	Min	Max
Means										
glucose	183.873	0.044	5.174	1.000	173.683	194.096	0.001	0.140	161.594	206.777
insulin	941.208	0.185	29.699	1.000	882.918	999.825	0.013	0.048	814.032	1074.955
sspg	102.863	0.198	29.369	1.000	45.140	160.706	0.006	0.009	-26.132	225.756
Group number 2 Proportion										
Proportion	0.119	0.000	0.026	1.000	0.073	0.174	0.381	0.185	0.034	0.251

Group number 1 | Group number 2 Group number 3 |

	Mean	S.E.	S.D.	C.S.	95% Lower bound	95% Upper bound	Skewness	Kurtosis	Min	Max
Means										
glucose	306.802	0.026	5.104	1.000	296.534	316.996	-0.016	0.129	282.442	330.162
insulin	1390.191	0.183	31.289	1.000	1328.886	1452.054	0.032	0.074	1258.158	1534.470
sspg	49.456	0.179	32.082	1.000	-13.543	112.439	-0.007	0.082	-98.351	203.908
Group number 3 Proportion										
Proportion	0.102	0.000	0.024	1.000	0.059	0.153	0.399	0.175	0.025	0.238

[output diabetes]와 [output diabetes-1]을 비교하면 소속비율이 차이가 있음을 알 수 있다.

참고문헌

Collins, L. M., and S. T. Lanza (2010), *Latent Class and Latent Transition Analysis: With Applications in the Social, Behavioral, and Health Sciences*, New York, NY: Wiley.

Ding, C. S. (2006), "Using Regression Mixture Analysis in Educational Research," *Practical Assessment, Research and Evaluation*, 11(11), 1-11.

Harring, J. R., B. A. Weiss, and J-C. Hsu (2012), "A Comparison of Methods for Estimating Quadratic Effects in Nonlinear Structural Equation Models," *Psychological Methods*, 17(2), 193–214.

Marsh, H. W., Z. Wen, and K. T. Hau (2006), "Structural Equation Models of Latent Interaction and Quadratic Effects," In Hancock, G. R & R. O. Mueller (Eds.), *Structural Equation Modeling: A Second Course* (pp. 225-265), Charlotte, NC: Information Age Publishing.

Marsh, H. W., Z. Wen, K. T. Hau, and B. Nagengast (2013), "Structural Equation Models of Latent Interaction and Quadratic Effects," In G. R. Hancock & R. O. Mueller (Eds.), *Structural Equation Modeling: A Second Course*, 2nd Edition (pp. 267-308), Charlotte, NC: Information Age Publishing.

Muthén, B. O. (2001), "Latent Variable Mixture Modeling," In G. A. Marcoulides & R. E. Schumacker (Eds.), *New Developments and Techniques in Structural Equation Modeling* (pp. 1-33), Mahwah, NJ: Lawrence Erlbaum Associates.

Muthén, L. K., and B. O. Muthén (2005), *Mplus User's Guide*, LA: Muthén and Muthén.

Ping, R. A. Jr. (1995), "A Parsimonious Estimating Technique for Interaction and Quadratic Latent Variables," *Journal of Marketing Research*, 42(3), 336-47.

Ping, R. A. Jr. (1996a), "Latent Variable Interaction and Quadratic Effect Estimation: A Two-Step Technique Using Structural Equation Analysis," *Psychological Bulletin*, 119(1), 166–75.

Ping, R. A. Jr. (1996b), "Estimating Latent Variable Interactions and Quadratics: The State of This Art," *Journal of Management*, 22(1), 163-83.

Ping, R. A. Jr. (2006), "Frequently Asked Questions(FAQ's) About Interactions and Quadratics," retrieved from http://www.wright.edu/~robert.ping/

Schumacker, R. E., and R. G. Lomax (2016), *A Beginner's Guide to Structural Equation Modeling*, 4th Ed, New York, NY: Routledge.

Vermunt, J. K., and J. Magidson (2009), "Latent Class Cluster Analysis," In J. A. Hagenaars, & A. L. McCutcheon (Eds.), *Applied Latent Class Analysis*, (pp. 89-106), Cambridge: Cambridge University Press.

Amos 24 고급 구조방정식모델링
Advanced Structural Equation Modeling with Amos 24

CHAPTER 09

검정력 분석, 교차타당성 분석, MTMM 분석

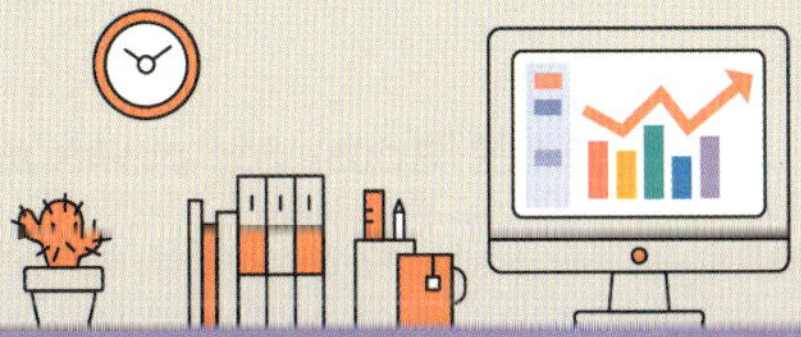

CHAPTER 9

검정력 분석, 교차타당성 분석, MTMM 분석

1. 검정력 분석

1.1 통계적 검정력의 의의

모델평가에 있어 중요하나 흔히 무시되고 있는 주제가 통계적 검정력이다. **통계적 검정력(statistical power)**은 잘못된 모델(또는 귀무가설)을 기각할 확률을 의미한다. SEM에서 통계적 검정력은 다음과 같은 두 가지 상황에서 분석할 수 있다.

① **연구모델에 대해 자료와 모델 간의 적합도 검증과 관련된 검정력 분석(모델 수준)**

② **모델 내에서 특정 모수와 관련된 검정력 분석(개별모수 수준)**

이들 각각의 상황에서 **사후 검정력 분석(post hoc power analysis)**과 **사전 검정력 분석(a priori power analysis)**을 할 수 있다. 사후 검정력 분석은 자료를 수집한 다음, 특정 통계적 검증과 관련된 검정력을 분석하는 것이고, 사전 검정력 분석은 충분한 검정력을 달성하기 위해 필요한 표본크기를 알기 위해 분석하는 것이다. 사전 검정력 분석은 **표본크기결정(sample size determination)**이라고도 한다.

χ^2검정에 의한 모델검증은 **제1종오류(type Ⅰ error)**를 범할 확률, 즉 올바른 모델(또는 귀무가설)을 기각할 확률에 관심을 갖는다. 이러한 확률은 유의수준 α(일반적으로 0.05)로 표현된다. 유의적인 χ^2값은 귀무가설이 진실이라면(즉, 모델이 모집단에서 올바르다면), 귀무가설을 잘못해서 기각할 확률이 낮음을 의미한다(즉, 만약 $\alpha=0.05$라면 100번 가운데 5번 이하).

발생가능한 다른 오류로 잘못된 모델을 기각하지 않을 확률을 들 수 있다. 이러한 오류를 **제2종오류(type Ⅱ error)**라 하며, 그 확률은 β로 표현된다. 그러므로 제2종오류를 피할 확률은 $(1-\beta)$가 되며, 이를 **검정력(power of test)**이라 한다. 결국 검정력은 잘못된 귀무가설(즉, 틀린 모델)을 기각할 확률을 의미한다.

[표 9-1]은 모델검증에서 발생할 수 있는 가능한 상황을 제시한 것이다. 이 가운데 두 가지는 올바른 결정이고, 두 가지는 오류를 의미하기 때문에 올바르지 않은 결정이다.

표 9-1 모델검증 상황

		모집단 상황	
		모델이 올바름	모델이 틀림
결정	모델을 기각하지 않음	올바른 결정 $(1-\alpha)$	type Ⅱ error (β)
	모델을 기각함	type Ⅰ error (α)	올바른 결정 $(1-\beta)$

χ^2검정은 이 가운데 제1종오류만을 고려한다. 제2종오류를 고려하기 위해서는 **검정력 분석(power analysis)**을 해야 한다. 검정력 분석을 위한 귀무가설과 대립가설은 다음과 같다.

> H_0: 모델은 자료와 잘 적합하지 않는다.
> H_a: 모델은 자료와 잘 적합하다.

표본크기는 모델검증에 영향을 미치므로 검정력 분석이 필요하다. 표본크기가 큰 경우, 통계적으로 유의적인 χ^2값이 심각한 설정오차 때문인지, 아니면 지나치게 높은 검정력 때문인지 알 수 없다. 표본크기가 작은 경우에 실질적인 설정오차 때문에 생기는 비유의적인 χ^2값은 검정력이 낮게 나타난다. 모델이 설정오차가 작고 표본크기가 크면, χ^2값이 크게 되고 이로 인해 귀무가설이 기각된다. 모델이 설정오차가 작고 표본크기가 작은 경우에는 귀무가설이 채택된다. 따라서 모델적합도를 평가하는 데 있어 [표 9-2]와 같은 네 가지 상황에 처하게 된다.

표 9-2 모델검증 상황

		검정력	
		낮음	높음
검증결과	유의적	모델기각 ①	? ②
	비유의적	? ③	모델채택 ④

① **상황1**: χ^2값이 유의적이고 검정력이 낮다면 모델은 안전하게 기각될 수 있다. 왜냐하면 사소한 설정오차가 χ^2검정에 의해 탐지될 수 없기 때문이다. χ^2값이 유의적인 것은 실질적인 모델오설정(model mis-specification)의 지표로 받아들일 수 있다. 즉, 모델이 분명히 틀리다고 할 수 있다.

② **상황2**: χ^2값은 유의적이나 검정력이 높은 경우는 χ^2값이 높은 것이 전반적인 오설정 때문인지, 아니면 사소한 설정오차에서조차 χ^2값이 민감하게 반응해서인지를 알 수 없기 때문에 문제가 된다.

③ **상황3**: χ^2값이 비유의적이고 검정력이 낮은 경우도 문제가 된다. 이 경우는 χ^2값이 낮은 것이 모델의 올바름을 반영한 것인지, 아니면 설정오차에 대한 민감성이 결여된 때문인지를 모르기 때문이다.

④ **상황4**: 이 상황은 모델이 채택될 수 있는데, 왜냐하면 높은 검정력은 심각한 설정오차가 탐지되었음을 의미하기 때문이다.

1) 모델수준에서의 검정력 분석

판매원의 고객지향성 모델을 통해 모델수준에서의 검정력 분석에 대해 알아보기로 한다.

input 9-1 판매원의 고객지향성 모델

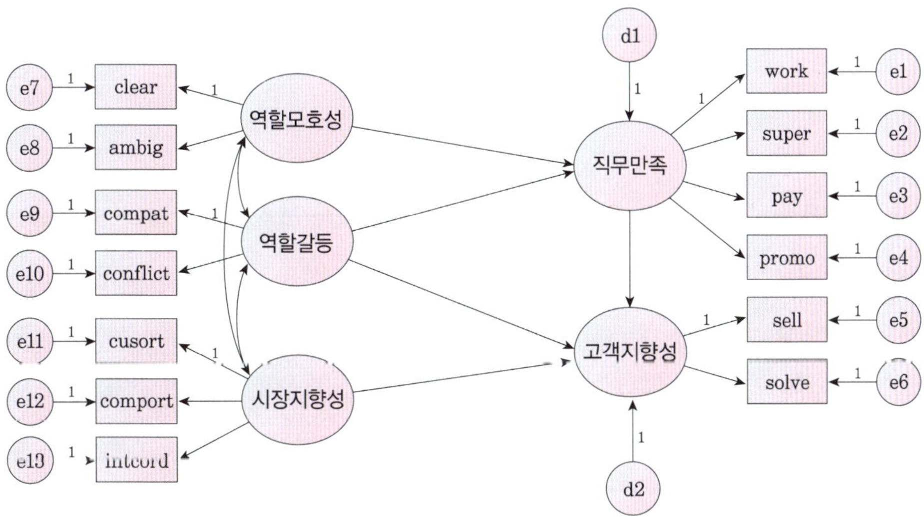

[input 9−1] 모델을 실행하면 χ^2값이 유의적으로 나타난다($\chi^2 = 165.572$, $p = 0.000$). 그렇다면 이는 나쁜 모델이기 때문에 기각해야 되는지(상황1), 아니면 표본크기로 인해 사소한 설정오차에서조차 χ^2값을 민감하게 만든 것인지(상황2) 알 수 없다. 이러한 질문에 답하기 위해 모델의 검정력을 계산한다. 모델수준에서 검정력을 계산하는 데에는 두 가지 방안이 있다.

① 완벽적합검정(test of exact fit)

이는 모델이 모집단 내에서 완벽하게 적합된다는 귀무가설과 관련된 검정력을 추정하는 것이다. 이것이 전통적인 χ^2에 의해 검증되는 귀무가설이다. 그러나 이 검증은 매우 제한적인데, 왜냐하면 모델은 현실을 근사하게 반영할 수 있을 뿐 모집단에서조차 완벽하게 적합할 수는 없기 때문이다.

② 근접적합검정(test of close fit)

이는 모델은 모집단에서 완벽하게 적합하지는 않지만 근접하게 적합할 수 있다는 귀무가설을 검정한다. 이 귀무가설은 **근사오차(error due to approximation)**를 반영한 것이며 따라서 보다 현실적이다.

위의 두 가지 검정력은 RMSEA를 이용하여 계산할 수 있다. ϵ을 모집단에서의 RMSEA

값이라고 가정한다. 만약 모델이 모집단에서 완벽하게 적합된다면 근사오차는 0이 될 것이다. 즉, $\epsilon = 0$이 된다. 그러므로 완벽적합검증의 귀무가설은 다음과 같이 나타낼 수 있다.

$$H_0 : \epsilon_0 = 0$$

이제 대립가설(H_a)에 대해 특정 값을 지정해준다. 검정력은 대립가설의 특정 모수치에 따라 달라진다. 적당한 값으로는 $\epsilon_a = 0.05$를 들 수 있다. 왜냐하면 RMSEA가 0.05 이하인 것은 좋은 적합을 의미하기 때문이다. 따라서 이 경우는 모델의 진실한 적합이 근접할 때, 즉 H_a: $\epsilon_a = 0.05$일 때 $H_0 : \epsilon_0 = 0$의 검정력을 계산하는 것이 된다.

보다 현실적인 근접적합가설을 검증하는 것에 대해 살펴보기로 한다. 구체적으로 귀무가설과 대립가설은 다음과 같이 나타낼 수 있다.

$$H_0 : \epsilon_0 \leqq 0.05$$
$$H_a : \epsilon_a = 0.08$$

ϵ_0과 ϵ_a에 해당하는 값은 RMSEA에 관한 기준치를 이용하여 선정한다. 즉 0.05는 근접적합(close fit)을 의미하고, 0.08은 보통의 적합을 의미한다. 이 경우 만약 모델의 진실한 적합이 보통이라면(즉, H_a가 올바르다면), H_0 : $\epsilon_0 \leqq 0.05$의 검정력은 얼마인가(즉, 적합이 근접하다)가 문제가 된다.

ϵ_0과 ϵ_a, 주어진 유의수준 α(일반적으로 0.05), 표본크기(N) 등을 토대로 검정력은 모델 내의 자유도(df)의 함수가 된다. 자유도는 모델설정을 반영한 것이다. 다른 조건이 일정하다면 df가 높을수록 검정력은 높아진다.

판매원의 고객지향성 모델을 예로 들어 검정력에 대해 살펴보기로 한다. 이를 위해 보다 현실적인 근접적합검증과 관련된 검정력을 평가하기 위해 $\epsilon_0 = 0.05$, $\epsilon_a = 0.08$, $N = 306$, $df = 57$, $\alpha = 0.05$로 설정하였다.

Preacher & Coffman(2006)에 의해 만들어진 유틸리티 프로그램을 이용하여 검정력을 계산할 수 있다. 이를 위해 'R' 프로그램을 설치해야 한다. 'R' 프로그램은 http://www.r-project.org에서 무료로 다운받아 설치할 수 있다. 다음, Preacher 교수의 홈페이지(http://www.quantpsy.org/rmsea/rmsea.htm)로 간다.

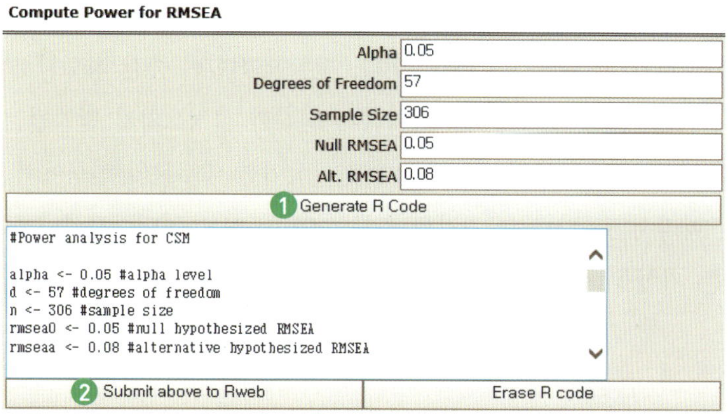

해당 값을 입력하고, ❶ [Generate R Code]를 누른 다음, ❷ [Submit above to Rweb]을 누르면 0.956의 검정력 값을 얻는다.

Results from Rweb

You are using Rweb1.03 on the server at rweb.quant.ku.edu

```
R version 2.13.0 (2011-04-13)
Copyright (C) 2011 The R Foundation for Statistical Computing
ISBN 3-900051-07-0
Platform: x86_64-redhat-linux-gnu (64-bit)
R is free software and comes with ABSOLUTELY NO WARRANTY.
You are welcome to redistribute it under certain conditions.
Type 'license()' or 'licence()' for distribution details.
R is a collaborative project with many contributors.
Type 'contributors()' for more information and
'citation()' on how to cite R or R packages in publications.
Type 'demo()' for some demos, 'help()' for on-line help, or
'help.start()' for an HTML browser interface to help.
Type 'q()' to quit R.
Rweb:> png(file= "/tmp/Rout.15146-48587%03d.png",bg="white",height=800,width=800)
Rweb:>
Rweb:> #Power analysis for CSM
Rweb:>
Rweb:> alpha <- 0.05 #alpha level
Rweb:> d <- 57 #degrees of freedom
Rweb:> n <- 306 #sample size
Rweb:> rmsea0 <- 0.05 #null hypothesized RMSEA
Rweb:> rmseaa <- 0.08 #alternative hypothesized RMSEA
Rweb:>
Rweb:> #Code below this point need not be changed by user
Rweb:> ncp0 <- (n-1)*d*rmsea0^2
Rweb:> ncpa <- (n-1)*d*rmseaa^2
Rweb:>
Rweb:> #Compute power
Rweb:> if(rmsea0 if(rmsea0>rmseaa) {
+     cval <- qchisq(1-alpha,d,ncp=ncp0,lower.tail=F)
+     pow <- 1-pchisq(cval,d,ncp=ncpa,lower.tail=F)
+ }
Rweb:> print(pow)
[1] 0.9559825
Rweb:>
Rweb:> dev.off()
null device
          1
Rweb:>
```

판매원 모델의 근접적합가설과 관련된 검정력은 어떻게 해석할 것인가? 설정오차를 탐지할 수 있을 것인가? 대답은 '그렇다'이다. 진실한 적합이 중간 정도일 때 근접적합가설을 기각할 확률은 0.956을 초과한다. 따라서 심각한 설정오차가 탐지될 수 있다고 확신할 수 있다. 일반적으로 검정력 수준이 0.8 이상이면 대부분의 연구에서 충분한 것으로 여겨진다. 따라서 귀무가설을 기각할 확률이 95.6%이므로 대립가설인 모델이 자료와 잘 적합하다는 가설을 채택할 수 있다.

2) 개별 모수의 검정력 분석

지금까지 모델 수준에서의 검정력 분석에 초점을 맞추어 살펴보았다. 이제 특정 모수의 검정력 분석에 대해 살펴보기로 한다.

판매원의 고객지향성 모델에서, '역할갈등 → 고객지향성' 간의 경로는 비유의적인 것으로 나타났다. 이는 이들 경로가 모집단에서 0이기 때문인지, 아니면 표본크기가 너무 작아서인지 알 수 없다. 그렇다면 '역할갈등 → 고객지향성' 사이의 경로를 제거해야 하는가? 이는 **검정력 분석(power analysis)**을 통해 결정할 수 있다. 즉 주어진 고정모수에 대해 귀무가설(즉, 역할갈등 → 고객지향성=0)이 틀리다고 할 때, 이를 기각하기에 충분한 통계적 검정력을 갖고 있는가를 분석한다.

개별 모수의 검정력을 계산하기 위해서는 비중심모수 λ, 유의수준 α, 자유도 df 등의 정보가 필요하다. 이를 분석하기 위해 $df=1$에서의 **비중심 χ^2 분포(noncentral chi-square distribution)**를 이용해야 하며, **비중심모수(noncentral parameter: λ)**는 귀무가설이 틀릴 때 검정통계량의 분포를 한다. 비중심모수(λ)를 얻는 방법에는 두 가지가 있다.

(1) 수정지수를 이용하는 방법

비중심모수 λ값을 얻는 방법 가운데 하나는 수정지수(M.I.)를 이용하는 것이다. 수정지수는 모델 내의 각각의 제약에 대해 비중심모수와 근접한 것으로 사용될 수 있다. 각각의 고정모수와 관련된 수정지수를 이용하여 $df=1$에서 모델 내 각각의 단일변량 제약에 대해 검정력을 얻을 수 있다.

판매원의 고객지향성 모델의 경우, '역할갈등 → 고객지향성' 간의 경로가 0으로 고정된 수정지수는 .350으로 나타난다. Amos에서 수정지수는 4가 디폴트로 되어 있기 때문에 작은 값(예: 0.1)으로 바꾸어주어야 이 값을 얻을 수 있다. 이 수정지수가 비중심모수(λ)가 된다.

input 9-2 ••• 판매원의 고객지향성 모델: 역할갈등과 고객지향성 간 관계가 없음

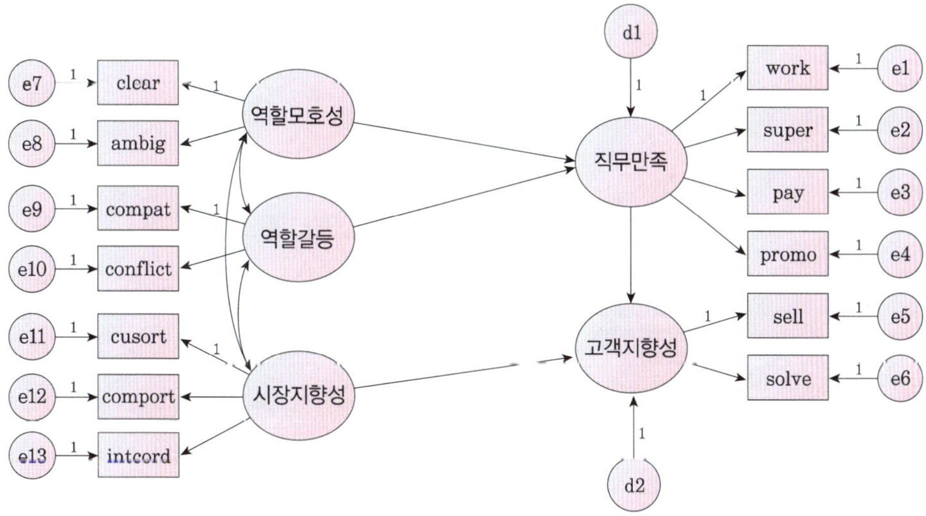

output 9-2 ••• 역할갈등과 고객지향성 간 수정지수

Regression Weights: (Group number 1 - Default model)

			M.I.	Par Change
직무만족	<---	시장지향성	16.035	.053
고객지향성	<---	역할갈등	.350	-.026
고객지향성	<---	역할모호성	.104	.024

검정력 값을 얻기 위해 'G*Power' 프로그램을 이용한다. 'G*Power'를 설치한 다음 이를 실행한다. 초기화면의 'Test family'에서 'χ^2 tests'를 지정하고, 'Statistical test'에서 'Generic χ^2 test'를 지정한다. 'Input parameter'에서 'Nocentrality parameter λ' 값 .350, 'β/α ratio'는 $0.8/0.05=16$, $df=1$을 입력하고 'Calculate' 버튼을 누르면 검정력 값을 얻을 수 있다.

검정력 값은 0.10으로 낮게 나타났다. 이는 '역할갈등 → 고객지향성=0'이라는 잘못된 귀무가설이 기각되기가 어려움을 의미한다. 따라서 '역할갈등 → 고객지향성' 간의 경로를 제거할 수 있다.

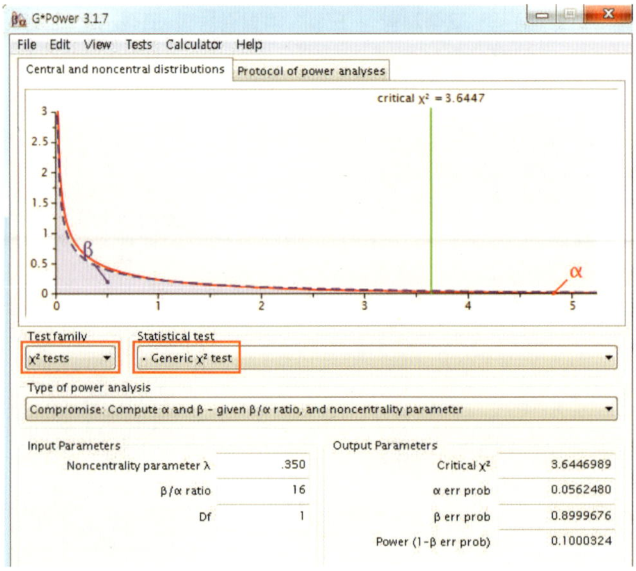

(2) C.R.의 제곱(t^2)을 이용하는 방법

검정력을 계산하는 다른 방안으로는 비중심모수(λ)의 근사치로 C.R.의 제곱(t^2)을 이용하는 것을 들 수 있다. 이는 모수를 고정시키기 전에 해야 하며, 모수추정치의 값이 작기 때문에 또는 표본크기가 작기 때문에 귀무가설을 기각하지 않아야 하는지를 검정한다. '역할갈등 → 고객지향성=0'을 자유화했을 때의 C.R.=−.948이다. 따라서 $t^2 \approx \lambda = .899$이다. $\lambda = .899$, $v = 1$에 해당하는 검정력 값은 0.163이다($\alpha = 0.05$에서).

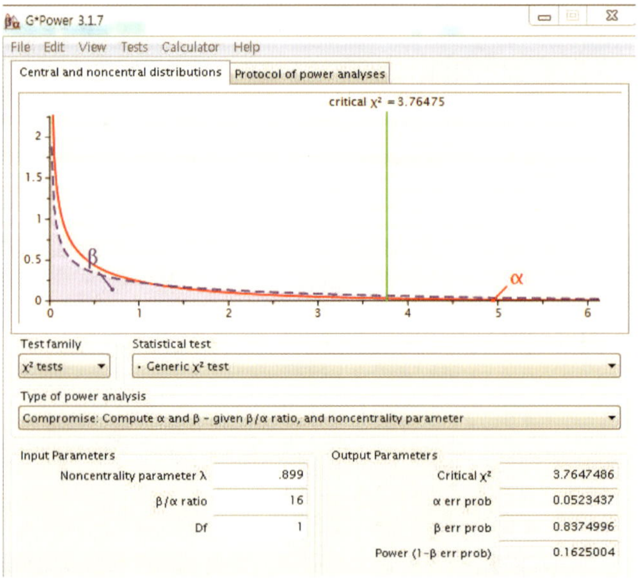

이 값도 작다. 따라서 '역할갈등 → 고객지향성' 간의 경로를 제거하여 모델을 수정하는 데 큰 문제가 없다고 판단할 수 있다.

output 9-1 역할갈등과 고객지향성 간 관계의 C.R.

Regression Weights: (Group number 1 - Default model)

			Estimate	S.E.	C.R.	P	Label
직무만족	<---	역할모호성	-.189	.029	-6.473	***	
직무만족	<---	역할갈등	-.046	.015	-3.130	.002	
고객지향성	<---	시장지향성	.534	.077	6.961	***	
고객지향성	<---	역할갈등	-.059	.062	-.948	.343	
고객지향성	<---	직무만족	2.212	.419	5.282	***	

2. 교차타당성 분석

2.1 교차타당성 분석의 의의

모델이 다른 표본에서 재현(replicate)될 수 있는 정도를 검토하는 것을 **교차타당성 분석(cross-validation analysis)**이라 한다. 최종모델이 제안모델보다 더 좋은 적합도를 보이는 것으로 나타났다 하더라도 이는 단일표본을 대상으로 이루어진 것이기 때문에 최종모델이 다른 표본에서도 제안모델보다 더 잘 적합될 것으로 확신하지는 못한다. 이러한 논리는 여러 가지 대안모델이나 경쟁모델들 가운데 가장 큰 예측타당도(predictive validity)를 갖는 모델을 선정하고자 하는 경우에도 해당된다. 교차타당성 분석을 위해 다른 자료(표본)를 준비하는 데에는 다음과 같은 두 가지 방안이 있다.

① 표본분할법

이는 이미 수집된 자료를 둘로 나누어 하나는 **추정표본(calibration sample)**으로, 다른 하나는 **검증표본(validation sample)**으로 사용하는 접근법이다. 이를 **표본분할법(sample-split approach)**이라 한다. 표본분할법에 의해 교차타당성을 검토하기 위해서는 표본이 충분히 커야 한다. Homburg(1991)은 표본크기가 적어도 300에서 500인 경우에 가능하다고 주장하였고, MacCallum 등(1992)은 적어도 800 이상이 되어야 한다고 주장하였다.

② 재표집법

아예 새로운 자료를 수집하는 접근법이 있다. 이를 **재표집법(resampling approach)**이라 한다. 이 방법은 시간과 비용의 제약 때문에 많이 이용되지 않고 일반적으로 표본분할법이 많이 이용된다.

2.2 교차타당성 분석 상황

SEM에서 교차타당성 분석을 하는 상황은 [표 9-3]과 같이 네 가지로 나눌 수 있다.

표 9-3 교차타당성 분석 상황

		검증표본	
		동일 모집단	다른 모집단
모델의 수	단일모델	① 모델 안정성	② 타당성 확장
	모델비교	③ 모델 선정	④ 타당성 일반화

① 모델 안정성(model stability)

이는 단일모델을 동일한 모집단에서 수집된 다른 표본을 대상으로 적합시켰을 때 잘 적합할 것인가를 평가하는 데 목적이 있다. 이는 표본크기가 충분히 크지 않아 표본을 분할할 수 없는 경우 모델의 교차타당성을 분석하기 위해 쓰인다. 이를 위해 AIC, ECVI 등의 적합도지수가 이용된다.

② 타당성 확장(validity extension)

이는 모델 안정성과 절차적으로 비슷하기는 하나, 검증표본이 다른 모집단(예: 다른 나라 또는 다른 산업 등)에서 추출된다는 점에서 차이가 있다. 이 상황은 모델의 타당성이 다른 모집단에도 확장될 수 있는가를 결정하는 데 목적이 있기 때문에 표본분할법이 이용되지 않는다.

③ 모델 선정(model selection)

이는 동일한 모집단에서 추출된 다른 표본을 대상으로 재현시켰을 때 모델 안정성을 토대로 몇몇 경쟁모델이나 대안모델 가운데 하나의 모델을 선정하는 데 목적이 있다. 모델 선정은 몇몇 경쟁모델을 비교하는 것은 제안모델만을 고려하는 것에 비해 제안모델의 설명력을 상대적으로 높일 수 있다는 논리에 근거를 두고 있다. 모델 선정에서는 표본분할법이 이용될 수 있으며, 경쟁모델은 동일 표본에 대해 평가되기 때문에 모델의 상대적 적합성에 관한 결론은 표본크기에 의해 영향을 받지 않는다.

④ 타당성 일반화(validity generalization)

이는 상이한 모집단에 걸쳐 일련의 경쟁모델 가운데 가장 잘 재현시키는 최상의 모델을 찾는 데 목적이 있다. 예를 들어, A, B, C 등의 경쟁모델이 있다고 가정한다. 그리고 모델 선정 절차를 통해 모집단 1에서 가장 좋은 모델로부터 가장 안 좋은 모델의 순서가 B, A, C로 나타났다고 가정한다. 모집단 2에서 모델의 교차타당성을 분석한 결과 C, A, B 순서로 나타났다 가정한다. 그러면 모델 A는 모집단 1이나 모집단 2에서 최적의 모델은 아닌 것으로 나타났지만, 2개의 모집단을 동시에 고려했을 때에는 모델 B나 모델 C보다는 좋은 것으로 나타났다. 그러므로 타당성 일반화에는 상이한 모집단에 대해 모델 선정을 하는 절차가 포함되며, 이어서 그러한 결과를 비교하는 절차가 뒤따른다.

2.3 교차타당성전략의 종류

교차타당성전략(cross-validation strategy)에는 크게 세 가지가 있다.

① 단순재현전략(loose replication strategy)

이는 검증표본의 모든 모수에 대해 자유스럽게 추정하도록 한 전략이다. 이 전략은 추정표본과 검증표본의 모수치가 다르도록 허용한다.

② 중간재현전략(moderate replication strategy)

이는 추정표본에서 추정된 특정 모수에 대해서는 고정시키고 몇몇 모수에 대해서는 검증표본에서 자유스럽게 추정하도록 하는 전략이다.

③ 엄격재현전략(tight replication strategy)

이는 추정표본과 검증표본에 해당하는 모든 모수치를 동일하도록 한 전략이다.

2.4 교차타당성 분석방법

교차타당성 분석방법에는 ① 최종모델을 다른 자료에 적합시킨 후, 적합도를 평가하는 방법, ② 다중집단분석에 의한 방법 등이 있다.

1) 다른 자료에 적합시킨 후 적합도를 평가하는 방법

판매원의 고객지향성 모델을 수정한 최종모델이 [input 9-3]이라고 가정한다. 이 모델이 다른 표본에서도 잘 적합되는지 평가하기 위해 200명을 대상으로 자료를 수집하였다고 가정한다. 200명에 해당하는 자료는 [salesperson-1.sav]으로 저장되어 있다.

input 9-3 판매원 모델의 교차타당성 평가

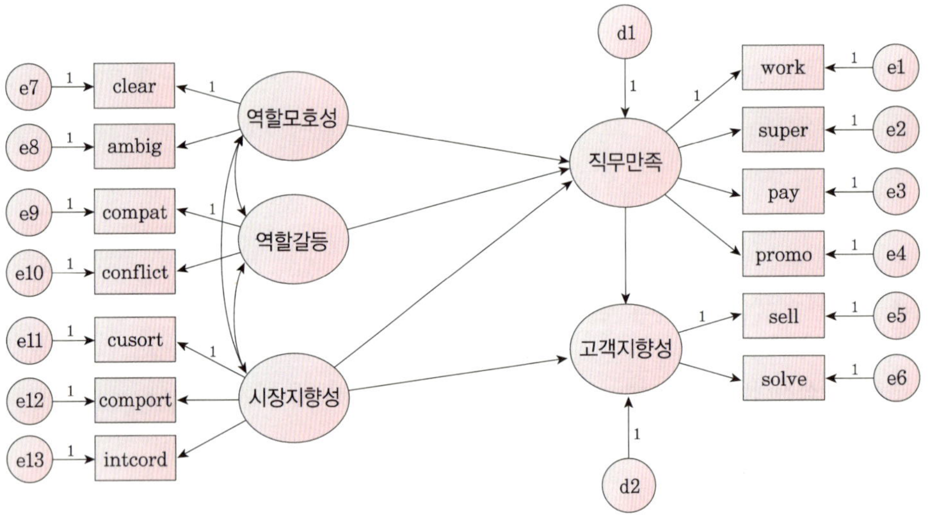

[input 9-3]을 실행하여 적합도를 평가하여 모델의 교차타당성을 검토해볼 수 있다. 적합결과, $df=57$, $\chi^2=71.509$로 잘 적합한 것으로 나타났고, 다른 지수도 적합도가 좋은 것으로 나타나 모델의 교차타당성이 확보된 것으로 본다. 이러한 접근법이 **단순재현전략(loose replication strategy)**이다. 즉 다른 표본을 대상으로 모수를 모두 자유스럽게 추정하도록 한다. 단순재현전략에 의한 교차타당성 평가는 엄격하지 않은 단점이 있다.

output 9-3 ••• 교차타당성 결과

CMIN

Model	NPAR	CMIN	DF	P	CMIN/DF
Default model	34	71.509	57	.094	1.255

Baseline Comparisons

Model	NFI Delta1	RFI rho1	IFI Delta2	TLI rho2	CFI
Default model	.946	.926	.989	.984	.988

RMSEA

Model	RMSEA	LO 90	HI 90	PCLOSE
Default model	.036	.000	.060	.819

수정모델을 대상으로 한 원래 자료의 적합도는 나음과 같다. 자료는 [salesperson-1.sav]으로 저장되어 있다.

output 9-4 ••• 원래 자료의 적합도

CMIN

Model	NPAR	CMIN	DF	P	CMIN/DF
Default model	34	119.721	57	.000	2.100

Baseline Comparisons

Model	NFI Delta1	RFI rho1	IFI Delta2	TLI rho2	CFI
Default model	.942	.920	.969	.957	.968

RMSEA

Model	RMSEA	LO 90	HI 90	PCLOSE
Default model	.060	.045	.075	.130

2) 다중집단분석에 의한 방법

2표본분석(two-sample analysis)에 의한 **엄격재현전략(tight replication strategy)**에 의해 교차타당성을 평가해보기로 한다.

1 엄격재현전략을 위해 [input 9-3]에서 [Analyze] → [Manage Groups]를 클릭하거나, 그룹관리 창에 있는 [Group number 1]을 더블클릭한다. 그러면 다음과 같은 [Manage Group] 창이 나타난다. [New]를 클릭하면 [Group number 2]가 생긴다.

[Close] 버튼을 누른다.

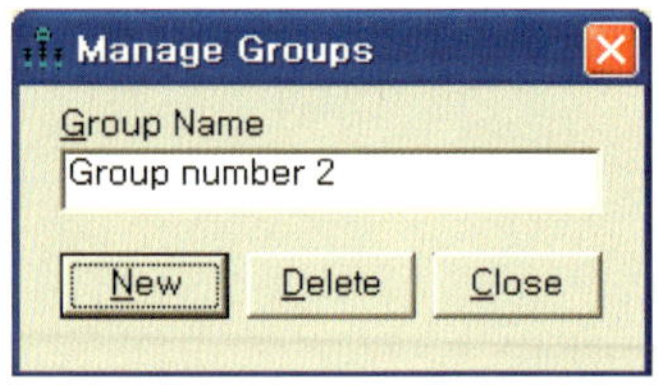

2 그러면 '그룹관리' 창에 'Group number 2'가 추가된 것을 알 수 있다.

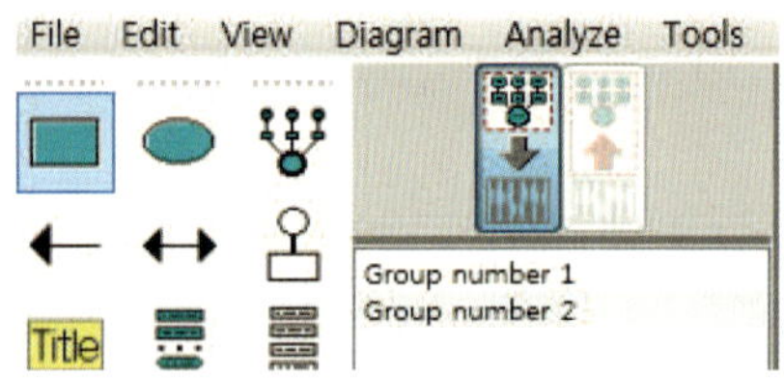

3 자료파일선정 아이콘(▦)을 클릭한 다음, 각 집단의 자료를 연결하고 [OK] 버튼을 누른다.

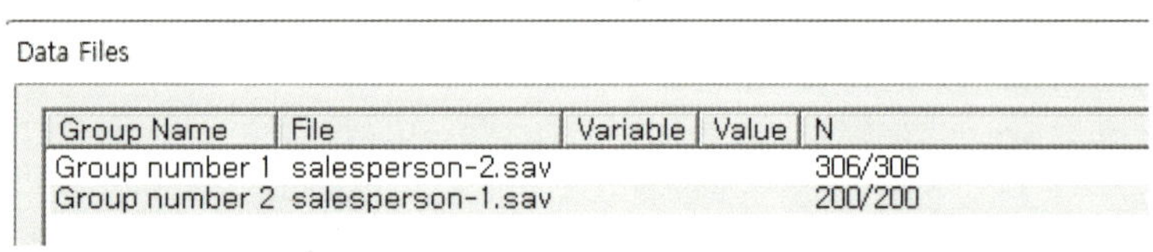

4 다중집단분석 아이콘(⁘)을 클릭한다. 그러면 다음과 같은 메시지가 나타나는데, [확인] 버튼을 누른다.

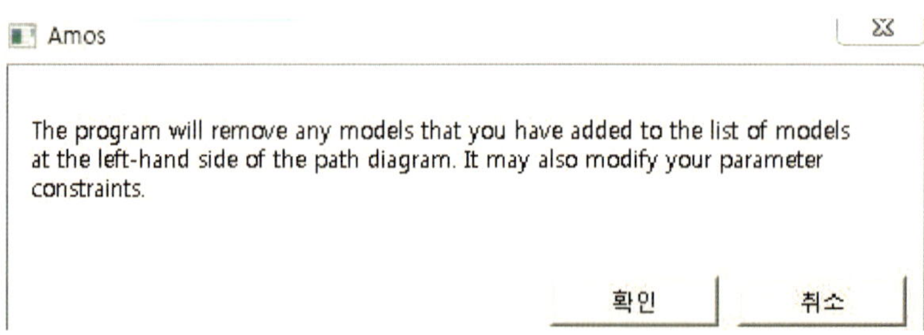

5 ∴ 그러면 다음과 같은 다중집단분석 창이 나타난다.

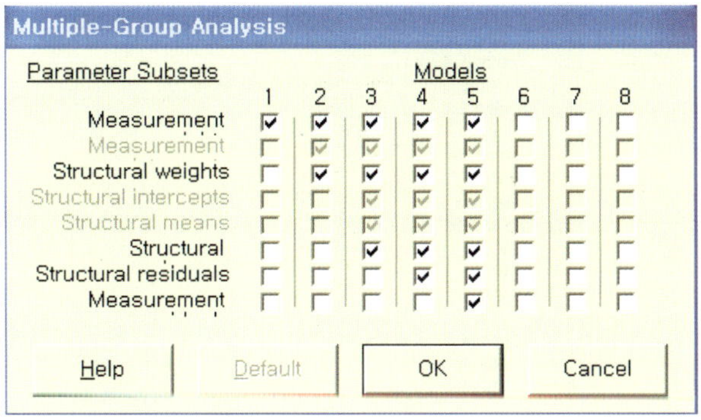

다중집단분석에 5개의 모델이 있음을 보여준다.

① 'Model 1'은 '측정가중치(measurement weight)'가 두 집단에 걸쳐 동일하도록 설정한 모델임을 의미한다. 즉 요인계수가 동일하다는 모델이다.

② 'Model 2'는 'Model 1'의 가정 외에 '구조가중치(structural weight)'가 동일하다는 가정을 한 모델이다. 즉 경로계수가 동일하다는 모델이다.

③ 'Model 3'은 'Model 2'의 가정 외에 '구조공분산(structural covariance)'이 동일하다는 가정을 한 모델이다. 즉 요인분산 및 공분산이 동일하다는 모델이다.

④ 'Model 4'는 'Model 3'의 가정 외에 '구조잔차(structural residual)'가 동일하다는 가정을 한 모델이다. 즉 방정식오차가 동일하다는 모델이다.

⑤ 'Model 5'는 'Model 4'의 가정 외에 '측정잔차(measurement residual)'가 동일하다는 가정을 한 모델이다. 즉 측정오차가 동일하다는 모델이다.

엄격재현전략은 'Model 5'까지가 모두 충족된다는 가정에 해당된다. 이와 관련된 세부적인 내용은 '모델관리' 창에 있는 모델을 더블클릭하면 볼 수 있다.

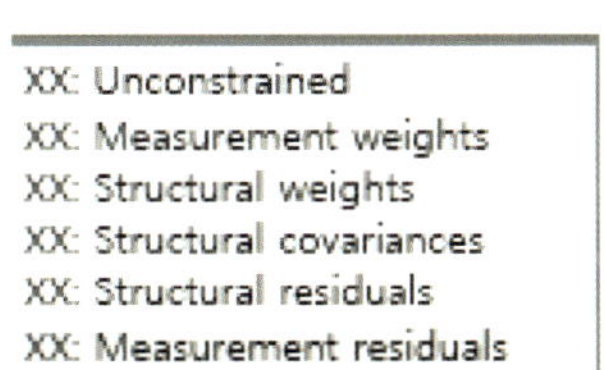

예를 들어, 세 번째에 있는 'XX: Structural weight'를 더블클릭하면 다음과 같은 모델관리 창을 볼 수 있다.

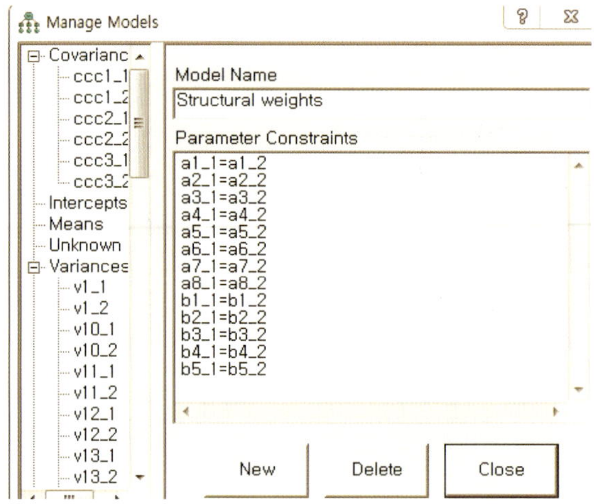

6 [OK] 버튼을 누른다. 이를 [input 9-4]로 저장하였다.

input 9-4 판매원 모델의 교차타당성: 엄격재현전략

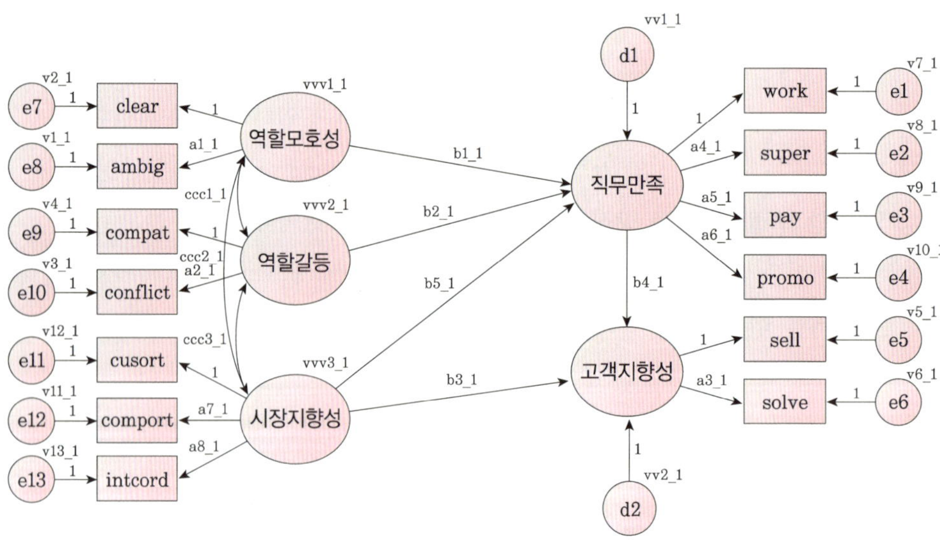

[추정집단]

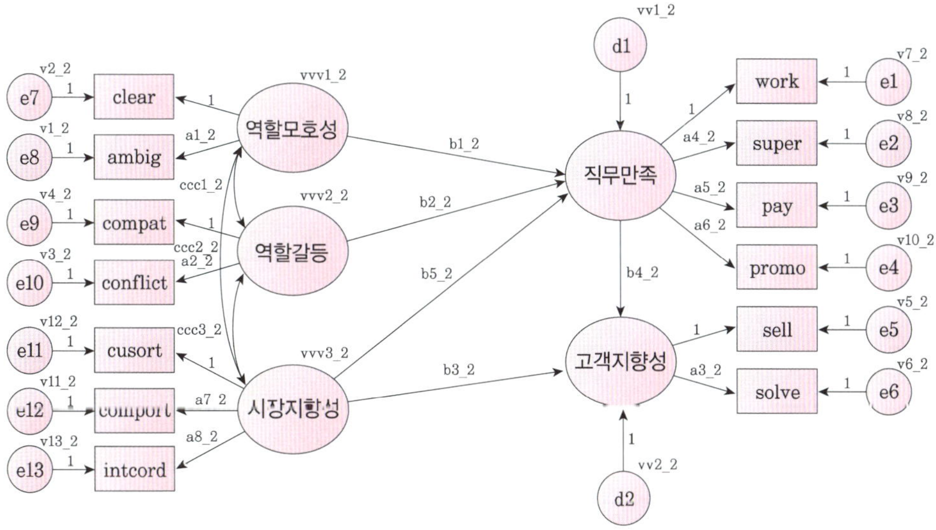

[검증집단]

[input 9-4]를 실행하면 다음과 같은 적합도를 얻는다.

다중집단분석에서 자유도(df)는 다음 공식에 의해 계산된다.

$$df = \frac{1}{2}G(s-t)$$

단, G=집단의 수, t=추정될 모수의 수, $s=(p+q)(p+q+1)$

'Unconstrained' 모델의 자유도 114는 $G=2$, $t=68$, $s=182(13\times14)$에 의해 계산된다. 추정될 자유모수(t)는 한 표본에 34개가 있으므로 두 표본의 경우 68이 된다.

output 9-4 ••• **엄격재현전략 분석결과**

① CMIN

Model	NPAR	CMIN	DF	P	CMIN/DF	CFI
Unconstrained	68	98.046	114	.857	.860	1.000
Measurement weights	60	98.720	122	.940	.809	1.000
Structural weights	55	104.002	127	.933	.819	1.000
Structural covariances	49	104.347	133	.969	.785	1.000
Structural residuals	47	105.405	135	.972	.781	1.000
Measurement residuals	34	105.995	148	.996	.716	1.000

Nested Model Comparisons

Assuming model Unconstrained to be correct:

Model	DF	CMIN	P	NFI Delta-1	IFI Delta-2	RFI rho-1	TLI rho2
②Measurement weights	8	.674	1.000	.000	.000	-.002	-.003
③Structural weights	13	5.956	.948	.002	.002	-.002	-.002
④Structural covariances	19	6.301	.997	.002	.002	-.004	-.004
⑤Structural residuals	21	7.359	.997	.002	.002	-.004	-.004
⑥Measurement residuals	34	7.949	1.000	.002	.003	-.007	-.007

Assuming model Measurement weights to be correct:

Model	DF	CMIN	P	NFI Delta-1	IFI Delta-2	RFI rho-1	TLI rho2
Structural weights	5	5.282	.382	.002	.002	.000	.000
Structural covariances	11	5.627	.897	.002	.002	-.001	-.001
Structural residuals	13	6.684	.918	.002	.002	-.001	-.001
Measurement residuals	26	7.275	1.000	.002	.002	-.004	-.005

Assuming model Structural weights to be correct:

Model	DF	CMIN	P	NFI Delta-1	IFI Delta-2	RFI rho-1	TLI rho2
Structural covariances	6	.345	.999	.000	.000	-.002	-.002
Structural residuals	8	1.402	.994	.000	.000	-.002	-.002
Measurement residuals	21	1.993	1.000	.001	.001	-.005	-.005

Assuming model Structural covariances to be correct:

Model	DF	CMIN	P	NFI Delta-1	IFI Delta-2	RFI rho-1	TLI rho2
Structural residuals	2	1.057	.589	.000	.000	.000	.000
Measurement residuals	15	1.647	1.000	.001	.001	-.003	-.003

Assuming model Structural residuals to be correct:

Model	DF	CMIN	P	NFI Delta-1	IFI Delta-2	RFI rho-1	TLI rho2
Measurement residuals	13	.590	1.000	.000	.000	-.003	-.003

7 분석결과의 해석은 다음과 같다.

① 각각의 모델에 대한 χ^2값과 df를 보고한 것이다.

② 비제약모델과 요인적재량이 같다는 모델을 비교한 결과, $\Delta\chi^2=.674$, $\Delta df=8$로 비유의적으로 나타났다. 따라서 요인적재량이 두 표본 간에 같다는 모델이 채택된다.

③에서 ⑥까지도 각각의 모델과 비교하면 비유의적이다. 결국 모델의 교차타당성이 확보되었다고 볼 수 있다.

3) 다중집단분석에 의한 측정도구의 검사 타당화

측정모델의 교차타당성 분석은 주로 측정도구를 개발한 다음, 이 측정도구가 제대로 개발되었는가를 확인하고자 할 때 이용된다. 소매점 경험에 관한 척도를 개발하기 위해 불평처리(complaint handling), 점포환경(store environment), 상품다양성(merchandise variety) 등의 척도를 개발하였다고 가정한다.

이를 위해 추정표본에 대해 1,686명을 대상으로 자료를 수집하였고, 검증표본에 대해 1,633명을 대상으로 자료를 수집하였다고 가정한다. 각각의 자료는 'sample1.sav'와 'sample2.sav'로 저장되어 있다.

(1) 두 표본에 대해 제약을 하지 않은 모델 추정

먼저 두 표본에 대해 아무런 제약을 하지 않은 모델을 추정해보기로 한다. 이는 다중집단분석에서 보고되는 '비제약모델(unconstrained model)'에 해당하는 것이므로 실질적으로 추정하지 않아도 된다.

input cfa-validation ••• 두 표본에 대해 제약을 하지 않은 모델

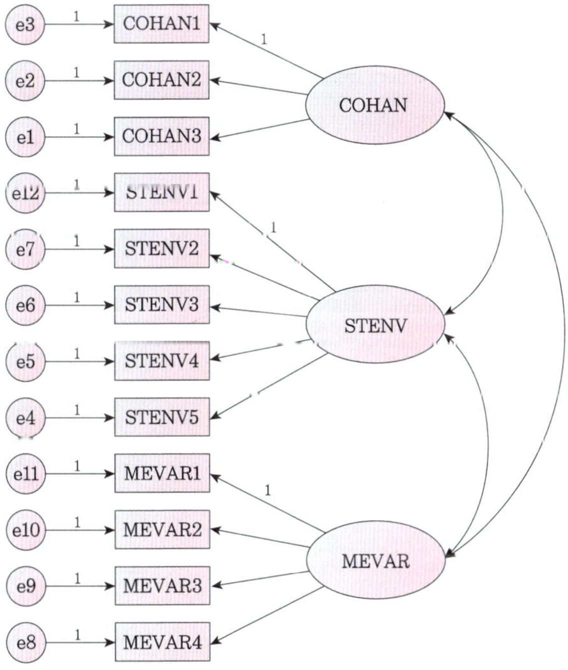

output cfa-validation ••• 두 표본에 대해 제약을 하지 않은 모델의 분석결과

CMIN

Model	NPAR	CMIN	DF	P	CMIN/DF
Unconstrained	54	664.406	102	.000	6.514

(2) 두 표본에 대해 등가제약을 한 모델추정

1 그룹관리 창에 있는 [Group number 1]을 더블클릭한다. 그러면 [Manage Group] 창이 나타난다. [New]를 클릭하면 [Group number 2]가 생긴다. [Close] 버튼을 누른다.

2 다중집단분석 아이콘( )을 클릭한다. 측정모델이므로 세 개의 모델을 추정한다.

① Model 1: '측정가중치' 모델은 두 표본 간에 요인계수가 동일한지를 검증한다.

② Model 2: '구조공분산' 모델은 두 표본 간에 요인공분산이 동일한지를 검증한다.

③ Model 3: '측정잔차'는 측정오차가 두 표본 간에 동일한지를 검증한다.

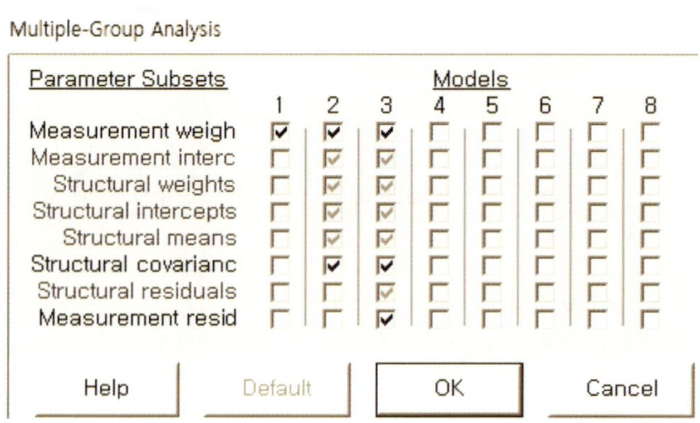

input cfa-validation_2 ••• 두 표본에 대해 등가제약을 한 모델

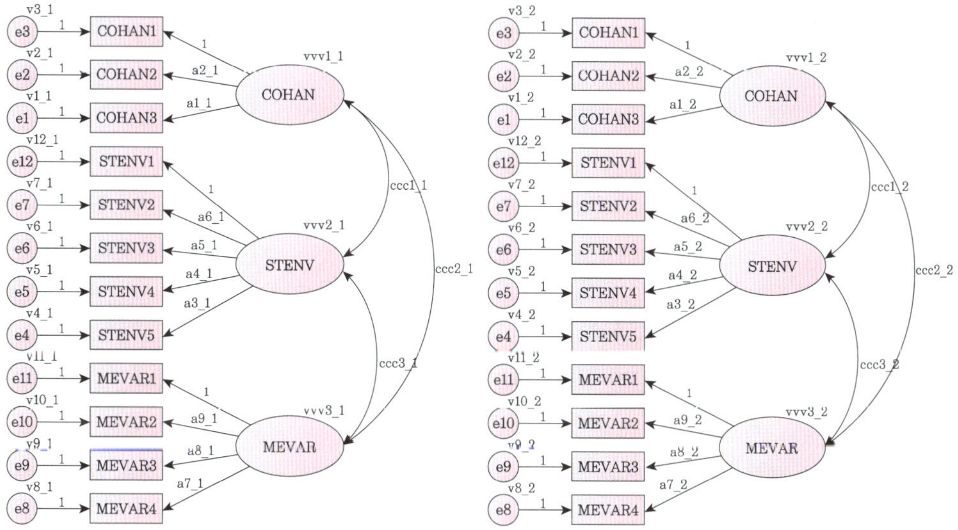

3 이를 추정하면 다음과 같은 결과를 얻는다. 이를 얻기 위해 [Output] 창에서 [Model fit]과 [Model Comparison]을 클릭한다.

output cfa-validation_2 ••• 두 표본에 대해 등가제약을 한 모델의 분석결과

① CMIN

Model	NPAR	CMIN	DF	P	CMIN/DF	CFI
Unconstrained	54	664.406	102	.000	6.514	.972
Measurement weights	45	678.457	111	.000	6.112	.972
Structural covariances	39	697.716	117	.000	5.963	.971
Measurement residuals	27	740.080	129	.000	5.737	.970

② Assuming model Unconstrained to be correct:

Model	DF	CMIN	P	NFI Delta-1	IFI Delta-2	RFI rho-1	TLI rho2
Measurement weights	9	14.051	.121	.001	.001	-.003	-.003
Structural covariances	15	33.310	.004	.002	.002	-.004	-.004
Measurement residuals	27	75.674	.000	.004	.004	-.005	-.005

③ Assuming model Measurement weights to be correct:

Model	DF	CMIN	P	NFI Delta-1	IFI Delta-2	RFI rho-1	TLI rho2
Structural covariances	6	19.259	.004	.001	.001	-.001	-.001
Measurement residuals	18	61.623	.000	.003	.003	-.002	-.002

④ Assuming model Structural covariances to be correct:

Model	DF	CMIN	P	NFI Delta-1	IFI Delta-2	RFI rho-1	TLI rho2
Measurement residuals	12	42.364	.000	.002	.002	-.001	-.001

[해설]

① 각각의 모델에 관한 χ^2값과 df를 제시한 것이다. 비제약모델의 $\chi^2=664.406$, $df=102$, 요인계수가 동일하다는 모델의 $\chi^2=678.457$, $df=111$, 요인분산 및 공분산이 동일하다는 모델의 $\chi^2=697.716$, $df=117$, 측정오차까지 동일하다는 모델의 $\chi^2=740.080$, $df=129$이다.

② 제약모델과 요인계수가 동일하다는 모델을 비교한 결과, $\Delta\chi^2=14.051$, $\Delta df=9$로 유의적이지 않다. 따라서 추정표본과 검정표본 간에 요인계수가 동일하다는 모델이 채택된다.

③ 요인계수가 동일하다는 모델 외에 요인분산 및 공분산이 동일하다는 모델을 비교한 결과, $\Delta\chi^2=19.259$, $\Delta df=6$으로 유의적으로 나타났다. 따라서 추정표본과 검정표본 간에 요인분산 및 공분산이 동일하다는 모델이 기각된다.

④ 요인분산 및 공분산이 동일하다는 모델 외에 오차까지 동일하다는 모델을 비교한 결과, $\Delta\chi^2=42.364$, $\Delta df=12$로 유의적으로 나타났다. 따라서 추정표본과 검정표본 간에 오차분산이 동일하다는 모델이 기각된다.

결론적으로 두 표본 간에 교차타당성을 검증한 결과, 엄격재현전략의 관점에서 보면 교차타당성이 지지되지 않는다. 이 경우 **중간재현전략(moderate replication strategy)**을 시도해볼 수 있다.

3. MTMM 분석

3.1 MTMM 분석의 의의

Campbell & Fiske(1959)의 **다속성-다방법(multitrait-multimethod: MTMM)** 행렬에 의한 개념타당도 분석에 관해 많은 논의가 있었다. 이들이 제안한 개념타당도(construct validity) 분석은 개념적으로는 의미가 있지만, 실질적으로 이들의 방법에 의해 분석하는 데에는 한계가 있기 때문에 많이 이루어지고 있지는 않다. 즉 MTMM에 의해 분석하기 위해서는 다방법으로 측정해야 한다는 조건이 충족되어야 하는데 이를 실행하기가 실질적으로는 쉽지는 않다.

MTMM에서 속성(trait)이란 인지능력, 자아개념, 지능, 만족 등과 같은 가설적 개념을 의미하고, 방법(method)이란 자기보고, 핵심정보원(key informant) 등과 같이 다양한 형태의 검사, 검사상황, 구체적인 측정방법 등을 의미한다. MTMM 분석을 통해 ① 다양한 측정방법을 통해 얻은 일련의 검사들의 집중타당도와 판별타당도를 평가할 수 있고, ② 관측점수의 속성효과와 방법효과를 분해할 수 있다.

[그림 9-1]은 세 개의 속성(A, B, C)과 세 개의 방법(1, 2, 3)에 의해 측정된 MTMM 행렬을 예를 들어 제시한 것이다. [그림 9-1]의 MTMM 행렬은 자아개념이라는 속성을 사회적 자아(A), 학문적 자아(B), 육체적 자아(C) 등으로 나누고, 이를 자기보고(1), 선생님(2), 부모님(3) 등의 서로 다른 세 가지 방법을 통해 수집한 MTMM 행렬이라고 가정한다.

그림 9-1 MTMM 행렬

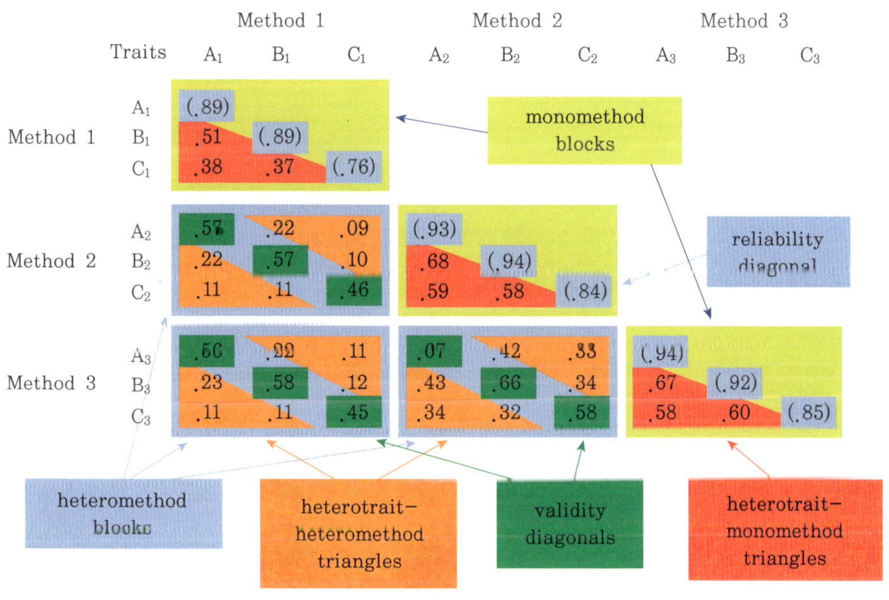

[그림 9-1] 의 MTMM 행렬을 통해 알 수 있듯, MTMM 행렬은 다음과 같이 구성되어 있다. ① 동일방법에 의해 측정된 다른 속성들 간의 삼각상관행렬(heterotrait-monomethods: HTMM), ② 다른 방법에 의해 다른 속성을 측정한 삼각상관행렬(heterotrait-heteromethods: HTHM), ③ 다른 방법에 의해 측정된 동일 속성 간의 관계를 의미하는 상관(validity diagonal), ④ 방법이 다른 행렬을 구성하는 블록(heteromethod block), ⑤ 방법이 같은 행렬을 구성하는 블록(monoomethod block).

Campbell & Fiske는 개념타당도를 평가하기 위한 네 가지 가이드라인을 다음과 같이 제시했다. [표 9-4]의 MTMM 행렬을 통해 이에 대해 살펴보기로 한다.

표 9-4 MTMM 행렬

	T1M1	T2M1	T3M1	T1M2	T2M2	T3M2	T1M3	T2M3	T3M3
T1M1	(.89)								
T2M1	.384	(.79)							
T3M1	.441	.002	(.92)						
T1M2	**.622**	.368	.353	(.84)					
T2M2	.438	**.703**	.008	.441	(.89)				
T3M2	.465	.069	**.871**	.424	.136	(.95)			
T1M3	**.678**	.331	.478	**.550**	.380	.513	(.87)		
T2M3	.458	**.541**	.057	.381	**.658**	.096	.584	(.90)	
T3M3	.414	.027	**.825**	.372	.029	**.810**	.592	.135	(.94)

주: 대각선상에 있는 괄호 안의 값은 신뢰도, 고딕체 값은 집중타당도, 단일선 박스는 이방법블록(heteromethod blocks), 이중선 박스는 동방법블록(monomethod blocks), 동방법블록 내의 상관은 이속성-동방법(HTMM)계수, 이방법블록 내의 고딕이 아닌 상관은 이속성-이방법(HTHM)계수를 의미함.

① 집중타당도가 충분히 커야 한다

위의 행렬에서 9개의 집중타당도는 통계적으로 유의적이고 .541에서 .871 사이로 충분히 크기 때문에(평균 $r = .70$) 가이드라인을 강하게 지지하고 있다.

② 집중타당도는 HTHM 상관보다 커야 한다

집중타당도(평균 $r = .70$)는 36개의 모든 비교에서 HTHM의 상관(평균 $r = .31$)보다 크기 때문에 판별타당도를 위한 가이드라인을 강하게 지지하고 있다.

③ 집중타당도는 HTMM 상관보다 커야 한다

집중타당도는 36개의 비교 가운데 33개가 HTMM 상관(평균 $r = .35$)보다 크기 때문에 판별타당도를 위한 기준을 어느 정도 충족한다고 볼 수 있다.

④ 다른 속성 간 상관의 패턴은 다른 방법에 대해 비슷해야 한다

T2와 T3 간의 모든 상관은 일반적으로 작은 반면에(평균 $r = .06$), T1은 T2(평균 $r = .42$)와 T3(평균 $r = .45$) 모두에 어느 정도 상관이 되어 있기 때문에 이 가이드라인을 지지한다.

Campbell & Fiske 방법은 기준이 얼마나 충족되었는지 그 정도를 정확히 알 수 없는 문제가 있다. 따라서 그 대안으로 새로운 평가방법들이 논의되고 있다. 그 가운데 **① 속성상관-방법상관 모델(correlated trait-correlated method model: CTCM 모델)**, **② 고유오차상관 모델(correlated uniqueness model: CU 모델)**, 그리고 **③ 합성직적(合成直積) 모델(composite direct product model: CDP 모델)** 등이 주목받고 있다.

이하에서 CTCM 모델과 CU 모델을 중심으로 MTMM 분석의 주요 이슈인 집중타당도, 판별타당도, 그리고 방법분산 등의 평가에 관해 살펴보기로 한다.

3.2 CTCM 모델

CTCM 모델은 일반적으로 다음과 같은 설정을 따른다. ① 모델식별을 위해 적어도 세 개의 속성(T)과 세 개의 방법(M)이 있어야 한다. ② T×M의 지표가 T+M의 잠재요인을 정의하기 위해 사용된다. ③ 각각의 지표는 두 요인(속성요인과 방법요인)에 적재되도록 설정된다. ④ 각각의 속성요인 또는 방법요인 간에는 자유스럽게 추정되도록 하나, 속성요인과 방법요인 간에는 0으로 고정된다. ⑤ 지표의 고유요인은 자유스럽게 추정되나 다른 지표의 고유요인과는 상관되지 않게 설정한다.

세 개의 속성(par, sch, schiz)과 세 개의 방법(inventory, clinical interview, observer rating)에 의해 측정한 MTMM을 CTCM 모델로 설정한 예가 [그림 9-2]에 제시되어 있다. [그림 9-2]는 Brown(2006)에 제시된 모델이다.

그림 9-2 CTCM 모델

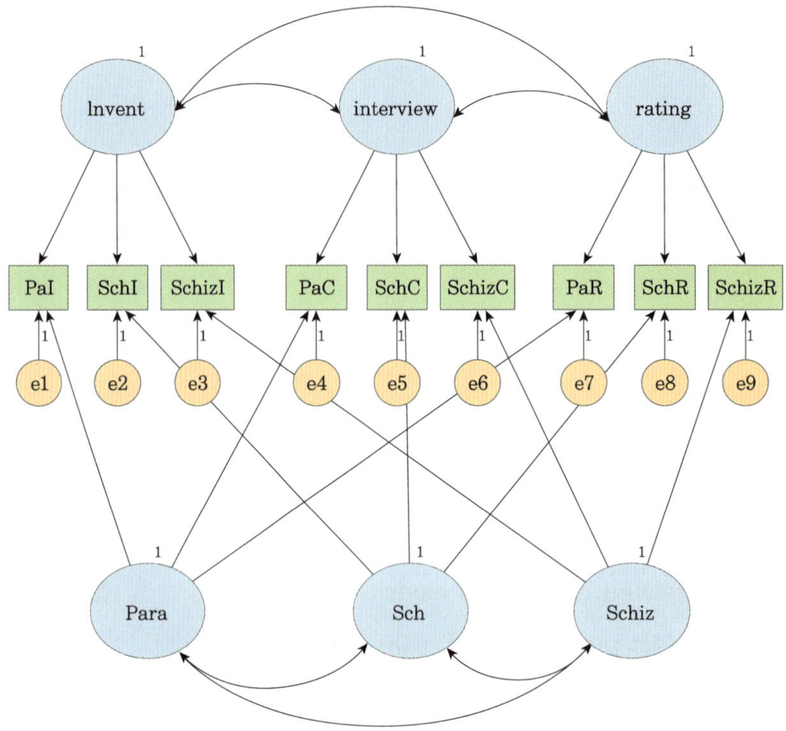

이 모델([input 9-5])을 추정하면 다음과 같은 부적해가 나온다. 따라서 추정에 실패한다.

output 9-5 CTCT 모델의 분석결과

Variances: (Group number 1 - Default model)

	Estimate	S.E.	C.R.	P	Label
Invent	1.000				
interview	1.000				
rating	1.000				
Para	1.000				
Sch	1.000				
Schiz	1.000				
e3	-1.438	1.134	-1.268	.205	
e2	3.467	.456	7.609	***	
e1	5.657	.470	12.034	***	
e6	-26.702	590.773	-.045	.964	
e5	3.940	.383	10.300	***	
e4	2.716	.331	8.209	***	

e9	-.169	.447	-.378	.706
e8	.559	.315	1.776	.076
e7	1.338	.180	7.445	***

CTCM 모델은 측정치의 분산은 속성, 방법, 오차의 선형결합에 의한 가법효과(additive effect)를 가정한다. CTCM 모델은 수렴(convergence) 실패, 부적해 또는 지나치게 큰 표준오차 등과 같은 해가 존재한다는 것이 단점이다. 이러한 단점을 보완하기 위한 모델이 CU 모델이다.

3.3 CU 모델

CTCM 모델이 갖고 있는 위반추정치의 문제를 해결하기 위해 Marsh(1989)는 CU 모델을 제안하였다. CU 모델은 속성요인은 포함하고 방법요인은 포함하지 않는 대신에 고유오차가 동일 방법을 사용한 측정치 간에 상관이 되도록 설정한 모델이다. 예를 들어, 3(속성)×3(방법) MTMM 행렬의 경우 세 개의 속성요인이 있고 방법요인은 없으며 각 측정치의 고유오차가 동일 방법을 사용한 다른 측정치들의 고유오차 사이에 상관되도록 한다. 속성요인은 서로 상관되도록 하고 그의 요인적재량이 자유스럽게 추정되도록 한다. CU 모델을 경로도로 나타내면 [input 9-6]과 같다.

input 9-6 ••• CU 모델

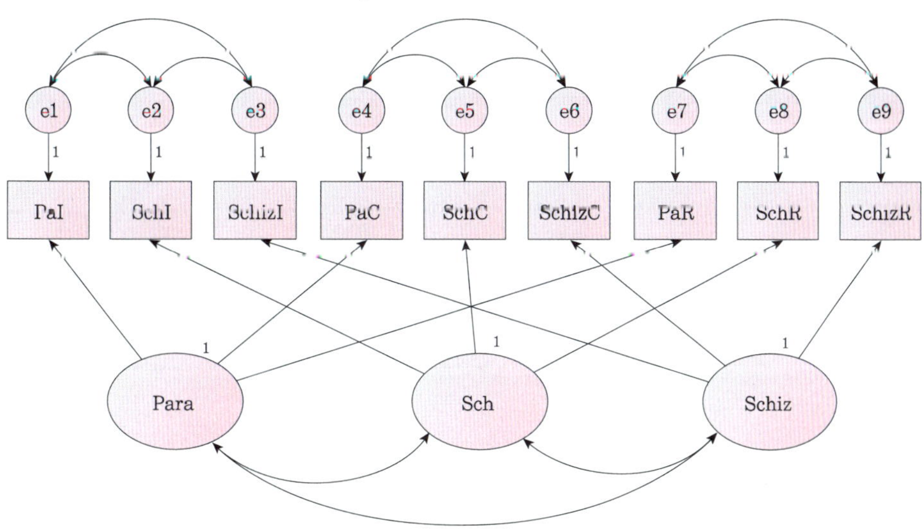

Marsh(1989)는 CTCM 모델은 각각의 측정변수에 대한 방법의 영향력인 방법요인적재량이 컨지네릭 구조(congeneric structure)로 되어 있다고 가정한 것이 문제라고 지적하고, 방법 사이의 상관을 설정하지 않고 대신 오차항 사이의 상관을 설정한다면 그러한 문제는 해결된다고 주장하였다. 컨지네릭 구조란 요인적재량의 크기가 동일하다는 제약을 두지 않고, 측정오차 간에 상관이 설정되지 않은 것을 의미한다. [input 9-6]을 실행한 결과 가운데 적합도와 모수치 일부를 제시하면 [output 9-6]과 같다.

output 9-6 ••• **CU 모델의 분석결과**

CMIN

Model	NPAR	CMIN	DF	P	CMIN/DF
Default model	30	14.342	15	.500	.956

Standardized Regression Weights: (Group number 1 - Default model)

			Estimate
PaI	<---	Para	.712
PaC	<---	Para	.841
PaR	<---	Para	.788
SchI	<---	Sch	.788
SchC	<---	Sch	.768
SchR	<---	Sch	.843
SchizI	<---	Schiz	.769
SchizC	<---	Schiz	.860
SchizR	<---	Schiz	.872

Covariances: (Group number 1 - Default model)

			Estimate	S.E.	C.R.	P	Label
Para	<-->	Sch	.381	.046	8.332	***	par_1
Para	<-->	Schiz	.359	.046	7.848	***	par_2
Sch	<-->	Schiz	.310	.047	6.659	***	par_3
e1	<-->	e2	1.274	.338	3.770	***	par_13
e1	<-->	e3	2.537	.330	7.696	***	par_14
e2	<-->	e3	3.872	.342	11.317	***	par_15
e4	<-->	e5	-.335	.210	-1.595	.111	par_16
e4	<-->	e6	-.608	.176	-3.457	***	par_17
e5	<-->	e6	-.933	.188	-4.962	***	par_18
e7	<-->	e8	.737	.118	6.234	***	par_19
e7	<-->	e9	.505	.096	5.269	***	par_20
e8	<-->	e9	.625	.102	6.152	***	par_21

Correlations: (Group number 1 - Default model)

			Estimate
Para	<-->	Sch	.381
Para	<-->	Schiz	.359
Sch	<-->	Schiz	.310
e1	<-->	e2	.217
e1	<-->	e3	.441
e2	<-->	e3	.746
e4	<-->	e5	-.107
e4	<-->	e6	-.265
e5	<-->	e6	-.330
e7	<-->	e8	.413
e7	<-->	e9	.368
e8	<-->	e9	.478

CU 모델의 해석은 방법효과를 제외하고는 CTCM 모델과 비슷하다. CU 모델에서의 방법효과는 오차항 사이의 상관에 의해 나타내진다. 이는 각 방법이 그에 대응하는 방법의 측정치들에 주는 차별적 영향력을 평가하도록 한 것이다.

CU 모델에 의한 집중타당도 및 판별타당도의 평가는 CTCM 모델에서와 동일한 관점에서 평가할 수 있다. [output 9-5]에서 볼 수 있듯, 모든 속성의 요인적재량이 높고 각각 유의적이므로(.712에서 .872 범위) 집중타당도가 있다고 할 수 있다. 요인 간 상관계수는 비교적 작으므로(.310에서 .381) 판별타당도가 있다고 할 수 있다. 고유 분산-공분산을 통해 방법분산의 효과를 평가할 수 있다. e4와 e5 간의 상관을 제외한 모든 방법효과는 유의적이기는 하나 효과의 크기는 그리 크지 않았다. 방법효과는 'clinical interview' 방식이 가장 적게 나타났다.

고유요인은 임의오차와 방법요인의 결합에 의한 것이다. CU 모델은 CTCM 모델과는 달리, 방법요인은 동일한 방법을 사용한 모든 측정치에 대해 같다는 가정을 하지 않는다. CU 모델은 각 측정치는 각각의 방법효과를 갖는다고 가정하며 동일 방법을 사용한 측정치 사이의 공분산은 공통의 방법요인이 있는 정도를 의미한다.

CTCM 모델에 비해 CU 모델이 갖는 장점은 다음과 같다. 첫째, 가장 중요한 장점으로 CU 모델은 위반추정치를 거의 야기하지 않는다는 점이다. 이에 관해 Marsh & Bailey(1991)는 435개의 MTMM 행렬을 분석한 가운데 2%만이 부적해를 갖는다고 보고했다.

둘째, CU 모델은 CTCM 모델이 가정한 방법의 단일차원성을 가정하지 않는다는 점이다. 이는 공통의 속성분산이 속성 및 방법에 걸쳐 높게 상관될 때 방법분산과 속성분산과의 혼합(confounding)이 이루어지지 않는다는 것을 의미한다. 즉, CTCM 모델은 방법효과가 속성에 따라 달라지지 않음을 가정하고 있으나, CU 모델은 방법효과의 다차원성을 가정하고 있다. 예를 들어, 의존성과 공격성의 두 가지 속성을 어린아이와 부모의 두 가지 방법으로 측정할 경우 CTCM 모델에서는 부모가 어린아이의 공격성을 과대평가했다면 부모는 어린아이의 의존성을 과대평가해야 함을 가정한다. 그러나 CU 모델은 부모가 공격성을 과대평가할 수 있고 의존성을 과소평가할 수도 있음을 가정한다.

CU 모델은 다음과 같은 단점이 있다. 첫째, CU 모델은 CTCM 모델에 비해 높은 속성요인적재량 및 속성 간 상관을 보고한다. 이로 인해 집중타당도를 높여주고 판별타당도를 약화시키는 결과를 초래할 수 있다. 둘째, CU 모델도 CTCM 모델처럼 속성과 방법 간의 상호작용 효과를 탐색할 수 없다. 셋째, 방법 간에 상관이 없다고 가정한 것이 사회과학의 자료에 적합하지 않을 수 있다.

참고문헌

Brown, T. A. (2006), *Confirmatory Factor Analysis for Applied Research*, 2nd, New York, NY: Guilford Press.

Campbell, D. T., and D. W. Fiske (1959), "Convergent and Discriminant Validation by the Multitrait-Multimethod Matrix," *Psychological Bulletin*, 56(2), 81-105.

Camstra, A., and A. Boomsma (1992), "Cross-Validation in Regression and Covariance Structure Analysis: An Overview,"*Sociological Methods & Research*, 21(1), 89-115.

Hancock, G. R., and B. F. French (2013), "Power Analysis in Structural Equation Modeling," In G. R. Hancock & R. O. Mueller (Eds.), *Structural Equation Modeling: A second course* (2nd ed., pp. 117-159), Charlotte, NC: Information Age Publishing.

Homburg, C. (1991), "Cross-Validation and Information Criteria in Causal Modeling," *Journal of Marketing Research*, 28(2), 137-44.

Kaplan, D. (1995), "Statistical Power in Structural Equation Modeling," In R. H. Hoyle (Ed.), *Structural Equation Modeling: Concepts, Issues, and Applications* (pp. 100-117), Thousand Oaks, CA: Sage.

Kenny, D. A., and D. A. Kashy (1992), "Analysis of the Multitrait-Multimethod Matrix by Confirmatory Factor Analysis," *Psychological Bulletin*, 112(1), 165-72.

Lance, C. E., C. L. Noble, and S. E. Scullen (2002), "A Critique of the Correlated Trait-Correlated Method and Correlated Uniqueness Models for Multitrait-Multimethod Data," *Psychological Methods*, 7(20), 228-44.

Lee, T., L. Cai, and R. C. MacCallum (2012), "Power Analysis for Tests of Structural Equation Models," In R. H. Hoyle (Ed.), *Handbook of Structural Equation Modeling* (pp. 181-194), New York, NY: Guilford Press.

MacCallum, R. C., M. Roznowski, and L. B. Necowitz (1992), "Model Modifications in Covariance Structure Analysis: The Problem of Capitalization on Chance," *Psychological Bulletin*, 111(3), 490-504.

MacCallum, R. C., M. Roznowski, C. M. Mar, and J. V. Reith (1994), "Alternative Strategies for Cross-Validation of Covariance Structure Models," *Multivariate Behavioral Research*, 29(1), 1-32.

MacCallum, R. C., M. W. Browne, and H. M. Sugawara (1996), "Power Analysis and Determination of Sample Size for Covariance Structure Modeling," *Psychological Methods*, 1(2), 130-49.

MacCallum, R. C., M. W. Browne, and L. Cai (2006), "Testing Differences between Covariance Structure Models: Power Analysis and Null Hypothesis," *Psychological Methods*, 11(1), 19-35.

Marsh, H. W. (1989), "Confirmatory Factor Analysis of Multitrait-Multimethod Data: Many

Problems and Few Solutions," *Applied Psychological Measurement*, 13(4), 335-61.

Marsh, H. W., and M. Bailey (1991), "Confirmatory Factor Analyses of Multitrait-Multimethod Data: A Comparison of Alternative Models," *Applied Psychological Measurement*, 15(1), 47-70.

Marsh, H. W., and D. Grayson (1995), "Latent Variable Models of Multitrait-Multimethod Data," In R. H. Hoyle (Ed.), *Structural Equation Modeling: Concepts, Issues, and Applications*, Thousand Oaks, CA: Sage.

Preacher, K. L., and D. L. Coffman (2006, May), *Computing Power and Minimum Sample Size for RMSEA [Computer software]*, Available from http://quantpsy.org/

Saris, W. E., and A. Satorra (1993), "Power Evaluations in Structural Equation Models," In K. A. Bollen & J. S. Long (Eds.), *Testing Structural Equation Models* (pp. 181–204), Newbury Park, CA: Sage.

Satorra, A., and W. E. Saris (1985), "Power of the Likelihood Ratio Test in Covariance Structure Analysis," *Psychometrika*, 50(1), 83-90.

Tomarken, A. J., and N. G. Waller (2003), "Potential Problems with "Well Fitting" Models," *Journal of Abnormal Psychology*, 112(4), 578-98.

West, S. G., A. B. Taylor, and W. Wu (2012), "Model Fit and Model Selection in Structural Equation Modeling," In R. H. Hoyle (Ed.), *Handbook of Structural Equation Modeling* (pp. 209-231), New York, NY: Guilford Press.

Widaman, K. F. (1985), "Hierarchically Nested Covariance Structure Models for Multitrait-Multimethod Data," *Applied Psychological Measurement*, 9(1), 1-26.

찾아보기

| 저자소개 |

배병렬

전북대학교 대학원 경영학박사
Indiana University 객원연구원
(현) 전북대학교 경영학부 교수

Amos 24 고급 구조방정식모델링

2018년 4월 10일 1판 1쇄 인쇄
2018년 4월 15일 1판 1쇄 발행

저 자 | 배병렬
발행인 | 이수영
발행처 | 도서출판 청람
서울시 마포구 독막로 288(내흥동, 세양상가 109호)
전 화 | 02)3272-2601~2
팩 스 | 02)3272-2603
이메일 | crbooks@daum.net
홈페이지 | http://www.crbooks.co.kr
등 록 | 2000.8.26 제6-0509호

ISBN 978-89-5972-633-2 93320 [정가 30,000원]

국립중앙도서관 출판예정도서목록(CIP)

Amos 24 고급 구조방정식모델링 / 저자: 배병렬. -- 서울 :
청람, 2018
    p. ;   cm

ISBN 978-89-5972-633-2 93320 : ₩30000

AMOS(시스템)[Analysis of Moment Structure]
통계 프로그램[統計--]

413.84-KDC6
519.535-DDC23   CIP2018010485